Philosophy of Science

A Contemporary Introduction, Fourth Edition

科学哲学导论

（第四版）

[美] 亚历克斯·罗森堡（Alex Rosenberg）著
李·麦金太尔（Lee McIntyre）
张卜天 译

中信出版集团 | 北京

图书在版编目（CIP）数据

科学哲学导论：第四版 /（美）亚历克斯·罗森堡，
（美）李·麦金太尔著；张卜天译 . -- 北京：中信出版
社，2023.6
书名原文：Philosophy of Science: A
Contemporary Introduction, Fourth Edition
ISBN 978-7-5217-5413-1

I.①科… II.①亚… ②李… ③张… III.①科学哲
学－概论 IV.① N02

中国国家版本馆 CIP 数据核字（2023）第 033790 号

科学哲学导论（第四版）

著者： ［美］亚历克斯·罗森堡、李·麦金太尔
译者： 张卜天
出版发行：中信出版集团股份有限公司
　　　　　（北京市朝阳区东三环北路 27 号嘉铭中心　邮编　100020）
承印者： 河北赛文印刷有限公司

开本：880mm×1230mm　1/32　印张：12.5　　字数：318 千字
版次：2023 年 6 月第 1 版　　印次：2023 年 6 月第 1 次印刷
京权图字：01-2020-0732　　书号：ISBN 978-7-5217-5413-1
定价：88.00 元

目　录

第四版序言

在筹备本书第四版时，除了对每章结尾有注解的"阅读建议"和本书的一般参考书目进行必要的更新外，可能难以做进一步的修订和改进。事实上，这些重要材料在这里已经更新，但第四版在其他许多方面也完全不同。

读者会注意到，为了增加可读性，本书的许多章节都根据使用第三版的许多教师提出的建议做了修改和重写。关注全书内容衔接和起承转合的读者将会发觉，各章之间的连续性得到了改进。此外，亚决定性问题、社会科学和实在论/反实在论的争论是本版最新提出的重要议题。最后，使用每章结尾"研究问题"的许多教师会注意到，这些问题已经得到修改和扩充。

与前三版一样，亚历克斯·罗森堡（Alex Rosenberg）仍然希望本版在性质或特点上接近哲学和教育学的伟大经典——卡尔·亨普尔（Carl G. Hempel）的《自然科学的哲学》（*Philosophy of Natural Science*）。卓越的范例即伟大的激励。罗伯特·布朗宁（Robert Browning）说："人之所达应越其所及。"他的话也适用于本书的第一、第二和第三版。第四版也仍然如此。李·麦金太尔（Lee McIntyre）是第四版的合著者，他希望使整部作品比之前的版本更流畅易读，并且补充和修改了亚历克斯在一些关键领域的看法。

与之前的版本一样，亚历克斯仍然希望表明，科学哲学的问题属于哲学最基本的问题，不过是自柏拉图以来哲学议程上问题的置换实例罢了。

新版保留了第三版的主要创新之一，即根据当前市面上可见的三部最有用的选集中的论文，对"阅读建议"做了调整：马丁·柯德（Martin Curd）和科弗（J. A. Cover）编的《科学哲学：核心议题》（*Philosophy of Science: The Central Issues*）、马克·兰格（Marc Lange）编的《科学哲学选集》（*Philosophy of Science: An Anthology*）、尤里·巴拉绍夫（Yuri Balashov）和亚历克斯·罗森堡编的《科学哲学：当代读本》（*Philosophy of Science: Contemporary Readings*）。除了更广泛的建议，每章的阅读建议都以这三本书中的具体建议结尾。亚历克斯自己的科学哲学课程总是集中于这些文集中编选的权威论文。指定本书中的章节可以减少花在科学哲学课堂上的时间。亚历克斯制作了一个由 Taylor & Francis 发布的网页（www.routledge.com/9781138331518），其中包括可与第三版相结合的重要的开放获取（open access）和过刊库（JSTOR）论文。同一表单将服务于第四版的这项功能。

第 1 章

哲学与科学的关系

概　述

　　科学哲学是一个很难定义的学科，在很大程度上是因为哲学很难定义。但根据一个有争议的哲学定义，科学，如物理科学、生物科学、社会科学和行为科学，与哲学之间的关系非常密切，以至于科学哲学必定是哲学家和科学家的一个核心关切。根据这个定义，哲学首先讨论科学现在无法回答、或许永远也无法回答的问题，其次讨论为什么科学无法回答这些问题。

　　本章以不同方式论证了这个定义的恰当性。它显示了科学是如何从哲学中相继产生的，哲学的划分是如何与科学相关联的，以及哲学史如何反映了科学所设定的问题议程。

什么是哲学？

哲学并不是一个容易定义的学科。它的词源很明显，即"爱智慧"，但对那些希望理解哲学这门学科是关于什么的人来说却无甚帮助。知道哲学最重要的分支学科是什么也是不够的。哲学的主要组分很容易列出，其中一些组分的主题甚至不难理解。麻烦在于试图弄清楚它们彼此之间有什么关系，以及为什么它们构成了一门学科（哲学），而不是成为其他学科的一部分，或它们自己独立的研究领域。

哲学的主要分支学科包括：逻辑学，它寻找合理的推理规则；伦理学（和政治哲学），它关注个人和国家行为的对与错、善与恶、正义与不义；认识论，它探究人类知识的本性、范围和正当性；以及形而上学，它试图确定现实中存在的最基本的事物种类以及它们之间的关系。尽管形而上学的定义是抽象的，但它的许多问题几乎众人皆知。例如，"上帝存在吗"，或者"心灵仅仅是大脑，还是某种完全非物质的东西"，或者"我有自由意志吗"，都是大多数人自行追问的形而上学问题。

但了解这四个研究领域也许会使哲学是什么这个问题更加扑朔迷离。它们彼此之间似乎没有多大关系。每一个领域与另一个领域似乎至少也有同样多的关系。为什么逻辑不是数学的一部分？为什么认识论不是心理学的一部分？政治哲学难道不应该与政治学相一致？伦理难道最终不是牧师、教士、伊玛目和其他布道者的事情吗？我们是否有自由意志，或者心灵是不是大脑，这无疑是神经科学的问题。也许上帝的存在取决于个人信仰，而不是取决于学术研究。然而，这些学科或进路实际上都没有以哲学家的方式探索这些问题。因此，问题仍然存在，是什么使它们成为哲学这门学科的一部分？

更糟糕的是，本书读者肯定会想起另一个问题。在哲学主要分支学科的列表中甚至没有提到科学哲学，而这正是你们手中这本书的主题。如果科学哲学不是哲学研究的四个主要领域之一，那么它在哪里发挥作用，以及它能有多重要呢？

对于哲学是什么这个问题，一个回答使科学哲学至少与逻辑学、伦理学、认识论和形而上学一样，处于整个哲学学科的核心地位。它还解决了另一个问题，即如何由这些不同的主题组成同一门学科。然而，下面要给出的哲学定义是有倾向性的。这是一个偏袒的定义，反映了一种独特的观点。在决定是否愿意接受它时，问问你自己，其他定义能否比它更好地综合哲学家所提出的各种问题：

哲学讨论两组问题：

首先是科学即物理科学、生物科学、社会科学、行为科学等现在无法回答、或许永远也无法回答的问题。

其次是为什么科学无法回答第一组问题。

哲学与科学的产生

从哲学与科学的历史关系来看，这个定义有一个强有力的论据。

技术和工程在许多地方独立起步，有些地方比其他地方进步得更快。中国是许多最重要的技术进步的策源地——造纸、印刷、火药，还有磁罗盘，这里仅举最明显的例子。然而，科学似乎始于近东，并在希腊人那里起步。

从古希腊至今的科学史，是一个又一个哲学分支脱离整体并作为独立学科出现的历史。然而，从哲学衍生出来的每一个学科都给哲学留下了一系列独特的问题：这些学科无法解决这些问题，因此必须暂时或永久地留给哲学去处理。例如，到了公元前 3 世纪，欧几里得的著作使几何学成为一门与柏拉图学园中的哲学家相分离但仍被讲授的"空间科学"。

不久以后，阿基米德计算出无理数 π 的近似值，并且找到了计算无穷级数之和的方法。但几乎从数学作为一门不同于哲学的学科的历史之初，数学就背弃了一系列人们可能认为数学家会怀有极大兴趣的问题。

数学研究数，但它不能回答"数是什么"这个问题。请注意，这不是"2"或"Ⅱ"或"10（二进制）"是什么的问题。它们都是一个数字、一种文字、一种书写，而且都命名同一个东西：数 2。当我们问什么是数时，我们的问题并不是关于符号（书面的或口头的），而显然是关于事物。至少自柏拉图认为数是一种特殊的东西，尽管是不在空间和时间中的抽象的东西，之后，哲学家对这类问题给出了不同的回答。与柏拉图不同，另一些哲学家认为数学真理并非关于抽象的东西和它们之间的关系，数学真理之所以为真，乃是因为关于宇宙中具体事物的事实，并且反映了我们对数学表达式的使用。然而，在距离柏拉图 2 500 年之后的今天，对于"数是什么"这个问题，人们仍然无法给出公认的正确答案。

伽利略和开普勒的工作，以及牛顿在 17 世纪的革命，使物理学成为一门独立于形而上学的学科。但几个世纪以来，物理学也给哲学留下了深刻的问题。这里有一个重要的例子。

牛顿第二定律告诉我们，$F = ma$，力等于质量与加速度的乘积。

加速度则是 dv/dt，即速度相对于时间的一阶导数。但时间是什么呢？这是一个我们都自认为理解的概念，也是物理学所要求的概念。但无论是普通人，还是离不开这个概念的物理学家，都很难告诉我们时间到底是什么。请注意，用小时、分钟和秒来定义时间，会把时间单位错误地当成它们所测量的东西，就像用米或码来定义空间一样。我们以同样精准度的米或码来测量空间。但假设我们问，什么是测量空间的正确方式？答案当然是，空间测量没有一套唯一正确的单位，码和米同样适用。同样，不能说码或米"定义"了或构成了空间。时间也是如此。几秒、几世纪、几千年仅仅是同一个"东西"的不同数量。我们想要定义的乃是以不同数量出现的时间。我们可以说时间是绵延，但绵延只是时间的流逝。我们的定义预设了我们想要定义的那个概念。

精确地说明"时间"是什么，是至少 300 年前科学留给哲学的一个问题。随着狭义相对论和广义相对论的出现，物理学家再次试图回答这个问题。阿尔伯特·爱因斯坦对时间进行反思，得出了不同参照系下时间间隔有所不同的结论，这在很大程度上归功于哲学家对牛顿绝对时空观的批判，即绝对的空间和时间是事物可以在其中被绝对定位和定时的独立容器。即使在今天，虽然有几位重要的物理学家提出了"为什么时间有方向"这个问题，但没有人试图解决"时间本身是什么"这个问题。这个问题要么为时过早，要么超出了物理学的范围。

直到 19 世纪末，许多化学家都认为原子是否存在的问题超出了他们的学科范围。他们之所以拒绝争论这个问题，是由于他们的知识理论。作为关于原子是否存在的争论的赢家，那个时代最伟大的科学家之一路德维希·玻尔兹曼（Ludwig Boltzmann），至死都相信他已经在关于我们能否认识原子的认识论争论中输掉了。

在生物学中，问题从哲学一方转到科学一方尤其明显。直到1859年，《物种起源》（*The Origin of Species*）才最终将生物学与哲学（和神学）区分开来。许多生物学家和哲学家都认为，在达尔文之后，进化生物学从哲学中收回了解释人性或确认生命的目的或意义的问题。这些生物学家和哲学家主张，达尔文的学说表明，人的本性与其他动物的本性之间只有程度之别。他们认为，达尔文的伟大成就在于表明，宇宙中并不存在像目标、目的、意义或可理解性这样的东西，它的出现仅仅是我们"附加"在"适应"之上的东西，而适应实际上只是环境持续过滤盲目变异的结果。正是由于这个原因，进化论受到了广泛抵制。有些人拒绝接受生物学给出的关于目的、意义和人性问题的回答，而转向了哲学或宗教。无论人们是否同意达尔文的自然选择理论，这个令人印象深刻的例子都表明，科学研究将一些问题留给了哲学数个世纪，然后在它最终认为自己能力具足时又决定研究这些问题。

在20世纪，心理学作为一门独立的学科从哲学中解放出来，开始讨论关于心灵、自我、意志和意识的本性，对于这些问题，哲学已经认真思考了2 500年。当然，在过去50年里，哲学对逻辑的持久关注已经使计算机科学成为一门独立的学科。

教益很清楚。任何科学都是由哲学孕育出来的。每一门学科最终都搬出去了，但最后却把"行李"留在了家中。

科学与哲学的划分

还有一些问题似乎是科学无法解决的，比如伦理学和政治哲学所讨论的价值、善与恶、权利与义务、正义与不义等基本问题。

科学家也许对这些问题有自己的看法，事实上，他们之间的分歧可能与非科学家一样大，但由于科学家一般会就他们科学中最广泛的问题达成一致，所以很难避免这样的结论：科学无法解决这些问题。

关于事情应当什么样，我们应该做什么，什么是好与坏、对与错、正义与不义，这些问题被称为"规范的"（normative）。而科学中据信是描述性的问题则被称为"实证的"（positive）。许多规范性问题在科学中有其近亲。比如，心理学会关注为什么一个人认为某些行为是对的而另一些行为是错的，人类学会思考关于什么是好的和什么是坏的之文化差异的根源，政治学可能研究以正义之名制定的各种政策的后果，经济学则会在我们应当把福利最大化这一规范性假设之下思考如何将福利最大化，但科学，无论是社会科学还是自然科学，并没有挑战或捍卫我们可能持有的规范性观点。

这引出了两个问题：首先是科学本身能否解决诸如"是否允许为了干细胞研究而破坏胚胎"这样的问题。如果科学不能解决这个问题，就会出现"为什么科学不能回答这个问题"这样的疑问。请注意，这两个问题都是在哲学中提出的。它们都是我们用来定义哲学这门学科的两类问题的实例。当然，在不同的时代，包括现在，一些哲学家和科学家都试图表明，科学实际上至少可以回答一些（如果不是所有）规范性问题。如果它能做到这一点，我们就会消除在定义哲学的两类问题中的第一个大标题之下的许多问题。试图将伦理价值建立在科学事实的基础上不仅非常有争议，而且显然会进一步证明，是科学制定了哲学的议程。

逻辑推理的本性及其在所有科学中的作用，也反映了哲学研究的是科学无法回答的问题。所有科学，特别是定量科学，在很大程度上依赖于逻辑推理和演绎有效的论证的可靠性；但科学也依赖于归纳论证，即由有限的材料得出一般理论的论证。然而，没有一门科学能够直接回答为什么第一类论证总是可靠的，以及为什么我们应该使用并不总是可靠的第二类论证。科学要想证明自己的方法是正当的，唯一的方式就是使用这些方法本身！毕竟，它没有任何其他方法。但是，任何对科学方法的这种"辩护"都是循环论证，也就是把它旨在证明的东西当作假设。试想一下，仅仅基于一个人总是信守承诺这样一种希望，就去接受一个偿还贷款的承诺。由于存在着关于科学推理本性的问题，这些问题是科学本身所无法回答的。

如果科学完成之后没有问题了怎么办？

我们的哲学定义对科学史是公正的，对关于价值和规范的科学探究与非科学探究之间的分工似乎也是公正的。这也说明了为什么逻辑学、形而上学、伦理学和认识论应当构成同一门学科，尽管它具有异质性：它们都解决了科学提出但尚未回答的问题。但如果我们再考虑一下这个定义，它就必须面对一个挑战。回想一下，正如我们对哲学的定义，哲学所讨论的第一组问题是科学即物理科学、生物科学、社会科学、行为科学等现在无法回答、或许永远也无法回答的问题。

但假设有人认为，事实上没有什么问题是科学现在无法回答或最终无法回答的。人们也许会说，任何永远无法回答的问题实际上都是伪问题，是伪装成合法问题的一种毫无意义的噪声，比如"绿的观念疯狂地睡觉吗"，或者"当格林尼治标准时间是正午时，太阳上是几点"，或者"宇宙和宇宙中的一切事物的尺寸、电荷和其他任何物理量在过去都加倍吗"，或者"我们如何证明宇宙和宇宙中的一切不是 5 分钟前被创造的"，对似乎没完没了地研究似乎不会有确切答案的哲学问题感到不耐烦的科学家可能持有这种观点。他们也许会承认，科学的确还不能回答一些问题，比如"宇宙大爆炸之前发生了什么""无机分子是如何产生生命的""意识仅仅是一个大脑过程吗"……但他们认为，只要有足够的时间和金钱，足够多的理论天才和实验，那么所有这些问题以及任何其他真正的问题都可以得到回答。在研究结束时，科学所留下的未被回答的问题将是伪问题，智力上负责任的人不必关心这些问题。当然，像我们这样的智慧生物在宇宙历史中的存在可能不足以完成科学，但由此并不能断定科学及其方法原则上无法回答所有有意义的问题。

然而，声称科学可以做到这一点是需要论证的。数个世纪以来，像"数是什么"或"时间是什么"这样的问题一直没有得到回答，这一事实无疑表明，科学也许永远也回答不了严肃的问题。这些真的是伪问题吗？我们只能根据论证或合理的理由来接受这样一个结论。倘若有人主张，鉴于所有这些事实，"研究结束"时留下的任何问题都必定是伪问题，那么作为哲学家，我们可以想到一些论证来支持这一结论。但我们所能想到的这些论证都有两个相关的特征：第一，它们都在很大程度上利用了科学本身所无法提供的一种对科学本性的理解；第二，这些论证都不是科学本身所能建构的，它们是哲学论证。这是因为它们援引了科学的规范性前提，而不仅仅是事实性前提。

例如，主张科学永远无法回答的问题实际上是（科学没有义务解决的）伪问题，它基于这样一种假设，即科学应当回答而且确实有义务关注一些问题。但我们如何判定科学应当解决什么问题呢？科学应当解决的，大概是那些至少可能获得知识的问题。但那样一来，科学的责任又将转向知识的本性、范围和基础，但这是研究知识的本性、范围和理由的认识论的问题。这意味着哲学是不可避免的，即使是在论证，没有什么问题是科学（无论现在还是最终，或者仅仅是"原则上"）所无法回答的。

请注意，这并不是说哲学家有某种特殊的立场或观点来追问和回答科学家所无法考虑的一系列问题。这些关于科学及其范围和限度的问题既是哲学家的问题，也是科学家可以贡献回答的问题。事实上，在许多情况下，正如我们将要看到的，要么科学家能够更好地回答这些问题，要么科学家的理论和发现在回答这些问题方面起着至关重要的作用。但重要的是看到，哲学是不可避免的，即使有人相信，所有真正的问题、所有值得回答的问题，最终只能由科学来回答。只有哲学论证才能支持这一主张。这个论证，以及相反的论证，需要科学哲学的所有资源。

此外，正如科学哲学中的许多工作所表明的，哲学问题与科学问题（特别是那些在不断变化的科学前沿提出的问题）之间存在着实际的区分，这一点绝非清楚。本书稍后将实际探讨一些令人信服的论据来得出这个结论。这意味着根据我们所提出的定义，可以期待对永恒的哲学问题做出重要的科学贡献。

作为科学哲学的哲学的简史

通过哲学与科学的关系来定位哲学，既依赖于哲学史，也依赖于科学史。

　　至少从笛卡尔开始，在 17 世纪初，欧洲哲学中形而上学和认识论的议程一直是由科学确定的，最初是由物理学和数学，后来则是由生命科学。

　　笛卡尔以引入系统怀疑的方法来确保知识的基础而闻名。他同样感兴趣的是发展一种可以用数学方程来表达的物理学理论，这种理论没有为目的、目标或任何类型的"目的论"（来自希腊语 *telos*，意思是事物努力达成的目的）留出余地。在这方面，开普勒和伽利略用数学来表达自然规律性的巨大成功影响了他。他没有陈述事物的目的，而是寻求机械论定律，他所表述的三条这样的定律与牛顿后来发起物理学革命的定律非常相似。笛卡尔对目的的拒斥当然并非基于一种成功的非目的论理论，而是基于一个哲学论点，即目的在物理的自然中并不存在。笛卡尔相信"微粒论"，即宇宙的基本组分是不可穿透的"原子"，所有物理过程都源于这些原子的运动以及它们之间的碰撞、结合和分裂。这种关于实在本性的"形而上学"理论可以追溯到古希腊的德谟克利特和原子论。值得注意的是，堪称 20 世纪下半叶最具影响力的美国物理学家理查德·费曼（Richard Feynman）认为，实在是原子式的，这是物理学中最重要的观念。这使笛卡尔和 17 世纪的所有微粒论哲学家都有了先见之明！

　　这种微粒论有两个大问题：第一个是，引力，一种任何东西都无法屏蔽的力，似乎可以以无限的速度穿过完全的真空。因此，引力不能被微粒或原子携带着通过真空，因为真空中没有任何东西，包括原子。笛卡尔的大部分工作都是为了解决这个问题，但他一直没找到解决方案。

　　第二个问题是，鉴于我们无法观察到这些微粒或原子，我们如何才能了解它们。约翰·洛克在 17 世纪末的大部分著作都致力于回答一个认识论问题，即我们是否以及如何能够了解这些原子。洛克主张，不可观察的原子及其组合产生了我们的经验，我们经验的一些特征类似于这些原子和由原子构成的东西的性质。在洛克看来，类似于物体（即产生我们经验的微粒集合）特征的那些性质，恰好是 17 世纪物理学所援引的那些性质：大小、形状、物质等。然而我们经验的颜色、气味、味道和质地等特征，则是我们经验的主观属性，它们与产生这些经验的事物的真实属性并不相似。当然，洛克并没有诉诸物理学来为这一主张辩护。至于为什么我们的经验至少在某些特征上表征了实在，他认为可以做更深刻的哲学论证。由此，洛克的认识论被称为"表征实在论"。

很少有科学家和哲学家对洛克的理论感到满意，因为没有办法将我们的经验与其原因进行比较，以确定前者是否与后者相似。事实上，他们认为，对于我们如何能够拥有超出我们直接观察范围的科学知识，洛克对这个问题的解决只是激励了人们对科学主张的怀疑。出于对洛克观点的普遍不满，哲学家和科学家在其认识论（即关于知识的本性、范围和辩护的理论）方面走上了两个不同的方向：经验论和唯理论。

这两种知识理论将在本书中反复出现，因此有必要简要说明它们及其区别。这两种认识论之间最初的争论涉及我们是否拥有关于世界及其本性的先验知识。笛卡尔主张先验性，洛克则否认这一点。关于先验性的争论似乎是一种心理上的争论：大家公认的一些知识是人在出生之前就已经存在于头脑中的，还是出生之后由以白板（tabula rasa）形式进入世界的心灵学到的？继笛卡尔之后，心理学和哲学中的唯理论者持前一观点，而经验论者持后一观点。

随着时间的推移，至少在哲学家当中，这种分歧从一种关于我们信念和知识之原因的分歧变成了关于知识之根据或辩护的争论。经验论者认为，所有关于事物本性的信念都是通过经验、观察、收集材料和设计实验来证明的。唯理论者认为，至少某些信念，通常是科学中最重要、最一般、最基本的信念，纯粹是由"纯粹理性"来辩护的，而不能以经验为根据。这些信念是通过心灵运用其自身独立的（大概是逻辑的）思维能力而被认为是正确的。请注意这里的不对称性，它很重要。经验论者认为，我们对世界的任何认识都需要通过经验来辩护。唯理论者大体上同意，我们的大多数知识都需要通过经验来辩护。他们并非相反地认为，我们的一切知识都是在没有经验的情况下来辩护的，而是认为，除了许多通过经验来辩护的知识，还有一些知识以其他方式得到辩护，这些知识对于科学特别重要。

　　由实验、观察、材料收集等的作用可以明显看出，某种类型的经验论乃是"默认的"或"官方的"科学认识论。大多数唯理论者都不会反对这一标签，只要我们承认，至少有一些在科学中具有深远意义的主张，我们知道它们为真，但无法通过经验来辩护。这些陈述（如果真的存在）必须以其他方式来寻找根据，并将证实唯理论。

　　对于我们的目的来说，关键是要记住，唯理论与经验论的争论所涉及的分歧是科学享有的各种根据或辩护的本性和程度。

　　鉴于洛克的经验论无法为关于不可观察的微粒的知识提供辩护，但又不愿接受唯理论，牛顿等许多科学家干脆抛弃了为微粒论辩护这个哲学问题。正如牛顿所注意到的，这增加了额外的便利，他们不必解决将引力的存在与微粒论"哲学"相协调的问题。在被问及引力如何可能时，牛顿曾说过一句名言："我不杜撰假说。"（*Hypotheses non fingo.*）

到了 17 世纪末，哲学家乔治·贝克莱已经试图阐明这种观点，他将物理理论视为一套工具或启发式手段，而不是关于实在的知识。贝克莱认为，我们无须认真对待物理学中关于微粒或原子的说法，并判定其真假，而应把理论看成我们为组织经验而设计的规则，并对我们未来的经验做出预测。

对洛克的"表征实在论"所做的两种回应中的第二种可见于唯理论哲学家，特别是莱布尼茨（18 世纪初）和康德（18 世纪末）。他们不惜一切代价，极力避免对科学的怀疑。他们都认为牛顿运动定律在预测上是如此强大，构造的理论是如此令人信服，以至于它们必须为真，事实上必然为真。但仅凭经验永远无法确立必然性，更不用说确立这些自然定律的普遍性了。因此，牛顿力学必须有一种非实验的根据。莱布尼茨给出的根据大致是，当科学完成时，人们会发现只有一套逻辑上可能的自然定律彼此相容，而这必定是全知的神在实现这个所有可能的世界中最好的世界时所选择的那套定律。

康德以一种完全不同且影响更大的策略确立了牛顿定律的确定性。这里有必要提供一些细节，因为康德提出这个问题的方式在他的认识论不受青睐很久之后，仍然很有影响力。

康德区分了我们没有经验地、先验地知道的东西和我们可以后验地、只凭借经验知道的东西。数学命题等必然为真的陈述必定是先验的，因为经验永远不能证明任何陈述必然为真。像"行星的数目是 8"这样的陈述是后验的，只有通过经验和观察才能知道。虽然康德谈到了先验知识和后验知识，但这并不是先验信念与后验信念之间的区别，而是两种类型的信念辩护之间的区别。我们可以通过经验获得一种信念，比如"任何事件都有一个原因"，但如果我们知道它为真，那么把它从单纯的信念变成知识的理由就必须是先验的，因为任何有限的经验都无法为这个关于（过去、现在和未来的，观察到和未观察到的）所有事件的陈述辩护。

康德还区分了大致根据定义为真的陈述，如"磁场吸引铁"，和根据关于世界的事实而为真的陈述，如"磁场是由电荷的运动产生的"。他把前者称为分析真理，而把后者称为综合真理。知道分析陈述为真是没有问题的，因为我们只需要知道用来确定其真理性的语词的含义——磁铁按其定义就是吸引铁的东西。分析陈述的真理性无须对世界的经验即可确定，因此可以被先验地认识。

对康德来说，问题在于像牛顿关于引力的平方反比律这样的综合陈述：

$$F = Gm_1m_2/d^2$$

这个定律断言，引力随着质量为 m_1 和 m_2 的物体之间距离的平方减小而减小。该陈述是一个综合真理；毕竟，引力也可以随着距离的立方、平方根或任何其他函数而变化。引力随着距离的平方而变化，这是关于我们世界的一个事实。这使得平方反比律是一个综合真理，而不是一个分析真理。康德认为，如果牛顿定律只是我们基于经验对世界上发生的事情所做的最好的猜测，那没有问题，因为猜测可能是错的。但康德认为，牛顿定律是普遍必然为真的，而经验永远也无法证明普遍或必然的真理。如果牛顿定律是正确的，那么它们必须被先验地认识和辩护，而不是通过经验来辩护！这怎么可能呢？如果没有关于世界事实的任何经验，我们怎么可能知道因这些事实而为真的陈述呢？！这就是康德在 1781 年撰写的名著《纯粹理性批判》（ *The Critique of Pure Reason* ）中努力解决的重大问题。

康德的解决方案是，我们的心灵被构造成这样一种方式，即我们的思维将牛顿的概念强加于我们的经验。我们的心灵被独立于经验地组织成在牛顿力学所提供的框架中思考世界。我们必然把这个框架强加于世界，因此它是先验的。由于从逻辑上讲，我们本可以给世界强加一个不同的概念框架，所以我们强加的牛顿框架表达了一系列综合真理。因此，康德认为，基本的科学知识实际上是关于综合真理的先验知识。康德对这种革命性观点的论证是如此难懂，如此有影响力，如此有趣，以至于在 200 多年的时间里，学者们一直试图理解它们。与此同时，物理学的进展反而对康德釜底抽薪：狭义和广义相对论以及量子物理学的发现表明，牛顿力学并不必然为真，甚至就不为真。因此，试图证明牛顿力学可以被先验地认识变得毫无意义。

就在康德撰写《纯粹理性批判》若干年前，大卫·休谟对科学提出了一种截然不同的论述，认为科学的定律和理论都不是必然的真理，因为我们只能根据经验为它们辩护。休谟当然是一个经验论者，他并不像唯理论者那样急于反驳怀疑论。他对科学知识只能通过经验来辩护这一观点毫无异议，事实上，他声称这一结论源于牛顿的实验方法。

休谟在分析真理与综合真理之间做出了一种类似于康德的区分（尽管他没有使用康德的标签，这些标签仍然保留在当代哲学中）。与康德不同，他指出，所有先验真理都是分析的，即凭借我们赋予语词的含义而为真，所有综合真理都是后验的，即只有通过经验才能认识。因此，虽然休谟同意康德所说的所有数学真理都是必然的，因此是先验的，但与康德不同，他认为所有数学真理都是定义或定义的逻辑推论。由于经验永远无法确立任何陈述的必然性，所以关于世界的科学假说不可能是必然的。事实上，休谟主张，我们永远无法最终、完全地确立它们的真理性。与康德相反，休谟认为，科学假说和理论的可错性与它们能够解释世界上实际发生的事情密不可分。在休谟看来，唯一不可错的必然真理，即那些数学真理，之所以能被确定地认识，仅仅是因为它们根本没有对世界做出任何断言，而只是反映了我们用来定义语词的方式。休谟以一个激动人心的结尾结束了他的《人类理解研究》（*Enquiry Concerning Human Understanding*），他否认我们能够理解既不像数学这样能够凭借定义而为真的东西，也不像科学这样能够通过经验来辩护的东西：

> 当我们拿起一本书来，比如神学的书或者经院哲学的书，我们可以问，其中包含着量和数方面的任何抽象推理吗？没有。其中包含着关于事实和存在的任何经验推理吗？没有。那么我们就可以把它扔到火里，因为它所包含的没有别的，只有诡辩和幻想。

对于康德和唯理论者来说，最大的困难是表明任何关于自然的明显综合的真理为何是先验的。对于休谟和追随他的经验论哲学家来说，问题在于表明所有必然的数学真理其实只是伪装的定义及其推论，没有对自然做出任何主张。

有许多数学真理似乎无法被当作定义来处理。经典的例子是欧几里得几何的第五公设。这个公设告诉我们，平行线永不相交，也从不增加彼此之间的距离。如果这个公设仅仅是关于几何学概念的定义的推论，那么对它的否定应该在几何学的某个地方产生矛盾或不一致，但由它的否定从未导出这种矛盾。事实上，19 世纪证明这种矛盾的努力导致了非欧几何学，它最终被相对论采用，证伪了牛顿定律，从而反驳了康德。甚至最近对几个著名数学真理（费马猜想、四色定理、庞加莱猜想）的证明似乎都依赖于如此复杂的考虑，以至于将它们视为定义或定义的推论是难以置信的。这一点很重要，因为数学中的先验真理（显得像是关于实在的综合陈述）大大加强了康德的唯理论主张，即物理学和其他科学部分的定律也是综合的先验真理！

无论唯理论者和经验论者谁是正确的，18世纪末哲学的发展方式、它对科学的关注以及与科学的共生关系是不可否认的。

由于各种各样的原因（其中一些原因与启蒙运动的结束、法国大革命的过激和19世纪浪漫主义的到来有关），欧洲哲学失去了两个半世纪以来对物理学和数学的兴趣。像黑格尔这样的哲学家及其追随者所要讨论的事项，并不是由对科学的兴趣、科学的实在观和科学方法所驱动的。事实上，可以公平地说，黑格尔及其在19世纪的欧洲追随者，试图用一种思辨的自然哲学来取代牛顿及其继承者所提出的主张。与产生康德的传统不同，他们并不旨在为科学所取得的成就提供一种哲学基础。从19世纪初开始，黑格尔试图描述一种永远无法仅仅通过实验或数学理论来理解的"实在"。由此产生的长达一个世纪之久的不受实验和数学控制的思辨传统孕育了大量书籍，科学家的影响越来越小，以英语世界为主的、仍然相信科学能够揭示实在本性的哲学家越来越感到困惑。黑格尔物理学著作的一个例子清楚地表明了理解问题：

处于初始状态的物质是纯粹的同一性，不是内在的，而是存在的，也就是说，与对整体的其他决定相反，它与自身的关系被确定为独立的。物质的这种存在着的自我就是光。

光作为物质的抽象自我，是绝对轻的，作为物质，是无限的，但作为物质理想，它是它自身之外不可分割的简单存在。

在关于精神与自然本质上统一的东方直觉中，意识的纯粹自我，与自身同一的思维作为对真与善的抽象，与光是合一的。当被称为实在论的观念否认理想存在于自然中时，它只需被称为光，被称为纯粹的表现本身了。

重的物质可以分成质量，因为它是具体的同一性和量；但在光的高度抽象的理想中，没有这样的区分；光在其无限扩展中的限制并不中止其绝对联系。离散的、简单的光线的观念，以及被认为在有限的扩展中构成光的粒子和粒子束的观念，属于概念上的野蛮主义的其余部分，特别是自牛顿以来，这在物理学中占据了主导地位。光在其无限扩展中的不可分割性，在其自身之外保持自我同一的实在性，极不可能被理智视为不可理解的，因为它自身的原则就是这种抽象的同一性。

——黑格尔：《自然哲学·基础物理学》，第 219、220 节

19 世纪的科学家对于这种哲学的反应是可想而知的。到了 19 世纪末，欧洲和英语国家的哲学家开始认为，不受科学控制的思辨并不是一种可接受的哲学方法。

这一巨变使许多哲学回到了严肃对待科学从笛卡尔到康德的传统，它有两种催化剂：一是逻辑上的成就，二是受哲学启发的科学突破。

从亚里士多德时代起，哲学家、数学家、科学家和律师们就认识到了许多不同的"三段论"，即演绎上有效的证明形式，比如：所有 a 都是 b，所有 b 都是 c，因此所有 a 都是 c。论证总共

有 256 种不同的三段论形式。这些论证都是"保真"的。如果前提为真，那么它们的结论就为真。其重要性在于这种保真性。这意味着它们不可能使我们的推理误入歧途：如果一个人从真前提开始，并且正确地使用了这些论证形式中的一种，则他的结论也必定为真。

逻辑的麻烦在于没有一种理论能够解释为什么这些论证形式是有效的，它们的什么共同特征使其实例是有效的。1900 年前后，英国哲学家伯特兰·罗素（Bertrand Russell）和阿尔弗雷德·诺斯·怀特海（Alfred North Whitehead），以及德国哲学家戈特洛布·弗雷格（Gottlob Frege），一起提出了一种符号逻辑系统，解决了这个问题：它不仅解释了自古以来已知的 24 种有效三段论形式的有效性，而且为确立整个数学和科学中使用的更复杂的演绎推理形式的有效性提供了基础。

这一发现堪比原子论对元素周期表的作用。通过解释电子、质子和中子的各种事实，原子论确立了元素周期表的正确性。同样，通过从少量基本公理中导出所有形式，罗素、怀特海和弗雷格的发现解释了所有演绎有效的论证形式（包括 256 种三段论）的正确性。更妙的是，这些公理似乎是"和""或""非""一些""所有"等逻辑常量的平凡为真的（真值函数）定义，或这些定义的直接推论。罗素和怀特海利用其新逻辑系统的这一特点，试图完全从逻辑的定义起点导出集合论、数论、数学分析和数学的其他部分。最后这项努力失败了，但并没有减损他们最初的成就。

从这一逻辑发现的角度回顾休谟的工作，给哲学的经验论纲领注入了新的力量。突然间，经验论者面临的重大问题，即表明所有数学都在分析上为真的一个解决方案似乎触手可及。回想一下，除非经验论者能够表明数学的先验真理是分析的，否则这些真理就提供了一个可能是综合的先验知识的例子。这让唯理论者寄希望于能够表明，物理学，也许还有更多的科学，尽管是综合的，尽管描述了实际的事实，但也必然为真。

20 世纪哲学的第二个重要事件是爱因斯坦发现了狭义相对论和广义相对论，并取代牛顿力学成为物理学的基本理论。爱因斯坦本人认为他的发现的思想来源不是物理学家的实验工作，而是唯理论者莱布尼茨和经验论者贝克莱这两位 18 世纪哲学家对牛顿空间和时间理论的分析和批判。爱因斯坦从他们的工作中得到的教益是，即使是科学中最基本的概念如长度、时间、速度、质量等，也需要通过经验和经验操作来定义，而不是通过前面展示的黑格尔对物质或光的那种抽象、模糊、华丽和晦涩的冗言来定义。简而言之，爱因斯坦表明，物理学的基础需要休谟在解释科学时提出的那种经验主义认识论。

就这样，休谟对"经院形而上学"即与科学无关的哲学的攻击，在 20 世纪上半叶重获了新生。它与罗素、怀特海和弗雷格的发现结合成所谓的"逻辑实证主义"或"逻辑经验主义"哲学。不出所料，考虑到爱因斯坦和弗雷格在德语国家的影响，逻辑实证主义作为"维也纳学派"的哲学开始出现于一战后的中欧。

维也纳学派会非常赞同通过科学无法回答的问题以及为什么科学无法回答这些问题来定义哲学。但对于科学无法回答的问题，它会否认存在任何此类问题。事实上，"伪问题"的概念是在逻辑实证主义者当中产生的。由于逻辑实证主义否认有意义的问题在科学完成时仍然存在，所以它当然并不直接关注第二类问题。逻辑实证主义支持做这种不同的处理。

认为所有有意义的问题最终都将通过科学（经验）研究来回答，这一论点基于两个截然不同的信条。一个是所谓的"证实原则"，即要想在科学上可理解，或如他们所说，"经验上有意义"或"认知上有意义"，必须用一组概念或语词做出明确的可检验的经验主张，它可以接受经验观察或实验检验。于是，19 世纪的大多数黑格尔哲学，所有神学、美学以及科学被认为不可能涉足的大量其他明显的研究领域立即变得在科学上没有意义。它还将伦理学、政治哲学和所有其他"规范性"陈述当作毫无意义的东西排除出去（如果说科学无法回答任何关于规范性的问题，也就不足为奇了）。剩下的唯一有意义的问题就是经验研究（即科学）可以解决的问题。因此，没有什么问题可以留给哲学或其他非科学的学科。

如果实证主义者能够表述一个精确的证实原则，作为检验有意义的陈述和没有意义的陈述的石蕊试验（litmus test），那么就可以用它来区分真正的科学和实证主义者及其哲学（非政治）"同行"（例如卡尔·波普尔，更多信息见第 11 章）所说的"伪科学"。将真正的科学与假装的科学话语区分开来，以确保科学的威望和影响，这成为一些试图构建证实原则的哲学家的强大动机。不幸的是，他们从未做到这一点（我们将在第 8 章详细讨论其原因）。他们面临的困难有两方面：首先是他们自己强加的要求，即该原则是明确的、精确的，并且对每一个有经验意义的陈述给出明确回答；其次，它对物理学家认为有经验意义的陈述给出了"正确回答"，包括关于电子、质子、电荷、质量和成分等完全不可观察的事物和性质的陈述。逻辑实证主义者永远无法相信，他们越来越复杂的证实原则候选者当中有任何一个能够满足这两个要求。这个问题，以及他们对它坚定不移的理智诚实，为逻辑实证主义的垮台埋下了种子。在下一章，我们将考虑为什么"划界问题"仍然重要，即使我们无法找到检验科学与非科学的石蕊试验。

逻辑实证主义的另一个信条是，逻辑和数学的主张是不可检验的，但并非毫无意义。用康德的标签（至今仍在使用）来说，它们是分析真理——定义及其推论。这里，罗素、怀特海和弗雷格在符号逻辑上的重大突破为实证主义者提供了保证，并最终希望详细表明数学如何是定义的推论。逻辑实证主义者认为，他们所实践的哲学应当连同逻辑和数学一起被归于分析命题——定义及其推论。和数学研究的显著成果一样，哲学只是看起来显得新奇罢了，因为我们在逻辑上并非无所不知。就像从未有人想到的数学中令人惊讶的新定理一样，真的和正确的哲学总是隐含在研究的初始前提中。它只是在等待某个足够聪明的人将它提炼出来，并向我们表明我们已经相信它。

回顾哲学史，逻辑实证主义者并不惊讶地发现，从笛卡尔到康德的哲学史可以被解释为试图提供这种分析上为真的主张：主要是科学和数学的认识论，以及对科学理论术语的含义进行分析。这使他们将哲学视为一种理智事业，其最终目的是表明，科学能够回答所有有经验意义的问题；和数学一样，哲学唯一的作用就在于提供明确的定义和逻辑规则，使每个人都能明白为什么只有科学具有"认知意义"。

维也纳学派的逻辑实证主义者和认同其观点的其他哲学家积极捍卫民主，倡导社会正义，反对极权主义。因此，他们不得不在20 世纪 30 年代末逃离欧洲的法西斯主义。他们认识到，苏联同样威胁着他们的哲学和生命。因此，到了 20 世纪 40 年代，逻辑实证主义主要转移到了美国，在那里兴盛了很长一段时间，最终证明我们最初的定义中反映的哲学与科学的传统联系是正确的。然而，在把科学哲学当作自己的子学科进行发展的过程中，逻辑实证主义为其自身在 20 世纪下半叶被取代埋下了种子。我们将在第

2章开篇回到其中一些主题，并且描述逻辑实证主义如何规定了科学哲学的议程，即使在它衰落之后。

与此同时，这段历史的教训是双重的：首先，我们必须要求任何替代性的哲学定义努力放松它与科学的联系，它在理解过去400年的科学史和哲学史方面必须至少与我们的定义同样出色。其次，我们必须认识到，我们并不清楚科学在多大程度和范围上能够回答我们的所有问题，这种困难使哲学成为一种不可或缺的研究。

小　结

无论是对哲学还是对科学感兴趣，这两门学科都是不可或缺的。事实上，只有把哲学当作对科学在确立自己独立性时留给它的问题的反思，才能理解哲学在其整个历史中和当前所要讨论的事项。科学的历史，尤其是自16世纪以来的成功历史，在很大程度上是获得了对某种特定的形而上学和认识论的信心。

自牛顿以来，欧洲哲学的主要人物争论的是，能够解释科学之成功的是经验论还是唯理论。这两种不同的知识理论继续相互竞争，即使经验论渐渐被更广泛地接受，尤其是在科学家当中。哲学家愿意接受它，但正如我们将在本书中看到的，他们认识到，一些关于科学的本性及其方法的问题似乎是经验论所无法应对的。这些问题使科学哲学对于整个哲学来说至关重要。

研究问题

回答每章结尾的研究问题，并不只是要求对这一章的内容进行扼要的重述。毋宁说，它们引出了关于该章述说的哲学理论的一些基本问题，并且确立了一些有争议的议题，欢迎读者就此提出与作者不同的见解，给出正文中未能触及的例子、论证和其他考虑，并且做出自己的判断。每章结尾提出的一些问题，值得在阅读后续章节之后重温。

1. 本章提供了一种具有潜在争议的哲学定义。请为哲学提出一种不同的定义，以解释哲学的不同分支如形而上学、认识论、逻辑学、伦理学、政治哲学、美学等学科的统一性。

2. 请提出一个论证，表明科学原则上无法回答的任何问题都是伪问题，即使所有事实都在，且科学是完备的。

3. 辩护或批评："经验论与唯理论的争论也许会把自己标榜为一种关于正当性的争论，但它仍然可以归结为笛卡尔与洛克关于是否存在天赋观念的最初争论。"

4. 休谟将"经院形而上学和神学"斥为"诡辩和幻想"。如果在今天，他会对什么东西保有同样的思想蔑视呢？

5. 讨论："微粒论只是哲学，而原子论是科学。"

6. 是否有什么哲学问题的答案与科学哲学无关，或与科学无关？为什么？

阅读建议

试图了解科学史特别是自文艺复兴以来的科学史的读者将会得益于 Herbert Butterfield, *The Origins of Modern Science*。Thomas Kuhn, *The Copernican Revolution* 是科学哲学中最有影响力的科学史家对 17 世纪科学的论述。I. Bernard Cohen, *The Birth of a New Physics* 和 Richard Westfall, *The Construction of Modern Science* 论述了牛顿力学及其兴起。James B. Conant, *Harvard Case Histories in the Experimental Sciences* 是理解物理科学史的另一份重要文献。

汉斯·莱辛巴赫（Hans Reichenbach）是 20 世纪最重要的科学哲学家之一，他在《科学哲学的兴起》（*The Rise of Scientific Philosophy*）中追溯了科学对哲学的影响。1926 年首次出版的 E. A. Burtt, *Metaphysical Foundations of Modern Science* 是科学思想史和哲学思想史上的一部经典著作。

Steven Shapin, *The Scientific Revolution* 是一部优秀而可靠的当代导论。《剑桥科学史》（*The Cambridge History of Science*），尤其是 Katharine Park 和 Lorraine Daston 合编的第三卷《现代早期科学》（*Early Modern Science*），以及由 Roy Porter 编的第四卷《18 世纪科学》（*The Eighteenth Century*），为科学史及其最重要的形成时期的哲学史提供了大量最新的学术研究。

J. L. Heilbron, *The History of Physics: A Very Short Introduction* 为物理学的历史提供了速览。

第 2 章

科学哲学为何重要?

概　述

试图厘清科学知识与其他种类知识之间的差异,有着迫切的实践理由。公共政策和个人幸福的问题取决于能否区分科学和伪科学。然而,这并不像许多人以为的那么容易。

除了利用哲学帮助将科学区别于其他人类事业,科学继续对哲学议程产生着深远的影响。科学对其他文化的影响也同样重要,它对不同文化的影响似乎具有独一无二的普遍性。如果这是真的,那么科学是需要解释的。

科学问题与关于科学的问题

除了科学尚不能回答的问题,还有关于科学为何迄今无法(或可能永远无法)回答这些问题的问题。数是什么,时间是什么,正义是什么,这些问题被称为一阶问题。二阶问题则是为什么科学尚不能处理这些一阶问题,这就涉及科学的限度是什么,科学如何运作，应当如何运作，科学的方法是什么，在哪里适用，在哪里不适用，等等。回答这些问题要么能使我们在迄今尚未回答的一阶问题上取得进展，要么能使我们认识到某些一阶问题并不是科学能够回答或需要回答的问题。回答科学的本性是什么以及科学的方法是什么等问题，也可以帮助我们评估对科学问题的回答是否恰当。

但还有一些问题，它们不是直接的科学问题，科学哲学也许能够帮助我们。以下是一些重要的例子：

长期以来，哲学家、科学家等捍卫科学的正直性及其作为获取客观知识的工具的独特性的人，一直反对给予非科学的信念形成方式以同等的地位。他们试图将占星术、戴尼提（dianetics，山达基派［scientology］的疗法）、塔罗牌、心灵感应、"创世论科学"及其各种现代变体、"智能设计理论"，或任何新纪元时尚、东方神秘主义、整体论形而上学，斥为伪科学、娱乐、消遣，认为它们不足以替代真正的科学说明及其在实际改善人类生活中的应用。正如我们在上一章看到的，逻辑实证主义者希望能够通过使用一种简单的石蕊试验来区分科学和伪科学。出于我们将在第8章探讨的理由，他们没能创建一种简单的规则来做到这一点，所以问题仍然存在。我们需要对科学知识究竟是什么做出解释，并且判定除了科学提供的知识，是否还有其他种类的知识。

人类的轻信，对令人满意的叙事、阴谋论、简单的解决方案和奇迹疗法以及通往知识和财富之捷径的追求和信念是如此强烈，以至于即使在科学革命三个半世纪之后仍被利用。事实上，在某些方面，情况要比100年前更糟。

在美国，20世纪90年代有一群人对正统的、经验的、双盲对照实验的、基于实验室的科学在理解和处理疾病方面的缓慢进展感到不耐烦，他们和那些确信存在着关于疾病、疾病的原因和治疗的重要而有用的知识并致力于某种非实验进路的人结成了一个联盟。这个联盟说服美国国会指示以实验为导向的国立卫生研究院（National Institutes of Health）建立了一个替代医学办公室，授权它花费大量资金（据称是从主流正统科学研究的资金中转移的）来寻找这类知识。该联盟的成员经常争辩说，有一些药物只有在患者和 / 或医生知道在用这些药物治疗患者并相信它们有效时才会起作用。因此，在他们看来，患者和医生都不知道患者服用的是药物还是安慰剂的对照实验是不能用来检验治疗效果的。如果这种双盲对照实验是我们用来科学评估疗效的唯一方法，那么这些关于"替代药物"的说法就超出了任何科学评估的范围。因此，其支持者认为，寻求关于这类药物的知识不可能是科学的。

在英国，21 世纪的头 10 年出现了关于国民保健服务（National Health Service）继续为顺势疗法治疗支付日益减少的资金的争论。（顺势疗法是这样一种理论，认为疾病可以通过服用微量物质来治愈，这些物质会导致与正在治疗的疾病相似的症状。）即使对照实验表明，它们的疗效并不比（便宜得多的）安慰剂更好，而且分析化学家表示顺势疗法所提倡的药物在该理论所要求的稀释液中检测不到，它的倡导者，尤其是那些由国民保健服务所支付的从业者，仍然坚持自己的理论和治疗是科学的。与此同时，医生和另一些科学家否认这种主张，并且在英国法院遭到诽谤诉讼。

显然，反对将稀缺资源从科学中这样转移出去的人很难论证替代医学无法提供科学知识，除非他们能对科学发现的独特之处做出解释。

然而，这种进路的倡导者有同样的兴趣表明，对非实验知识视而不见乃是正统科学方法的本性。这些倡导者可以与另一些人，例如人文主义者，达成共同目标，他们反对所谓的"科学主义"，即毫无根据地过分自信于用既定的科学方法来处理所有问题，并且倾向于取代其他"认知方式"，甚至是在传统科学进路不合适、无效或有损于其他目标、价值观和见解的领域。

争论双方都有同等的兴趣来理解科学的本性，无论是科学的实质性内容，还是科学在收集证据、提供说明和评价理论方面所采用的方法。换句话说，争论双方都需要一种可以达成一致的划界标准，以便解决他们的争端。

那些欣赏自然科学的力量和成功，并希望将这些学科中成功的方法应用于社会科学和行为科学的人，有一种特殊的动机来分析使自然科学获得成功的方法。自从社会科学和行为科学作为自觉的"科学"事业出现以来，这些科学家和一些科学哲学家认为，这些学科之所以与自然科学相比不太成功，是因为未能正确识别或实施在自然科学中获得成功的经验方法。对于这些社会科学的学者来说，科学哲学具有一种明显的规定性作用。一旦它揭示出证据收集、解释策略的特征以及两者在自然科学中的应用方式，就找到了社会科学和行为科学取得类似进步的关键。一切社会科学和行为科学需要做的就是使用正确的方法。或者说，支持科学方法论的这些学者是这样认为的。

然而，有人反对用科学的方法来处理社会问题和行为问题。他们试图论证，自然科学的方法并不适用于他们的学科，"科学主义的帝国主义"不仅在思想上没有根据，而且很可能使人际关系和脆弱的社会制度失去人性，从而造成伤害。他们进而主张，这种进路可能被误用，从而为有道德危险的政策和计划（例如，许多国家在20世纪推行的各种优生政策）承担责任，甚至激励对最好不去考察的领域（如暴力、犯罪、精神疾病、智力等的遗传基础）进

行研究。显然，这些主张将人类事务与自然科学中头脑简单、不
适用的经验方法隔离开来的人需要理解科学探究究竟是什么。通
过非经验进路来理解人类事务的认识论完整性的这些捍卫者需要
一种知识论来表明，如何在不使用自然科学方法的情况下获得可
靠的知识。这意味着，他们和那些与他们争论社会科学和社会研
究的正确方法的人，都需要理解科学以及科学的本性和限度。

　　因此，科学哲学是一个不可避免的议题。

现代科学对哲学的意义

　　除了每一门科学留下的作为哲学的思想遗产的传统问题，
2 000 多年来的科学发展也一直在提出哲学家们努力解决的新问题。
此外，这 2 000 年的科学发展也塑造和改变了哲学探究的议程。在
第 1 章，我们看到科学是哲学灵感最有力的来源，因为科学在 17
世纪到 19 世纪一直到 20 世纪都取得了革命性的成功。现在也依
然如此。

　　想想自由意志的问题。牛顿指出，无论是行星和彗星的运动，
还是炮弹和潮汐的运动，都受制于少数简单的、可以用数学表达
的、完全没有例外的定律。这些定律是决定论的：给定行星在任
一时刻的位置，物理学家就可以计算出它们在过去或未来任一时
刻的位置。如果牛顿是对的，那么物体在任一时刻的位置和动量
就可以决定任何时刻的位置和动量。不仅如此，同样的无情定律
也约束着任何有质量的东西。牛顿力学的决定论还引出了人类行
为中决定论的幽灵。因为如果人仅仅是分子，即物质的复杂集合
体，而且如果这些集合体的行为符合这些定律，那么就没有真正

的选择自由，而只有这样一种自由的幻觉。假设我们将我们看似自由的行动的原因（我们对此负责）经由它们先前的原因追溯到我们的选择、欲望，以及这些欲望所代表的我们大脑中的物理状态。如果大脑只是一个复杂的物理对象，它的状态与任何其他物理对象一样受物理定律的支配，那么我们大脑中发生的事情就像一块多米诺骨牌在一长排中推倒另一块多米诺骨牌时发生的事情一样，是由先前的事件确定和决定的。如果决定我们大脑中事件的原因包括我们无法控制的事件，比如我们的教养、我们当下的感官刺激和生理状态、我们的环境、我们的遗传，那么就可以声称，在这个巨大的因果网络中，真正的自由选择或行动（而不仅仅是行为）是没有地位的，因此也没有道德责任的地位。由事物先前的状态所决定的东西超出了我们的控制，我们不能因此而受到责备或赞扬。

随着牛顿理论的成功，决定论成为人类事务的一种活生生的哲学选择。但对一些哲学家来说，当然也对许多神学家来说，它仍然是可供取舍的，因为他们认为，物理学并不束缚人或任何生物的行为，生物学的领域超出了牛顿决定论的范围。这一点的证据在于，物理科学根本不能说明生物过程，更不用说达到它在说明运动物质的行为时的能力和精度了。

到了19世纪中叶，决定论的反对者可能会用这样一种想法来安慰自己，即人的行为以及一般生物的行为不受牛顿运动定律的约束。人的行为和生物过程显然是以目的为导向的。人的行为反映了专为人而设的目的的存在。大自然反映了宇宙的目的和上帝宏大的事物方案。生物领域显示出太多的复杂性、多样性和适应性，似乎不可能仅仅是运动物质的产物，其设计显示出上帝的作为。事实上，在达尔文之前，生物领域的多样性、复杂性和适应性乃是证明上帝存在和赋予宇宙以意义的"计划"存在的最好的神学论据。与此同时,(上帝的)这个计划也是对生物领域这三个特征的最佳科学说明。

正如反对达尔文的神学家很快就意识到并强烈谴责的那样,达尔文的成就摧毁了这种神启的形而上学世界观的基础及其对生物学领域中适应性的科学说明。达尔文在发表《物种起源》20年之前的未出版笔记中写道:"人类的起源现已得到证明。形而上学必将兴盛。理解狒狒的人在形而上学方面将比洛克贡献更大。"我们无法在这里总结达尔文对天启宗教的替代方案(我们将在第6章再次讨论,并且在第9章更详细地讨论这个问题),但如果达尔文把多样性、复杂性和适应性机械论地、无目的地解释成遗传变异和自然环境选择的结果是正确的,那么就可以强有力地论证说,宇宙中没有任何东西具有超越牛顿的发现所揭示的那种钟表式的决定论的任何意义、目的或可理解性。这是一个具有深刻哲学意义的结论,它超越了决定论,表明自然之中的所有目的都是虚幻的。其中牛顿和达尔文是哲学上的唯物论或物理主义的伟大来源,这两种理论破坏了形而上学、心灵哲学中的众多传统哲学理论,进而可能威胁到道德哲学。这两种理论所引出的哲学问题仍然处于20世纪哲学议程的核心。

然而,20世纪物理学和数学基础的发展使问题变得更加复杂,远比任何纯粹的哲学论证更能动摇对哲学上唯物论的信心。将决定论的物理理论从可观察现象扩展到不可观察过程的尝试,与自然界中亚原子不确定性的出现相悖。事实表明,在量子过程即电子、质子、中子、光子、电磁辐射的行为层次上,任何定律似乎都不可避免地是非决定论的。这不仅仅是说,我们无法确定地知道发生了什么而只能满足于纯粹的概率,而且是说,几乎所有物理学家都认为物理上已经确定，量子力学的概率以惊人的精度说明了物质（以及所有东西）的基本组分的行为。更有甚者，这些概率在实验中发生的方式预先排除了以某种方式说明这些概率的更深层决定论理论的存在。

这里我们无法解释为什么物理学家认为这些概率永远无法消除，但我们可以举例说明。一个特定的铀原子在下一分钟内发射 α 粒子的概率是 0.5×10^{-9}。再多的研究也不会提高或降低这个概率；铀原子在一分钟内发射 α 粒子的状态和在另一分钟内不发射 α 粒子的状态没有任何区别。在基本的自然层次上，所谓的"充足理由律"，即每一个事件都有一个原因，不断遭到违反。

当然，当电子、质子和其他粒子聚集成分子时，它们的行为开始渐近地趋向于牛顿力学所要求的决定论，但事实证明牛顿错了。倘若有人满心希望牛顿理论所处理的可观察物体的世界可以不受量子力学的非决定论的影响，那么只要回想一下，把盖革计数器这种可观察的探测设备放在放射性物质周围时发出的咔嗒声，乃是在量子层次不确定地发射 α 粒子在宏观世界中产生的可观察的差异。

那么，这一切是否意味着如果决定论是错误的，那么自由意志和道德责任就被证明是我们的哲学世界观可接受的组成部分？事情并没有那么简单。因为如果构成我们大脑过程的基本亚原子相互作用根本不像量子物理学告诉我们的那样由某种东西所决定，那么我们的行为就更没有什么道德责任了。如果非决定论是正确的，那么我们的行为将源于本身没有任何原因和理由的那些事件。简而言之，量子不确定性使人的动因、深思熟虑、实际选择、自由意志和道德责任是如何可能的变得更加神秘。假设我们可以把你的行为（无论在道德上是否允许）追溯到比如你的大脑中的一个事件, 这个事件本身没有原因, 是完全随机的、不确定的、无法说明的, 任何人或任何事物都无法控制这个事件。那么在这种情况下, 没有人可以在道德上为这个事件的结果, 或者它对你的欲望、选择和行为的影响负责。

如果科学把哲学引向了一条通往物理主义、决定论、无神论甚至虚无主义的单行道, 那么与哲学问题角力的人对于科学将不可避免地具有一种思想上的义务。我们必须理解物理科学的实质性主张, 必须足够见多识广, 以解释这些主张对哲学问题的意义, 必须理解科学作为回答这些问题之来源所具有的优势和局限性。

但事实上, 科学把哲学引向的方向似乎绝不是通往物理主义、决定论、无神论和虚无主义的单行道。自 16 世纪以来, 许多哲学家和科学家都支持数学家、物理学家和哲学家笛卡尔的论点, 即心灵迥异于身体或身体的任何部分, 特别是大脑。笛卡尔的追随者从未论证过心灵可以在没有大脑的情况下存在, 就像从未论证过人的生命可以在不呼吸氧气的情况下存在一样。但他们认为, 就像生命不仅仅是呼吸氧气一样, 思维并不等同于任何大脑过程。心灵是一种独立而不同的非物理的东西, 因此不受物理科学所揭示的任何定律的约束。如果心灵不是一个物理的东西, 这也许会使人和人的行为免受科学所揭示的自然定律的支配, 甚至无法进行科学研究。结果可能是, 人和人的行为必须通过与自然科学完全不同的方法来理解。也有可能, 人类事务根本不可能被理解。

这种认为心灵是非物理的并且超出了自然科学范围的观点也许会令人沮丧, 并且被指责为蒙昧主义, 是思想进步的障碍。然而, 指责它并不能反驳笛卡尔等人为了维护它而提出的论证。受自然科学方法和理论启发的那些社会科学的普遍弱点, 更使那些拒绝接受笛卡尔论证的人感到犹豫不决。导致社会科学缺少自然科学所具有的那种预测精度和说明力的唯一障碍，果真是人的行为及其心理原因的更大复杂性吗？

在对这个问题给出肯定回答的人当中，有心理学家和试图沿着计算机思路将心灵理解成物理装置的那些人。毕竟，大脑的神经结构在某些重要方面与计算机相似：它通过电信号将网络节点切换到"开"或"关"的状态。对理解人类认知感兴趣的心理学家试图根据各种类型的计算机来理解人的认知，认识到人脑比最强大的超级计算机强大得多，使用的计算程序也与我们为当前的计算机编写的那些程序大不相同。但如果大脑是一台强大的计算机，而心灵就是大脑，那么通过开发简单的程序来模拟认知，在不如大脑强大的计算机上模拟认知的各个方面，至少能向我们显示心灵是如何工作的。

正是在这一点上，有人认为科学的发展本身给这种受"科学"启发的研究纲领造成了障碍。我们确切地知道，计算机通过实现具有某些数学特征的软件程序来操作。特别是，软件使得计算机按照一套有限数目的用数学表达的公理来操作。作为一个简单的例子，想一下期望计算机进行的算术计算。它可以做任何两个数的乘法。它之所以能做无限大量的计算中的任何一个，并非因为它为每一个乘法问题的正确答案编好了程序，而是因为它是用算术公理形式的乘法规则进行编程的。当然，计算机实际可执行的计算是有限制的，玩过计算器的人都知道其中一些限制是什么。如果它电量耗尽，或者要相乘的数目位数太多，屏幕上显示不下，或者试图进行除以零之类的非法操作，或者命令机器去计算圆周率 π，那么它将不会给出唯一的、完备的、正确的答案。在这方面，计算机就像人类计算器：它有故障，会失败。

但是在 20 世纪 30 年代，奥地利数学家库尔特·哥德尔（Kurt

Gödel）从数学上证明了，在一种极为关键的意义上，计算机不像人类计算器。随后，一些哲学家和科学家指出，这一结果阻碍了对认知和心灵的科学理解。哥德尔证明的是，任何强到足以包含所有算术规则的公理系统都不足以证明其自身的完备性；也就是说，它不足以证明每一条算术真理都可以从其公理中导出。要想证明这样一个系统的完备性，我们需要使用一个更强的系统，它有更多或不同的公理。同样，对于这个更强的系统，证明它的完备性也是超出其能力的。此外，关于一致性的证明将总是相对于可以在其中证明较弱系统完备性的某个较强系统而言的。

哥德尔的证明有两种含义。第一种含义是，它可能比其他任何东西更加摧毁了逻辑实证主义者对于将科学视为纯粹经验和实验性的东西的信心。原因很微妙。回想第 1 章，就像自休谟以来的大多数经验论者一样，逻辑实证主义者已经解决了他们的问题，即在数学的情况下，我们是如何获得关于必然真理的先验知识的。他们声称，所有数学真理"仅仅"是定义和定义的推论，从而能把我们关于这些必然真理的先验知识"说明过去"（explain away），而不承认科学也传达了先验真理。因此，数学必然为真，但没有传达关于现实的新的事实知识。所有数学真理都是先验真理，因为它们是分析性的真理。继罗素、怀特海和弗雷格之后，逻辑实证主义者希望通过从逻辑公理中推导出它们来证明这一点，而逻辑公理本身是分析性的真理。

哥德尔的证明表明，这种抱负是无法实现的。通过表明任何一个强到足以导出算术真理的公理系统都不可能既是一致的又是完备的，他证明了逻辑实证主义将数学视为分析性的真理是错误的。于是，跟之前的经验论者一样，逻辑实证主义者要么必须以新的方式说明我们如何在数学中认识必然真理，要么必须放弃他们的经验主义认识论。对这个问题日益加深的认识是科学哲学家开始放弃逻辑实证主义的最有力的理由之一。

哥德尔证明的第二种含义可能具有更广泛的意义。它为反对人类认知在任何有趣的意义上都是计算，或者心灵在任何意义上都像计算机一样工作的观点提供了基础。这个结论促使一些哲学家甚至一些科学家转向全面的二元论，否认心灵就是大脑。

很明显，人的心灵体现了一种不受计算机限制的对算术的理解。毕竟，是人的心灵证明了数学的计算机程序不可能既是完备的又是一致的。与计算机不同，人的心灵对算术的"表征"不是公理化的。如果是这样，那么心灵就不是物质的东西，因为任何物质的东西或机器都不可能载有所有数学知识。无论人的心灵是否公理化地把握算术，哥德尔的证明还有一个方面需要考虑。如果可以证明一个公理系统是一致的，即不包含矛盾，不包含必然的虚假陈述，那么哥德尔表明，总有至少一个可以用该一致系统的语言来表达的陈述在该系统中是无法判定的。也就是说，该一致系统是不完备的。哥德尔的策略大致是，表明对于任何一个至少与算术一样强大的一致系统来说，总有一个形如"这个句子在该系统中不可证明"的真句子在该系统中是不可证明的。在任何能做算术的计算机上编程的公理系统都不能被证明既是完备的又是一致的。由于我们最不希望拥有的就是一台不一致的、会对计算产生错误答案的计算机或计算器，所以我们只能无可奈何地接受无法证明程序完备的计算机。

但这显然并不是对我们的限制。我们人，或至少我们当中的一员，证明了这个结果。哥德尔之所以能够做到这一点，是因为与计算机不同，像我们这样的心灵可以在一个完备的公理系统程序中识别出不一致的陈述，可以在最接近的替代性公理系统程序中识别出一个无法证明的真陈述。因此,我们的心灵,或至少是我们使用的思维规则,显然并不只是在我们大脑硬件(或湿件)上执行的软件。由于这一数学结果反映了对任何物理系统的限制,无论它是由什么材料制成的——硅芯片、真空管、齿轮和轮子,或者神经元和突触,所以一些杰出的物理学家认为,人的心灵根本不可能是物质的。因此,不应该用适合于研究物质对象的手段来研究心灵,无论这种手段是在物理学、化学还是神经生物学中发现的。

于是,现代科学(和数学)的这一结果倾向于削弱对于作为哲学的纯粹科学世界观的信心。应该提醒读者注意,正如众所周知的那样,上面从哥德尔的"不完备性"证明中引出的结论是极富争议的,绝不是被广泛认可的。事实上,我们并不认为这一证明显示了任何类似于上述结论的东西。但关键在于,这类科学结果对于传统哲学议程至关重要,即使在这种情况下,它们暗示了科学世界观作为一种哲学的局限性。

科学的文化意义

无论我们喜欢与否,科学似乎是欧洲文明对世界其他地区唯一受到普遍欢迎的贡献。可以说,所有其他社会、文化、地区、国家、人口和种族都从欧洲吸收的、由欧洲发展出来的唯一的东西就是科学。西方的艺术、音乐、文学、建筑、经济秩序、法律规章、伦理和政治价值体系尚未得到普遍接受。事实上,一旦非殖民化开始,欧洲文化的这些"祝福"往往会被非欧洲人拒绝,但科学并非如此。我们不必说"西方"科学,因为并不存在其他种类的科学，而且在 2 500 年前希腊出现科学之前、同时或之后，科学也没有在其他地方真正独立地出现。诚然，火药、活字印刷等一些有助于西方在政治、军事和经济上统治世界其他地区的技术起源于其他地方，主要是中国，一些非西方文明保存了大量详细的天象记录，但孤立的技术成就和天文历书并不是科学；与这些成就相伴随的预测能力并没有被用于制度性地驱动改进理性理解，而理性理解才是西方科学从古希腊到中世纪的伊斯兰和文艺复兴时期的意大利、再到新教改革和 20 世纪的世俗主义的典型特征。

科学只在西方出现，以及所有非西方文明都普遍欣然接受科学，引出了两个截然不同的问题。首先，为什么科学一开始只出现在西方？其次，科学的什么特征使得对西方其他独特的观念、价值或制度不感兴趣的文化能够接受科学？

对于第一个问题，一些回答可以立即排除。无论是创造了理论科学的古希腊人，还是保留了理论科学的穆斯林文化，还是大大加速了理论科学发展的文艺复兴时期的欧洲人，并不比世界上任何其他民族更有思考能力或天然的好奇心。科学并不存在于"他们的基因和 DNA 里"。将科学的出现、保存或繁荣归功于任何一个人或少数几个人，比如欧几里得、阿基米德、阿维森纳、伽利略或牛顿，也是不合理的。一个人或少数人的成就很可能被许多人的冷漠淹没。此外，从基督教之前的中美洲到近代的新几内亚社会，完全可能产生在特殊天赋上堪比这些开创性科学家的个体。

对于西方科学起源的一个有吸引力的说明在很大程度上要归功于贾雷德·戴蒙德（Jared Diamond）的《枪炮、病菌与钢铁》（*Guns, Germs, and Steel*）一书。戴蒙德并不旨在说明为什么科学会出现在西方，为什么它最终会在任何地方被接受，即使是在与其他西方制度相抵触的文化中。毋宁说，戴蒙德是想说明为什么直到 20 世纪，欧洲能在政治和军事上统治世界上其他大部分地区。他的出发点是，当狩猎—采集的生存模式在大约一万年前几乎在任何地方都不再适应当地环境时，所有智人在智力和文化素养上都是相对平等的。

戴蒙德用大量证据表明，西欧并没有因其制度、文化或文明的优越性而成为世界的主导力量，更不用说凭借西方与非西方民族之间的一些个体差异了。相反，西方在殖民、征服和开发世界其他地区方面的成功乃是少数非常"自然的"地理和环境因素的结果。在十几种容易培育且有利可图的可驯化植物中，有一半生长在近东地区，因此可以预期农业从那里开始。随着农业的发展，可储存的物品和保存记录的需要也随之产生，所以文字最早也从那里开始（大约 1 000 年后，由于同样的原因，可储存玉米的驯化和随之而来的保存记录的需要在中美洲独立出现）。农业生产力因为驯养牵引动物而得到提高。然而，在大约 18 种可能被驯化的牵引动物中，同样在近东发现了好几种。在出现可驯化植物的一些地区（例如中美洲），没有当地的动物可以驯养来牵引（拉犁、雪橇、货车）。农业生产的提高增加了人口，在人口稠密的地区，驯养的动物传播了传染病。这会导致短期的人口锐减，但也会产生长期的抗病力。因此，经过许多代之后，几乎所有剩下的人口都能对这些最初由动物传播的疾病免疫。于是，拥有可储存粮食和有效（牵引）运输的近东人，能够通过扩张到远离其原产地的被占领和未被占领的领土（最初是欧洲）来应对人口压力。

戴蒙德提出了另一项重要观察：技术创新可以在没有地理或气候障碍的情况下，沿着北纬 30 度至 45 度之间的地带，从欧洲大西洋海岸一直移到远东太平洋地区。然而北美和南美任何两点之间的交通线都必须找到一条道路，穿过狭窄、多山且蚊虫滋生的巴拿马地峡。同样，技术创新在非洲的传播道路也被撒哈拉及以南的虫媒病地区阻断。因此，欧亚轴沿线地区的人获得新技术的机会要远远大于西半球、大洋洲或非洲的人。最后，欧洲大陆内部有大量山体屏障，海岸线上密布着潜在的港口，陆地之外有丰富的渔业。这些环境因素使得关于海洋航行的专业知识很早就发展起来。

总之，近东和欧洲民族的自然农业优势和牵引动物优势，他们对动物传染病的早期免疫，从遥远的中国和日本等地长期获得技术创新的机会，以及对海洋航行的较大的环境激励，使得西欧人几乎不可避免会抵达遥远的海岸。在那里，他们或他们的动物所携带的疾病很可能会杀死相当大比例的当地居民。在那之后，是武器和运输使欧洲人能够统治幸存者。从 21 世纪的角度来看，这一结果绝不是好事。就其受害者遭受的生命损失和文化损失以及欧洲占领者给自己带来的道德伤害而言，这的确是一件非常糟糕的事情。戴蒙德的理论也在这里止步。但是，把它推广到说明科学为何最早出现在西方是相对容易的。

纯粹的科学本应最早出现在技术更为先进的社会中，这并非戴蒙德的说法，而是从他的分析中可以得出的一个相当明显的推论。毕竟，工程研究与纯科学研究之间的区别显然是程度的问题，如果有足够长的时间，偶然发生的研究过程必然会从技术走向纯粹的科学。不可避免的是，寻求技术的实际改进至少有时会导向对纯粹科学而不是应用科学的探索。因此，"枪炮和钢铁"（如果不是病菌的话）对一个社会的冲击越早，我们所认识的科学就越早在这个社会蓬勃发展。这就是为什么科学最早出现在西方的原因。

为什么科学是被普遍接受的西方文化唯一特征？

让我们转向第二个问题：为什么只有科学是被世界上所有其他文化接受的独特的西方成就？乍一看，对于科学为何最早出现在西方的上述解释也为我们的第二个问题提供了答案：一旦科学可以获得，世界各地的个人和社会就会寻求纯粹科学在西方所提供的那种关于实在的客观知识。因此，世界各地的个人和群体都会采用科学的方法。对我们的解释进行这种简单的扩展犯了几个错误，其中一些很微妙。首先，对于科学为何最早出现在西方的解释所确认的乃是科学首先出现在西方的必要条件，而不是科学在其他任何地方被接受的充分条件。其次，我们都知道，除了在西方最先获得的充分条件，在非西方文化中可能存在其他条件、文化价值、社会实践、政治制度、经济条件，对科学方法的发现和采用产生阻碍。如果存在这些进一步的条件，科学就会通过克服、改变或以其他方式战胜这些民族的本土价值、做法、制度和条件而在这些非西方社会中确立自己的地位。再次，该解释假设其他文化在技术改进方面与西方有共同的兴趣，然而其中一些文化可能并非如此。最后，对于那些不熟悉科学争议的人来说，最令人惊讶的也许是，关于西方科学以持续改进客观知识为典型特征的假设遭到了科学史家、科学社会学家以及其他后现代思想家的广泛质疑（见第 14 章）。为什么科学传播得如此迅速和均一，这个问题仍然有待回答，而这需要先理解科学本身。

于是，我们的第二个问题，即为什么科学被普遍接受，仍然悬而未决。若想确认与其他文化不认同甚至拒斥的科学相联系的客观知识标准，这个问题将会特别尖锐。人们普遍认为，科学研究活动需要客观中立，拒绝权威，使怀疑主义制度化，禁止思想垄断，要求公开和平等地共享数据和方法。这些要求与许多非西方文化（以及上个世纪的一些西方政府）的习惯相左。如果科学体现了这样的标准、价值、方法和实践，那么非西方社会的习惯是否会阻碍对科学的普遍接受，就成了一个重要的问题。如果它们与非西方文化的价值观相冲突，那么解释它们如何以及为何在与后者的竞争中获胜就需要进一步的研究。最后，正如许多有影响力的学者试图表明的，如果科学方法因为它们现在提供的客观自然知识而最初未被西方接受，那么不仅我们的第二个问题是悬而未决的，而且对我们第一个问题即为什么科学首先出现在西方的回答，可能也不得不被拒斥。

完全独立于其内在兴趣，这些议题使得理解什么是科学，它是如何运作的，科学的方法、基础、价值和预设是什么成为紧迫的问题。这些都是科学哲学很久以前就为自己设定的任务。

在过去半个世纪左右的时间里，除哲学以外，科学社会学、科学心理学、科学经济学等学科以及关于科学的其他社会研究和行为研究也参与到这些议题当中。这些学科在过去30年里蓬勃发展，现在有许多科学心理学家、科学社会学家和科学的其他研究者渴望增进对科学的理解。科学哲学的兴趣与20世纪后期的这些学科的议程有何不同？在寻求对科学的理解时，它能声称比这些学科更优先吗？以下是对这些问题的一些初步回答。

其他事业如科学社会学、科学心理学、科学经济学和科学政治学等，本身大概是科学性的：它们希望在自己对科学的社会、心理、经济和政治特征的研究中尽可能地分享科学方法。但在我们弄清楚科学的方法是什么之前，这些事业在试图实现其科学目标方面面临挫折和失败的危险，因为它们不清楚实现其科学目标的手段。这并不意味着，在我们确定科学方法的确切含义及其合理性之前，我们就不能从事任何种类的科学。但这的确意味着，我们应当仔细考察那些在追求其目标方面已经被广泛认为取得成功的科学，以便确认在科学社会学或科学心理学等不太发达的科学中可能取得成功的方法。

　　但这种考察不能是社会学的、心理学的、经济学的或政治学的，至少一开始不是。因为科学作为一种产物或结果，如概念、定律、理论、实验方法和观察，不应反映和允许社会学、心理学、经济学、政治学或历史学等学科中研究的因素的运作，也不应反映和允许社会地位、人格类型、明显的经济刺激、政治权力或对历史先例的认知的运作。驱使科学家进行讨论和争论以及对发现和理论加以接受和拒斥的考虑因素，需要运用自柏拉图以来哲学就一直在探讨的逻辑推理、证据、检验、辩护、说明等概念。最后，对这些概念以及它们如何在科学中运作的分析和反思，可能无法回答我们关于科学特征的问题，也无法使其主张提供其他事业试图获得的客观知识。如果是这样，那么我们就可以实际转向关于科学本性的社会研究和行为研究，以真正阐明西方对世界文明的这种独特贡献的价值，但我们必须首先努力研究科学哲学。

小　结

　　科学作为客观知识的来源这一特殊地位引出了这样的问题，即它如何确保这种知识，以及是否还有其他来源或方法可以确保这种知识。由于科学始终提供一种关于实在的富有影响的描述，所以在历史上，科学一直最能形成紧迫的哲学问题。的确，一些哲学问题在追踪自然科学的变化。哲学家关于心灵及其在自然中的地位、自由意志与决定论、生命的意义等话题的思考都深受科学发展的影响。几个世纪以来，随着科学对实在的描述发生了变化，哲学问题也发生了变化。

既然科学可以说是西方文明唯一被世界上所有其他地区接受的特征，所以理解科学就成了理解西方对其他文化的影响（无论好坏）的重要组成部分。回答这个问题需要我们理解什么是科学。与其他学科相比，更适合由哲学就科学的本性给出一个初步的回答。

研究问题

1. 鉴于数个世纪以来科学的世界观在不断变化，哲学在处理哲学问题时是否过于关注科学的发现和理论？

2. 辩护或批评："尽管没有数学和实验室，但哲学比科学困难得多。"

3. 辩护或批评："如果没有石蕊试验来区分科学和伪科学，它们之间就根本没有区别。"

4. "作为一种对世界本性的开放而客观的研究，科学应当欢迎像替代医学办公室那样的机构旨在鼓励的那种非正统研究。"这种说法有充分根据吗？

5. 辩护或批评："认为科学是西方对世界的独特贡献，这种说法是种族中心主义的、无知的、与理解科学的性质无关的。"

6. 科学哲学关于科学本性的观念是否与科学社会学的观念相竞争？

7. 少数族裔和妇女长期被排除在科学之外。他们在科学哲学

中也发挥了有限的作用。将他们排除在外是否有损于科学
或科学哲学的可靠性?

阅读建议

重要的自然科学家总是由他们自己的科学成就推断出哲
学结论,即回答科学尚未(或可能永远无法)回答的问题。其
中最重要的也许是阿尔伯特·爱因斯坦,他对科学哲学(和
哲学的其他分支)的大部分反思都受到了哲学家的认真考察,
爱因斯坦自己对哲学家的考察的反思见于 P. A. Schilpp, *Albert
Einstein: Philosopher-Scientist*。物理学家对哲学著作的更近的
(主要是批评性的)评论包括 Richard Feynman, *The Character of
Physical Law* 和 Steven Weinberg, *Dreams of a Final Theory*。在
生物学家中,同样的吸引力产生了 E. O. Wilson, *Consilience*,
它为自然科学可以回答除伪问题外的所有问题给出了持续的
论证。R. Levins and R. Lewontin, *The Dialectical Biologist* 则持
有与之相反的观点。

Richard Dawkins, *The Blind Watchmaker* 是对达尔文主义和
自然选择理论的极好介绍,但它不能取代阅读查尔斯·达尔
文的《物种起源》。对于非专业人士来说,对量子理论奥秘最
好的介绍是 Bryan Greene, *The Elegant Universe*。Adam Becker,
*What is Real? The Unfinished Quest for the Meaning of Quantum
Physics* 概述了 20 世纪量子物理学的历史及其与科学哲学的复
杂关系。

Tim Maudlin, *The Metaphysics within Physics* 探讨了物理学

无法回避的哲学问题。

E. Nagel and J. R. Newman, *Gödel's Proof* 为这一核心数学结果提供了通俗解释。

Paul Thagard, "Why Astrology Is a Pseudoscience" 和 Michael Ruse, "Creation Science Is Not Science"，重印于 Martin Curd and J. A. Cover, *Philosophy of Science: The Central Issues*，同样重印的还有 Larry Laudan, "Commentary: Science at the Bar-Causes for Concern" 和 Ruse 的回应，该文对不加批判的划界试验做了批判性的讨论。

Lee McIntyre, *The Scientific Attitude: Defending Science from Denial, Fraud, and Pseudoscience* 是对如何用科学价值来反击否定科学和伪科学的当代探索。

科学社会学的重要著作始于 R. Merton, *The Sociology of Science*。D. Bloor, *Knowledge and Social Imagery* 就社会学与科学哲学的关系提出了与这里截然不同的观点。B. Barnes, D. Bloor and J. Henry, *Scientific Knowledge: A Sociological Analysis* 对他早先的强烈反驳做了修正。A. Pickering, *Constructing Quarks* 用一种社会学分析来解释科学发现。另见第 14 章的阅读建议。

第 3 章

科学说明

概　述

　　和其他人类活动一样，科学是对我们理解世界的需要的一种回应。然而，它的方式与宗教、神话或常识等可能与之竞争的活动有所不同。科学声称其在处理经验现象时提供的客观说明优于其他进路。

　　关于什么是科学"说明"，不同的论述反映了可以追溯到柏拉图的基本哲学差异。有些人认为科学说明是我们发现的东西，另一些人则认为科学说明是我们创造的东西；逻辑实证主义者旨在为科学家制定一种理想的说明标准，其他哲学家则试图通过科学家实际给出的说明来理解科学推理。

　　理解科学说明的一个出发点集中在自然定律所扮演的角色上。科学定律之所以具有说明力，据信是因为它们描述了事物不得不如此的方式。但从科学角度来看，事物不得不如此的方式，即自然定律的必然性，是很难理解的，因为科学的观察和实验从未表明事物必须是怎样的，而只表明它们是怎样的。

出于对逻辑实证主义者对这个问题的回答的不满，一些科学哲学家将注意力从说明性的定律转移到了别处。这一进路引出了这样一种关于说明的理论，它聚焦于说明如何回答人们的问题，而不是说明要想是科学的必须具备哪些成分。

定义科学说明

逻辑实证主义者认识到，哲学不能提供与科学相竞争的说明。它所能提供的是对科学说明的一种"明确定义"、"理性重构"或现在所谓的"概念分析"。虽然这样的分析会给出说明概念的含义，但它将不仅仅是一个字典定义。字典定义仅仅反映了科学家和其他人是如何实际使用"科学说明"一词的。实证主义者以及延续其哲学分析传统的科学哲学家寻求任何科学说明都应满足的条件清单。当一切条件都得到满足时，这张清单就会保证一种说明的科学恰当性。换句话说，传统进路是寻求一套使某种东西成为科学说明的单个看必要、合起来充分（individually necessary and jointly sufficient）的条件。这种对词典定义的"理性重构"将使科学说明概念变得精确和逻辑清晰。

显定义（explicit definition）给出了要使一个事物、事件、状态、过程或属性成为所定义术语之实例的充分必要条件。例如："三角形"被明确定义为"有三条边的平面图形"。由于条件合起来是充分的，我们知道任何满足这些条件的东西都是欧几里得三角形，而由于条件单个看是必要的，我们知道哪怕只有一个条件得不到满足，它就不是欧几里得三角形。这种定义的优点在于消除了任何模糊性，提供了最精确的定义。

对科学说明概念的显定义或"阐明"（explication），可以沿着增加科学恰当性的方向，为说明的分级和改进提供一种规定性的石蕊试验或标尺。要求哲学分析做出这样一种精确而完备的定义，部分反映了数学逻辑对逻辑实证主义者及其在科学哲学中的直接继承者的影响。因为在数学中，概念就是以这种方式引入的，通过已经理解的、先前引入的概念提供显定义。这种定义的优点是清晰：对于某个提议的说明是不是"科学的"，不会有边缘案例，也不会有无法解决的争论。缺点在于，常常不可能对感兴趣的概念给出如此完备的定义或"阐明"。

在一个说明中，让我们将起说明作用的句子称为"说明项"（explanans），将报告待说明事件的句子称为"待说明项"（explanandum）。由于在英语中没有单个的词与这些术语相对应，所以它们在哲学中已经司空见惯。对几乎所有科学家都认为可以接受的各种说明进行考察，可以明显看出，科学说明项通常包含定律：当待说明项是一个特定的事件时，比如切尔诺贝利核反应堆事故或1986 年秋天哈雷彗星在西欧夜空中的出现，说明项还需要一些"初始条件"或"边界条件"。这些条件将是对相关因素的描述，比如上一次看到哈雷彗星时它的位置和动量，或者反应堆过热前控制棒的位置，这些因素与定律一起，导致了作为待说明项的事件。在关于一般定律的说明中，比如理想气体定律 $PV = nRT$，说明项将不包含边界条件或初始条件，而将包含其他定律，这些定律一起说明为什么这条定律成立。在理想气体定律的情况下，共同作用来说明它的其他定律是气体运动论的一部分。

假设我们想知道为什么天空是蓝色的，可能早在人类起源的时候，就有人问过这个问题。现在，它是地球这个特定地方的一种特殊事态。火星上的天空大概略呈红色。因此，要想说明为什么地球上的天空是蓝色的，我们需要一些关于"边界条件"以及一个或多个定律的信息。相关的边界条件包括地球大气主要由氮和氧的分子所组成这一事实。气体分子会按照英国物理学家瑞利（Rayleigh）首次提出的数学方程将照射其上的光散射，这是一条科学定律。任何波长的光被一种气体分子散射的量取决于其"散射系数"——$1/\lambda^4$，即 1 除以波长的四次方。由于蓝光的波长是 400 纳米（另一条定律），而且其他可见光的波长更大（例如，红光的波长是 640 纳米），所以氮和氧对蓝光的散射系数要大于对其他光的散射系数。于是，与其他颜色的光相比，地球大气中的分子将散射更多的蓝光，因此大气看起来是蓝色的。物理教科书会更详细地阐述这种说明，导出相关的方程并计算散射量。

　　社会科学和行为科学中的例子更容易理解，因为它们没有那么定量。但在社会科学中，每个人都能接受的说明在这些学科中更难得到，因为我们在这些学科中只发现了极少的定律（如果有的话）。因此，一些经济学家在说明为什么利率总是正的（一条一般"定律"）时，会把它从其他一般定律中推导出来，比如这样一条"定律"：在其他条件相同的情况下，人们更喜欢即时的、确定的消费，而不是未来的、不确定的消费。由这个定律可以推出，为了让人们把消费推迟到未来，你必须支付他们并向其承诺，如果他们推迟消费，也就是对他们本应消费的东西进行投资以产生更多的东西，他们以后会有更多的东西可以消费。对推迟消费的支付是按利率来衡量的。和在物理学中一样，这里的说明是通过推导进行的，即由其他定律导出一个定律（而不是一个特定的事实。这里我们不需要边界条件，因为我们不是在说明一个特定的事实）。但这种说明仍然使用定律，也就是说，如果这些关于人的概括确实是定律的话。（对于为什么利率总是正的，一些经济学家拒绝接受这种说明。他们认为，除了对即时消费的偏好之外，其他因素也说明了这种概括。实际上，他们拒绝接受以下一般说法，即"利率反映了人们推迟消费的意愿"是一个定律，甚至是一个真陈述。）

定律在科学说明中的作用

显然，科学说明包含着它们至少隐式地依赖于的定律、假说或某种形式的概括。但它们必须这样吗？如果是，为什么？实证主义者和后来的科学哲学家不能满足于仅仅是报道这个关于科学实践的事实。他们需要解释为什么定律存在，以及为什么根据他们对科学说明的理性重构，定律似乎是不可或缺的。

为什么科学说明必须包含一个或多个定律？定律为什么具有说明力？这个问题是下一章的主题。但这里我们可以概述一个广泛认为的理由。这种回答始于这样一种主张，即科学说明仅仅是因果说明。科学家寻求原因，因为科学寻求的说明也使我们能够控制和预测现象，而只有关于原因的知识才能提供这一点。如果科学说明是因果说明，那么根据一种关于因果关系的著名哲学理论，它必须显式地包含定律或隐式地假设定律。关于因果关系的传统经验论解释可以追溯到 18 世纪的大卫·休谟，这种解释认为，只有当一个或多个定律把如此关联的事件纳入进来时，也就是将它们作为定律运作的案例或实例加以覆盖时，因果关系才成立。因此，说明项的初始条件或边界条件引述了待说明现象的原因，而待说明现象乃是边界条件按照说明项中提到的定律运作的结果。

根据经验论的观点，因果关系存在于受定律支配的序列中，因为除了对一般定律的例证，所有因果序列都没有其他可察觉的共同的独特性质。当我们考察一个因果序列时，比如一个弹子球撞击另一个弹子球，以及第二个球随后的运动，我们看到的任何东西也都存在于一个纯属巧合的序列中，比如一个戴绿色手套的足球守门员成功地挡住了一次射门。弹子球序列与戴绿色手套的守门员序列的区别在于，前者是一个经常重复的序列的一个实例，而后者不是。上一次守门员戴着绿色手套时，他没能挡住射门。

所有因果序列都有一个共同点，而所有纯属巧合的序列都不具有，那就是：它们都是一般定律的实例，或者说它们例示了一般定律。这一哲学理论并不要求对于我们所做的每一个因果主张，我们都已经知道将原因与结果联系起来的一个或多个定律。孩子们会通过承认花瓶掉在（被动语态，没有指明谁使它掉在地上）大理石地板上，来说明（我们认为是正确的）为什么花瓶会破碎。我们承认这一陈述给出了原因，即使孩子们和我们都不知道相关的定律。因果序列是自然定律的实例这一理论并不要求我们接受这一陈述。它只要求存在着一个或多个已知或尚未发现的定律为此负责。科学的任务就是揭示这些定律，并用它们来说明结果。如果科学说明是因果说明，而因果关系是受定律支配的序列，那么就可以非常直接地推出，科学说明需要定律。

但是，对于为什么科学说明必须引用定律，这一论证存在问题。一些重要的科学说明的例子并没有引用原因，或者没有以任何明显的方式这样做。例如理想气体定律 PV = nRT。这个定律通过气体的压强和所占据的体积说明了处于平衡状态下气体的温度。然而，体积和压强不可能是温度的原因，因为温度、体积和压强这三者都会以定律描述的方式瞬间变化。并不是某一时刻体积的变化导致了后来温度的变化，温度的变化发生在与压强变化完全相同的时段内。但正如许多哲学和当代物理学所要求的，原因必须先于结果。

对于科学说明需要因果定律这一主张，还有第二个可能更难对付的反对意见，即它非但没有使事情变得更清楚，反而可能使对科学说明的分析陷入了实证主义者等哲学家试图避免的"形而上学"问题中。这些关于因果关系之本性的问题，在哲学中可以经由唯理论者和经验论者一直追溯到柏拉图和亚里士多德！

关于因果关系的本性，人们已经争论了上千年。休谟主张，每一个因果序列都仅仅因为受定律支配而是因果的，这种说法当然没有得到公认。许多哲学家认为，因果关系是一种比单纯的规律性相继强得多的事件之间的关系。例如，雷声规律性地出现在闪电之后，但闪电并非雷声的原因。相反，它们是从云层到大地的放电这个共同原因的联合结果。大多数哲学家都认为，原因在某种程度上使其结果成为必需，单单是规律性还不能表达这种必然性。最早对科学说明提出一种明确解释的逻辑实证主义者，强烈希望避免关于因果必然性的存在和本性的传统争论。自亚里士多德以来，哲学家和科学家就一直在徒劳地讨论和争论原因的种类，因果关系的本性，它所体现的必然性，它的领域有多么广泛——包括生物学、人的生活、思想和行为，等等。这些问题被实证主义者视为"形而上学"问题，因为没有科学实验能够回答它们。但是，正如我们将在下一章和本书其他地方看到的，一旦哲学放弃了实证主义，它和科学就无法避免这些问题和其他形而上学问题。

除了有意回避形而上学问题，一些经验论哲学家认为，因果关系是一个过时的、拟人化的概念，带有人类掌控、操纵或支配事物的令人误导的含义。因此，这些哲学家需要用不同的论证来证明，科学说明必须在其说明项中包含定律。

逻辑实证主义者有关定律在说明中的作用的论证，阐明了他们的科学哲学的方方面面。这些哲学家寻求一种构成说明项与待说明项之间客观关系的科学说明的概念，这种关系类似于数学证明的关系，它的成立与任何人是否认识到它无关；这种关系足够精确，我们可以毫不怀疑地确定它是否成立。因此，逻辑实证主义者拒绝把科学说明当作尝试满足好奇心或者回答一个似乎过于偶然的问题。给孩子们讲故事，向他们"说明"复杂的物理过程，以满足他们的好奇心，这是相对容易的。在这种情况下，说明项与待说明项的主观心理关联可能很大，但它们并不构成科学说明。逻辑实证主义者并不热衷于考察科学说明相对于寻求说明之人的信念和兴趣是否更好或更糟、恰当或不恰当。将说明理解成对某人问题的回答，并不是这些哲学家试图阐明的东西。他们寻求的乃是对说明概念进行阐明或"理性重构"，这一概念在科学中将会起到"证明"概念在数学中所起的那种作用。对逻辑实证主义者来说，说明问题就是为说明找到一些条件，以确保说明项与待说明项之间有一种客观联系。他们需要一种关系来说明陈述之间的客观关系，而不是说明并非全知的认知主体之关联的主观信念。只有通过援引定律，说明才能确认说明项与待说明项之间的客观关系。现在我们看看为什么是如此。

覆盖律模型

逻辑实证主义的科学说明模型基于这样一种观点，即说明项与待说明项相关，因为说明项为待说明项—事件的将会发生提供了充分的理由。你也许会对这种要求感到惊讶。毕竟，当我们要求说明一个事件时，我们已经知道它已经发生。但满足这一要求还需要提供进一步的信息，如果我们在待说明项—事件发生之前就已经掌握了这些信息，我们也许就能预测到它。那么，什么样的信息能让我们满足这一要求呢？如果定律和边界条件在逻辑上蕴涵了待说明项，那么定律和对边界条件或初始条件的陈述就能使我们满足这一要求。逻辑蕴涵关系有两个重要特征。首先，它是保真的，如果一个演绎有效的论证的前提为真，那么结论也必定为真；其次，一个论证的前提是否在逻辑上蕴涵结论，这是一个客观事实的问题，原则上可以机械地（例如通过计算机）判定。这些特征满足了逻辑实证主义者对阐明科学说明概念的要求。

这种对科学说明的分析后来被称为"D-N 模型"（演绎—律则模型，deductive-nomological model；nomological 源自希腊语 *nomos*，意思是"合律的"），它与哲学家卡尔·亨普尔（Carl G. Hempel）有着最密切的关联，他为之做了最多的阐述和辩护。科学说明的这种 D-N 模型的批评者们将它（及其统计扩展）称为"覆盖律模型"，这个名称后来也被 D-N 模型的捍卫者采用。亨普尔的基本思想就是上面提到的要求，即说明项使我们有充分的理由假定，待说明项的现象会实际发生。这是他关于科学说明的"通用充分性准则"（general adequacy criterion）。

在亨普尔的原始版本中，对演绎—律则说明的要求如下：

1. 说明必须是一个有效的演绎论证。
2. 说明项必须至少包含一个在演绎中实际需要的一般定律。
3. 说明项必须在经验上可检验。
4. 说明项中的句子必须为真。

　　要使某一组陈述构成对特定事实的科学说明，这四个条件需要单个看必要、合起来充分。请注意，满足这些条件的说明提供了足够的信息，使得在知道初始条件或边界条件成立的情况下，能够预测待说明项-事件或类似事件的发生。因此，D-N 模型原则上保证了说明与预测之间的对称性。事实上，由上述客观相关性要求已经可以得出这项保证。

　　第一个条件保证了说明项与待说明项的相关性。第二个条件则是为了排除那些明显非说明性的论证，比如：

　　1. 所有自由落体都有恒定的加速度。
　　2. 星期一下雨了。
　　因此，
　　3. 星期一下雨了。

　　请注意，这个论证满足说明的所有其他条件。特别是，它是一个演绎有效的论证，因为每一个命题都演绎地蕴涵自身，所以前提 2 蕴涵前提 3。但它不是说明，因为没有什么东西能说明自身！当然，它之所以不是 D-N 说明，还有另一个原因：要使演绎有效，并不需要它所包含的定律。再举一个例子。

　　1. 这胎出生的所有小狗前额上都有一块褐斑。
　　2. 菲多是这胎出生的一只小狗。
　　因此，
　　3. 菲多前额上有一块褐斑。

　　这个论证并不能说明它的结论，因为前提 1 并非自然定律。它充其量只是基因重组的一个偶然事件。

第三个条件，即可检验性，是为了排除一些非科学的说明，这些说明提及了那些无法通过观察、实验或其他经验数据来确证或否证的说明性因素。它反映了经验论关于科学知识的认识论承诺：要求说明项是可检验的，旨在排除那些非科学和伪科学的说明，例如占星术士提供的说明。我们将在第 10 章讨论如何确保可检验性这一话题。

第四个条件，即说明项必须为真，是成问题的，它引入了一些基本的哲学问题，事实上正是逻辑实证主义者希望通过对因果关系保持缄默来回避的那些问题。每一个科学说明都必须包含一条定律。但根据定义，定律必须处处为真而且永远为真，无论过去、现在还是未来，无论在宇宙中的任何地方。因此，它们提出的主张无法决定性地确立。毕竟，此刻我们无法企及遥远的过去，甚至是最近的未来，更不用说企及使定律为真的事件发生的所有地点和时间了。这意味着，被我们当作定律的陈述充其量只是我们无法确切知道的假说。为方便起见，我们区分"自然定律"和"科学定律"，"自然定律"是指时时处处为真的定律，无论我们是否发现了它们，而"科学定律"则是已经在科学中牢固确立的那些假说，它们代表着我们当前对自然定律的最佳估计。

既然我们无法知道我们的科学定律是不是自然定律，也就是说是否为真，所以我们永远也不可能确知某个说明是否满足上述条件 4，即说明项为真。事实上情况要更糟：由于我们之前提出的关于自然定律的每一个假说都被证明是错误的，而且都被更准确的科学定律所取代，所以我们有充分的理由假定，我们目前的科学定律（我们目前对自然定律的最佳猜测）也是错误的。这样一来，我们同样有充分的理由认为，我们目前的科学说明实际上都不符合演绎—律则模型。

那么，对说明的分析有什么用呢？根据这种分析，我们也许从未发现任何科学说明，我们发现的充其量只是对科学说明的近似，其近似程度我们永远无法衡量。

我们也许可以通过弱化条件 4 来避免这个问题。我们并非要求说明项为真，而是要求说明项是我们目前对自然定律的最佳猜测。这种弱化的要求有双重麻烦。什么是我们对自然定律的最佳猜测，这绝不是清楚和准确的。物理学家和社会科学家一样不会同意哪种猜测是最佳的，科学哲学家根本没有解决如何在相互竞争的假说中做出选择的问题。事实上，正如我们将在第 11 章和第 12 章看到的那样，人们越是思考这个问题，科学的本性就变得越成问题。于是，将真理的要求弱化，只要求说明项包含目前已知最牢固确立的科学定律（即我们的最佳猜测假说），削弱了 D-N 模型对精确说明的主张。

我们面对的第二个问题是科学定律和自然定律的本性。在我们关于科学说明的四个条件中，有两个条件援引了定律概念。很明显，自然科学中说明的说明力实际上是由定律所承载的。即使是那些拒绝接受说明的覆盖律模型的人，也几乎普遍接受这一点。正是科学定律使得说明项的初始条件中提到的特定事实与待说明项中提到的特定事实之间的联系具有说明力。因此，我们必须面对以下问题：究竟什么是自然定律，又是什么使这些定律具有说明力？

覆盖律模型的问题

科学哲学的进展常常表现在针对分析、定义或阐明构造反例，然后修改定义以适应反例。由于逻辑实证主义者传统上偏爱的那种分析通过单个看必要、合起来充分的条件，为有待阐明的概念提供了一个定义，所以反例可以有两种不同的形式：第一种反例大多数有识之士都承认是说明，但却未能满足所规定的一个或多个条件；第二种反例则没有人认为是可接受的科学说明，但却不知何故满足了科学说明的所有条件。

　　D-N 模型的第一种反例常见于历史和社会科学中，在这些领域，最广为接受的说明往往未能满足 D-N 模型的不止一个条件，尤其是对引用定律的要求。例如，要说明英国为何参与第一次世界大战反对德国，似乎并不涉及任何定律。想象一下，有人提出了一条定律，比如"每当受条约保护的比利时的中立性遭到破坏时，缔约国就会向违规者宣战"。即使这个命题是真的，它也不是定律，尤其是因为它命名了宇宙中某个特定的地方。如果我们用某个更一般的语词比如"任何国家"来代替"比利时"，则结果会更一般，但显然为假。在为 D-N 说明辩护时，针对许多说明都没有引用定律这一事实的一个常见回应是，指出这些说明仅仅是"说明草图"罢了，它们最终可以被充实，以满足 D-N 限制，尤其是一旦我们发现人的行为的所有边界条件和相关定律。在自然科学中，这种反例更难找到，D-N 模型的捍卫者相信，他们可以通过论证所声称的反例的确满足所有条件来应对这些情况。例如对泰坦尼克号沉没的说明，它的沉没是与冰山相撞导致的。当然，即使没有关于泰坦尼克号的定律，甚至没有关于撞击冰山而沉没的船只的定律，这种说明也会被接受。这种说明是可以接受的，即使我们注意到，提出并接受这种说明的人常常对铁的抗拉强度、冰的弹性系数或 1912 年 4 月 14 日晚北大西洋的边界条件几乎一无所知。一个海军工程师也许会引用相关定律以及边界条件，如冰山的尺寸、泰坦尼克号的速度、船体的构成、水密门的放置等，这些都构成了"说明草图"的基础，使我们能够将它变成一个 D-N 说明。

　　第二种反例更为严重，它们质疑 D-N 条件是否足以保证说明的恰当性。其中最著名的是最初由西尔万·布隆伯格（Sylvain Bromberger）提出的"旗杆的影子"反例。针对 2000 年 7 月 4 日下午 3 点蒙大拿州米苏拉市政厅的旗杆高 50 英尺（约合 15.24 米）这一事实，考虑以下"说明"：

　　1. 光沿直线传播。
　　2. 2000 年 7 月 4 日下午 3 点，太阳以 45 度角照射旗杆所在的地面，旗杆垂直于地面。（边界条件）
　　3. 旗杆投下的影子有 50 英尺长。（边界条件）
　　4. 有两个角相等的三角形是等腰三角形。（数学真理）
　　因此，
　　5. 旗杆高 50 英尺。

　　这则"说明"满足上述 D-N 说明的所有四个条件，但却不是关于旗杆高度的令人满意的说明。为什么呢？该演绎论证之所以不是一个说明，大概是因为它引用了旗杆高度的结果，即它投下的影子，而没有引用它的原因，那也许是米苏拉市的妇女们希望拥有一根比蒙大拿州赫勒拿市的 49 英尺旗杆高 1 英尺的旗杆。

　　由这一反例有时得出的一个结论是，拒绝独立于寻求和提供说明的人类语境而寻求关于世界事实的陈述之间的一种客观的说明关系。要想看清楚此举的吸引力，请考虑我们能否构造一种语境，使上述演绎成为关于旗杆高度的一种可接受的说明。例如，假定城市妇女们希望建造旗杆来纪念美国对平等和联邦制的承诺，每年为了庆祝美国独立日举行爱国活动时，让它投下与旗杆长度完全相等的影子，且其英尺数等于联邦的州数。范·弗拉森（van Fraassen）认为，在这种情况下，对于一个深知城市妇女意愿的人来说，用上述演绎论证中提到的词项作答，将是对"为什么旗杆高 50 英尺"这个问题的正确回答。

这个论证是想表明，说明不仅涉及逻辑和意义（句法和语义），而且也涉及"语用"（即语言维度，反映了我们使用语言的实际情况）。我们可以对比语言的三个不同方面：句法，包括语法和逻辑规则；语义，指词的意义；语用，包括使某些陈述恰当或有意义的条件。例如，"你停止打你的狗了吗？请回答是或否"，这就是一个语用问题，因为这个问题只能问打狗的人。如果一个人没有养狗或不曾打狗，就不能用"是"或"否"回答这个问题。同样，如果说明含有语用要素，那么除非我们理解提供说明的人类语境，否则我们就说不出某种东西什么时候成功做出了说明。

语用据信是我们在数学证明中可以忽略的东西，但在科学说明中却不能忽略。下一节将会讨论对科学说明的分析是否必须包含这一语用维度。但现在可以指出的一点是，即使说明不可避免是语用的，D-N 模型也仍然可能为科学说明提供重要的必要条件，但需要在此基础上增加一些语用条件。事实也许是，D-N 模型提供了科学说明的独特特征，而语用要素则提供了科学说明和非科学说明的共同特征。

有时由旗杆反例得出的另一个暗示是，D-N 模型是不恰当的，因为它没有将科学说明限定于因果说明，或至少是没有从说明项中排除那些在时间上晚于待说明项的因素。请注意，2000 年 7 月 4 日下午 3 点投下 50 英尺长的影子，发生在旗杆最早以 50 英尺的高度被制造出来或垂直安装之后。但为什么要做这种限定？显然，我们相信因果关系在时间上是向前的，或至少不是向后的，而且说明的方向必须遵循因果关系的方向。因此，我们可以给 D-N 模型补充一个附加条件，即边界条件应当是待说明项的在先的原因。给我们对说明的要求做这种补充的麻烦在于，似乎有一些科学说明并未援引时间上在先的原因。比如回想一下，我们是如何根据理想气体定律 PV = nRT 以及容器的压强和体积等边界条件来说明处于平衡状态的气体的温度的。压强、体积和温度并非彼此的原因。因此，这种 D-N 说明并不明显是因果说明。

更糟糕的是，这一补充还援引因果关系来保存 D-N 模型，而因果关系则是 D-N 说明的支持者希望保持沉默的东西。尽管逻辑实证主义者做了尝试，但科学哲学家最终无法继续对因果关系这一令人尴尬的形而上学问题保持一种有尊严的沉默，因为他们负有另一项义务：为统计说明是如何运作的提供一种解释。

长期以来，社会科学和生物科学都只限于提供这种统计说明，因为它们没有发现普遍的非统计定律。亚原子物理学的非确定性使这种说明可以说变得不可避免，无论我们对自然了解多少。将 D-N 模型扩展到统计说明似乎是直截了当的事情。但事实表明，这种直接扩展是认真对待说明语用学的另一个理由，或至少是把说明视为关于世界的事实与寻求说明的认知者信念之间关系的另一个理由。

例如，为了说明为什么 R 女士在最近的选举中投票给了中间偏左的候选人，我们可以引用这样一个边界条件，即她的父母总是这样做，以及统计定律，即 80% 的选民会投票给政治立场与父母投票相同的候选人。于是，这种形式的说明有两个前提，其中一个是一般定律，或至少是一个得到很好支持的经验概括。

说明项：

1. 80% 的选民会投票给政治立场与父母所投者相同的候选人。

（得到良好确证的统计概括）

2. R 女士的母亲投票支持中间偏左的候选人。（边界条件）

因此，

待说明项：

3. 在最近的选举中，R 女士投票给了中间偏左的候选人。

但这种说明的论证形式显然不是演绎的：前提为真并不保证结论为真。它们与相关妇女根本不投票，或者投票给中间偏右的候选人等等是相容的。

由此看来，统计说明是归纳论证，而不是演绎论证；也就是说，它们为其结论提供了良好的理由，但不能做出保证。不能保真，不能像演绎论证那样为结论提供保证（假设前提为真），并非归纳论证的缺陷。从有限的证据到一般定律和理论的所有科学推理都是归纳的，如从特殊到一般，从过去到未来，从直接的感官证据到关于遥远过去的结论，等等。（我们将在第 10 章和第 11 章集中讨论这个问题。）

在这种情况下，由于 80% 的选民会按照其父母的偏好投票，可以预期 R 女士有 80% 的概率会按照她母亲的方式投票。因此，与 D-N 说明一样，所谓 I-S 说明（归纳－统计说明，inductive-statistical [I-S] explanation）给出了良好的理由，表明可以预期说明的现象发生。然而，I-S 模型必须应对一种严重的复杂情况。假定除了知道 R 女士的父母都投了左派候选人的票，我们还知道 R 女士是一位白手起家的百万富翁。并且进一步假定我们知道，统计上的概括表明，90% 的百万富翁会投票给中间偏右的候选人。如果我们知道关于 R 女士和投票模式的这些进一步的事实，我们就不再能把她的父母投票给左派候选人并且 80% 的选民会以他们父母的方式投票，当作对她为什么投票给左派候选人的说明。因为我们知道，她有 90% 的概率会投给中间偏右的候选人。显然，我们需要有关于父母投票给左派候选人的女性百万富翁的其他某种统计概括或非统计概括，以便为 R 女士为什么这样做提供一种统计说明。假定政治学家研究的最窄的选民阶层包括了明尼苏达州白手起家的女性百万富翁，而且其中 75% 的人会投票给左翼候选人，那么我们也许就能说明为什么 R 女士会这样投票：根据这一概括，以及她是明尼苏达州的一个白手起家的百万富翁这一事实，我们可以归纳地推断出她会这样投票。这将被视为一种 I-S 说明。由于这是 R 女士所属的最窄的选民阶层，所以这就是对她投票的说明。于是，为了解释 I-S 说明，我们需要给 D-N 说明的四个条件补充以下附加条件：

5. 说明必须给出结论的概率值，其值不高于待说明现象被认为落入的最窄相关参考类（narrowest relevant reference class）中给出的概率。

但请注意，我们现已放弃逻辑实证主义说明进路的一个基本承诺：我们已经使要求并提供说明的主体的主观信念成为科学说明的一个基本要素，因为正是我们关于为之构建统计规律性的最窄相关参考类的信念，决定了一项说明是否满足 I-S 模型的要求。当然，我们可以从条件 5 中取消"被认为"这一限定，但如果我们的统计概括所报告的背后过程其实是决定论的，那么我们的 I-S 说明就将还原为 D-N 模型，我们将根本不考虑统计说明。

　　我们在这里讨论的反例促使实证主义者及其继承者为他们最初对科学说明的理性重构补充了条款和条件。这些补充旨在保留其特征，同时容纳那些被认为反映了关于说明的实证主义分析中的重大疏忽的反例。但在逻辑实证主义之后，科学哲学家当中出现了一种完全不同的进路，来分析科学说明的本性以及科学中的其他许多方面。

关于科学说明的一种竞争性构想

　　逻辑实证主义者对理性重构的信念伴随着关于科学说明应当如何进行的隐式规定。在逻辑实证主义衰落之后很久，这种信念仍然存在于一些科学哲学家当中。我们可以将这种信念与一种根本不同的科学哲学进路进行对比。

　　一些哲学家寻求说明项与待说明项之间的一种客观关系，因为他们认为，科学是由关于世界的真理构成的，这些真理的成立并不依赖于我们的认识，我们试图揭示的正是这些真理。因此，就像柏拉图及其追随者对数学的构想那样，科学被当作研究抽象对象之间的客观关系，这些关系的成立并不依赖于我们是否认识它们。这种科学进路在直觉上也许比数学柏拉图主义更加可信，因为科学试图揭示的东西不是抽象的（就像数那样），而是具体的（就像基因那样）。

　　与关于数学的柏拉图主义相反，有些人认为，数学真理并非关于抽象实体和它们之间的关系，而是因为关于宇宙中具体事物的事实而为真，并且反映了我们对数学表述的使用。同样，也有一些人认为，科学不应被视为真理之间的抽象关系，而应被视为我们用来有效应对世界的一种人类建制、一套信念和方法。根据这种观点，科学定律并非独立于发明和使用它们的人。我们甚至可以通过反思发现与发明的区分来把握科学哲学之间的这种差异：带有柏拉图主义倾向的哲学家将科学主张视为有待发现的真理，另一些哲学家则把科学视为一种人类建制，是我们或我们当中的大科学家发明出来的东西，以组织我们的经验，增强我们对自然的技术控制。柏拉图主义者所寻求的关于科学说明的解释，使科学说明成为我们发现的事实和/或陈述之间的一种客观关系，而另一些哲学家所寻求的科学说明则本质上是一种人类活动。逻辑实证主义的说明模型所产生的科学哲学将科学视为一种发现，而不是发明。与之相对的进路则将科学视为一种人类活动，视为我们创造力和发明的结果，甚至可能是一种建构。它认真对待科学家等提供和要求科学说明的人的认知限度和实际兴趣。

统计说明和旗杆影子反例的问题应该引导我们认真对待逻辑实证主义说明理论的替代方案，这些方案强调说明在减轻人类好奇心和表达人类理解方面的作用。这些进路并非始于一种强大的哲学理论并迫使科学实践就范，而是有时声称要更认真地对待科学家等人在说明中实际寻求并且感到满意的东西。

要想看清说明的语用/认识进路与 D-N 进路之间的区别，一种方式是考虑不同的说明请求都可以用完全相同的词来表达。一个在句法和语义上完全相同的表述可以具有不同的含义。假定 R 女士被当场抓住，双手沾满鲜血，拿着左轮手枪站在她丈夫的尸体旁。现在考虑下面三个问题，黑体字表示不同的说话重点：

（a）为什么 R **女士**杀了 R 先生？

（b）为什么 R 女士**杀了** R 先生？

（c）为什么 R 女士杀了 R **先生**？

为了看清楚区别，请用指示的重点大声读出每一个句子。

言语的强调不是句法（语法）或语义（意义）的问题，而是"语用"的问题，即言语的使用方式。言语的强调清楚地表明，每一个问题都在寻求不同的信息，每一个问题都可能反映了知识上的差异。例如，第一个问题假设，R 先生被杀是不需要说明的，需要说明的仅仅是，为什么是 R 女士而不是其他人"做了这件事"；第二个问题假设，需要说明的是，R 女士对 R 先生所做的为什么是杀死，而不是殴打或抢劫，等等；第三个问题要求提供信息，能够排除 R 先生以外的其他人是 R 女士的受害者。每一个不同的问题都反映了范·弗拉森所说的陈述的"对照类"（contrast class）的一个成员。例如，（a）的"对照类"是 { 男管家杀了 R 先生，厨师杀了 R 先生，R 先生的女儿杀了 R 先生，R 女士杀了 R 先生……}。正如（a）所表达的，对说明的要求在部分程度上是要表明，为什么可以排除对照类的每一个其他成员。D-N 模型对于由这些强调差异所引起的说明差异视而不见。因此，一些拒斥逻辑经验主义的哲学家提出了一种从语用学开始的对科学说明的解释。

根据范·弗拉森对科学说明的分析，我们将上述（a）、（b）和（c）句的共同点称为问题的"主题"。现在，我们可以把每一个问题与一个三元集联系起来，其第一个元素是它的主题，第二个元素是按照寻求说明之人的兴趣选出的对照类的元素，第三个元素是关于什么可算作该问题的可接受的回答的一种标准，它同样是由寻求说明之人的兴趣和信息决定的。我们把关于说明力问题的可接受回答的这种标准称为"相关关系"，因为它决定了在主题和相关对照类的元素的语境下，哪些回答将被判定为恰当的。要想理解科学说明，关键问题在于是什么种类的东西填充了"相关关系"，一般的科学或特定的科学，或特定的科学家，需要什么东西来建立某个回答与问题之间在说明上的相关性。

范·弗拉森为这一进路提供了部分符号性的形式化。我们可以将每一个关于说明力的问题等同于这样一个集合：

Q（为什么是 Fab）？＝	＜Fab,	{Fab,Fac,Fad, …},	R＞
	主题	对照类	相关关系

其中 Fab 应理解为"a 与 b 有关系 F"；于是，Fad 指"a 与 d 有关系 F"，等等。因此，如果 F 被用来表示"……高于……"这一属性，则 Fbc 意指"b 高于 c"。如果 F 被用来表示"……杀了……"这一属性，则 Fab 意指"a 杀了 b"，等等。上述问题 Q 应被理解为包括了为明确所问的是什么而需要的任何重点或其他语用要素。例如，"为什么 **R 女士**杀了她丈夫"不同于"为什么 R 女士**杀了**她丈夫"，也不同于"为什么 R 女士杀了**她丈夫**"。所有问题都有（语用的）预设。（"谁又把狗放跑了"预设狗逃跑了，而且不是第一次，而且有人要为此负责。）说明力的问题也不例外。Q 的预设至少包括以下内容：主题 Fab（关于待说明内容的描述）为真，其他可能性（对照类的其余部分）即 Fac、Fad 等没有发生。

最后，Q 的前提包括存在对 Q 的一个回答，我们称之为 A。如果根据询问者的背景知识，A 与主题 Fab 和其余对照类（Fac、Fad 等）之间存在某种关系，这种关系排除或防止了其余对照类的发生，并且确保了主题 Fab 的发生，那么 A 说明了 Q。在我们的例子中，我们寻求一个真陈述，根据我们的知识，它与主题和对照类存在那种关系，使得 R 女士杀死她丈夫为真，而对照类的元素为假。如前所述，范·弗拉森将 A 与主题和对照类之间的这种关系称为"相关关系"。我们想知道更多关于这种关系的信息。如果我们的回答 A 是，R 女士想继承 R 先生的钱，那么背景知识将包括关于动机、手段和机会的通常假设，这是警察侦探的习惯做法。如果我们的背景知识包括，R 女士本身就很富有，而且比她丈夫富有得多，那么相关关系会挑出另一则陈述，比如 R 女士有一种病态的贪婪或极其嫉妒。当然，关于 R 女士为什么会杀死她的丈夫，科学说明会预设一种不同于罪案报导人的说明的"相关关系"。范·弗拉森实际上告诉我们，使一种说明成为科学说明的是，它采用的相关关系是科学家在提供说明时接受的理论和实验方法所确定的。

所有这一切如何能使我们改进 D-N 模型呢？由于这种分析使说明变得更加语用，所以不但 I-S 模型没有问题，而且在不同语境下通过旗杆的影长来说明旗杆的高度也没有问题。在旗杆的例子中，如果我们了解米苏拉市妇女的平等主义和爱国愿望，那么用太阳光、影子的尺寸和等腰三角形的几何学是可以说明旗杆高度的。类似地，在 I-S 说明中，如果我们不知道 R 女士是一位百万富翁，而且 / 或者我们不知道关于投票模式的进一步的统计概括，那么最初的 I-S 论证将是说明性的。

与处理反例的能力无关，说明的语用进路有其自身的动机。我们可能想首先区分正确的说明（correct explanation）与好说明（good explanation）。这是 D-N 和 I-S 模型所无法做到的，但语用解释却能做到。一些正确的说明不是好说明，许多好说明也不是正确的说明。哲学中经常引用的前者的一个例子是，通过物质量子理论的第一原理而不是通过孩子熟悉并能理解的事实向孩子说明，为什么正方形的塞子装不进圆孔。科学史中任何得到充分确证但被取代的理论都是"好说明但不是正确说明"的例子。物理学家很清楚牛顿力学的缺陷。但牛顿力学继续提供说明，在这方面是好说明。

对科学说明感兴趣的哲学家有理由抱怨说，无论它有什么其他优点，这种语用解释并不能阐明科学说明与其他类型的（非科学）说明之间的差别。实际上，关于说明的这种语用分析并未使我们比刚开始时更清楚是什么使一个说明成为科学说明。它告诉我们的仅仅是，科学家提出并接受的说明就是科学说明。我们想知道的是将科学说明与占星术的伪说明，或与历史或日常生活的非科学说明区分开来的"相关关系"的标准。但如果我们不能就相关关系说出更多的东西，我们对说明的分析就不会或几乎不会对科学中应当如何进行说明产生规定性的影响，也不能使我们区分科学说明与非科学说明。

小　结

我们理解科学说明的出发点，是由逻辑实证主义者提出的演绎—律则（D-N）模型或覆盖律模型。这种分析要求科学说明能为待说明现象的预期出现提供良好的理由。如果我们能从一个或多个定律和边界条件中推断出待说明事件或过程的发生，我们就满足了这个要求。

因此，根据这种观点，对科学说明的要求是：

1. 说明项逻辑上蕴涵待说明项。

2. 说明项至少包含一条演绎有效性所要求的一般定律。

3. 说明项必须在经验上可检验。

4. 说明项必须为真。

这些条件都引出了严重的哲学问题。

一个特别重要的问题是，为什么定律能够说明。定律之所以被认为能够说明，要么是因为它们报告了因果依赖性，要么是因为它们表达了自然中的某种必然性。这将是第 4 章的主题。

物理学中的许多说明以及社会科学中的大多数说明都显然无法满足这个模型。D-N 说明的支持者认为，说明原则上可以做到这一点，如果是真正的说明，就应该能够做到。当然，许多近似于 D-N 模型的说明，如"说明草图"，已经足够好了。

另一些哲学家拒绝接受 D-N 模型及其动机。他们不是寻求一种客观标准来衡量对科学恰当性的说明，而是致力于揭示科学家即物理学家、生物学家、社会科学家和行为科学家实际给出的说明逻辑。当我们考虑逻辑实证主义者对统计说明的解释，即 I-S 模型（归纳–统计模型）时，觉得这种替代性的策略有吸引力的一个理由就出现了。一个统计概括是否具有说明力，似乎涉及寻求说明之人和提供说明之人对背景信息了解多少。这很难与 D-N 模型相容。

然而，这种替代性的"语用"说明进路并没有成功地确认科学说明与非科学说明的区别。这导向了我们将在后续章节中探讨的关于给予说明的定律和理论的问题。

研究问题

1. 辩护或批评："D-N 模型或覆盖律模型并不能阐明说明的本性。如果有人想知道 x 为什么会在 y 条件下发生，那么被告知 x 就是那种在 y 条件下总是发生的事情，并没有阐明什么。"

2. 辩护或批评："D-N 模型代表一种对科学说明的正当愿望。因此，它虽然无法实现，并不意味着它与理解科学不相关。"

3. D-N 模型能容纳旗杆的例子吗？

4. 对说明的语用解释和 D-N 解释究竟冲突在何处？它们可以同时是正确的吗？

5. 辩护或批评："语用的说明进路解释了我们是如何使用'说明'和'理解'这两个词的。它并不能阐明究竟什么是说明和理解。"

6. 说明是一种认识活动，而因果关系则是世界中的一个过程，它们之间是什么关系？

7. 说明被认为能够使人理解。如果是这样，那么这个自明之理如何限制了科学说明的本性？

阅读建议

Balashov and Rosenberg, *Philosophy of Science: Contemporary Readings* 这部选集作为本书的手册，包括几篇关于说明的重要论文，它们在过去 50 年里影响了关于这些主题的讨论，见第

二部分 "Explanation, Causation and Laws"。亨普尔等人的一些
论文亦见于另外两本选集: Marc Lange, *Philosophy of Science: An
Anthology* 和 M. Curd and J. A. Cover, *Philosophy of Science: The
Central Issues*。后者提供了特别有说服力的文章来解释和联系
其中的论文。

　　关于说明之本性的争论始于亨普尔在 20 世纪四五十年
代的经典论文, 这些论文连同他后来的思想收录于 *Aspects of
Scientific Explanation*。后来的许多科学哲学文献都可以围绕
亨普尔为他自己的论述所提出的以及这些文章所讨论的问题
进行组织。亨普尔著作中的最后一篇文章提到了对亨普尔的
论述做出回应的其他哲学家的工作。亨普尔概述 D-N 模型和
I-S 模型的论文 "Two Models of Scientific Explanation" 重印于
Balashov and Rosenberg 的选集。亨普尔的 "Inductive-Statistical
Explanation" 重印于 Curd and Cover 的选集。

　　随后关于说明之本性的争论的历史可以追溯到 Wesley C.
Salmon, *Four Decades of Scientific Explanation*, 它最初作为一篇
长文发表于 volume 13 of *Scientific Explanation*, in the Minnesota
Studies in the Philosophy of Science, W. Salmon and P. Kitcher, eds.,
随后单独成卷出版。该书收录了讨论科学说明之本性的许多当
代论文。

　　范·弗拉森的说明进路是在 *The Scientific Image* 中提出来的,
它的一个摘录 "The Pragmatics of Explanation" 载于 Balashov and
Rosenberg 的选集。P. Achinstein, *The Nature of Explanation* 提出了
一种不同于范·弗拉森的语用说明理论。

　　J. Pitt, *Theories of Explanation* 重印了关于说明的许多
重要论文, 包括亨普尔的原始论文, 和 Salmon, "Statistical

Explanation and Causality",和 P. Railton, "A Deductive-Nomological Model of Probabilistic Explanation",和 van Fraassen, "The Pragmatic Theory of Explanation"，以及 P. Achinstein, "The Illocutionary Theory of Explanation"。

最近关于说明的最有影响力的著作是 Jim Woodward, *Making Things Happen*，它采用了 Salmon 的因果进路。L. Paul and N. Hall, *Causation: A User's Guide* 扩展了 Woodward 的进路，同时探讨了其形而上学基础。Marc Lange, *Because without Cause: Noncausal Explanations in Science and Mathematics* 探讨了重要的替代说明进路。

下一章同样致力于讨论说明，其结尾的阅读建议中提到了关于说明的其他重要论文。

第 4 章

为什么定律能够说明？

概　述

　　无论我们对科学说明的本性采取何种进路，我们仍然需要解决为什么定律能够说明的问题。毫无疑问，一些科学说明可以不明确引用定律，一些规律并非自然定律，但足以提供某种科学理解。但即使没有明说，定律似乎也总是在暗中形成说明性的联系。因此，我们仍然需要理解为什么定律在科学中有着特别核心的地位。是什么使自然定律具有说明力？为什么科学理解主要涉及寻求自然定律？

　　在本章，我们找到了定律说明力被广泛承认的来源：它们的必然性。本章介绍了哲学家试图解决由定律的说明力引出的关于科学和实在的棘手形而上学问题的几种方法。由于定律在科学事业中的核心地位，这些形而上学问题在科学哲学中反复出现。

什么是自然定律?

　　逻辑经验主义者确认了被广泛接受的定律的几个特征：定律是具有以下形式的普遍陈述："所有 A 都是 B"，或"每当有一个 C 型事件发生，就会有一个 E 型事件发生"，或"如果（一个）事件 e 发生，则总有（一个）事件 f 发生"。例如，"所有纯铁样品都是标准温度和压强下电流的导体"，或"每当在标准温度和压强条件下向铁样品施加电流，铁就会传导电流"，或"如果在标准温度和压强下向铁样品施加电流，则铁样品传导电流"。这些都是同一定律的术语变体。哲学家往往倾向于用"如果……，那么……"的条件句来表达定律，使定律的普遍性被隐式地理解。然而，仅仅是一个具有普遍形式的陈述还不足以成为一个定律。例如"所有单身汉都未婚"和"所有偶数都可被 2 整除"。这两个普遍陈述都不是定律，尽管它们具有与定律相同的逻辑形式。它们不是定律，因为它们凭借定义为真，而定律则是凭借关于世界的事实为真。

　　除了它们的形式，所有定律还有一个共同特征，那就是它们不会或隐或显地提到特定的对象、地点或时间。不可能有什么自然定律是凭借关于拿破仑、地球甚至银河系的事实而为真的。定律应该在任何地方和任何时间都适用，因此任何局域性的事实都不足以使定律为真。事实上，即使宇宙中没有任何物体使之为真，一些自然定律也为真。比如关于人工合成元素"𬭛"（Bohrium）的三个定律：它的半衰期为 61 秒，原子量为 270，每个原子有两个外层电子。但很可能目前宇宙中任何地方都没有一个"𬭛"原子。它必须在某个粒子加速器中被合成出来。但关于它和其他人工合成元素的定律是"获得的"并且是成立的，尽管事实上没有关于它的明显主体的例子，这些定律也为真。

逻辑形式、提出关于自然的偶然主张（contingent claims），以及不受局域事实的限制这些特征，并不足以将定律与其他在语法上与定律相似但缺乏说明力的陈述区分开来。因此，定律与其他看起来像定律的陈述之间的实际区别很明显，但难以理解。定律之所以具有说明力，是因为定律具有某种对事物的必然性。在某种意义上，定律告诉我们事物必须如何安排和组织，而不仅仅是事物事实上是如何安排或组织的。问题在于弄清楚定律究竟具有什么样的必然性。它不可能是逻辑定律所规定的逻辑必然性，或由定义而来的必然性。正如我们在第二章所看到的，定律不是由逻辑保证的。宇宙本可以完全受制于立方反比的引力定律，而不是受制于平方反比的定律，这并不违反逻辑定律。我们将会看到，说定律是必然的，其困难在于弄清楚定律究竟具有什么样的必然性。定律需要必然性而具有说明力，但这是一种什么样的必然性呢？

支持反事实作为定律必然性的一种征兆

为了理解为什么定律具有某种必然性，请比较以下两个陈述，每个陈述都有相同的普遍形式：

> 所有固体钚块的重量都小于 10 万千克。
> 所有固体金块的重量都小于 10 万千克。

我们有充分的理由相信第一个陈述为真，因为钚在达到这个质量之前很久就会自动爆炸。热核弹头正是基于这一事实。也有充分的理由相信第二个陈述为真，但它之为真仅仅是一种宇宙巧合。在宇宙中的某个地方可能存在着如此数量和如此分布的黄金，但事实并非如此。可以认为，前一陈述报告的是一个自然定律，后一陈述则仅仅描述了一个关于宇宙的事实，而宇宙的实际情况很可能不是这样。要想看出为什么关于钚的陈述是一个定律，一种方法是，要说明它为什么为真需要诉诸其他几个定律，但没有初始条件或边界条件；而要说明为什么不存在 10 万千克的纯金固体，则需要定律和关于边界条件或初始条件的陈述来描述形成金块的金原子在宇宙中的分布。这表明形式的普遍性不足以使陈述成为自然定律。

真正的定律与哲学家偶然发现的偶然概括之间的区别的一个征兆涉及被称为"反事实条件句"（counterfactual conditionals，或简称"反事实"）的语法结构。反事实是用虚拟语气表达的另一种"如果……，那么……"陈述。它涉及如果（碰巧不是事实的）另外某种东西成立，可能会发生什么情况。我们在日常生活中经常使用这样的陈述："如果早知道你要来，我会烤个蛋糕。"以下是这类反事实陈述的两个例子，它们与区分具有相同语法形式即"如果……，那么……"的定律与非定律有关：

> 如果情况是，月球由纯钚构成，那么情况将是，它的重量低于 10 万千克。
>
> 如果情况是，月球由纯金构成，那么情况将是，它的重量低于 10 万千克。

请注意，这两个反事实的前件（"如果"之后的句子）和后件（"那么"之后的句子）都为假。当我们像下面这样用更加口语化和不那么生硬的方式来表达时，反事实句子的这种语法特征就不那么明显了：

> 如果月球由纯钚构成，它的重量将低于 10 万千克。
> 如果月球由纯金构成，它的重量将低于 10 万千克。

因此，这两个陈述都不是关于现实的，而是关于可能性的，即月球分别由钚和金构成的可能事态。每一个陈述都说，如果前件成立（实际上并没有成立），后件就会成立（尽管事实上，两者都没有成立）。现在我们认为，关于金的反事实为假，但关于钚的反事实为真。造成这种差异的原因是，关于钚的普遍真理支持关于钚的反事实，而关于金的普遍真理则不支持关于金的反事实。这是因为后者不是一个定律，而只是一个偶然概括。

因此，我们可以增加定律的条件，即除了形式上具有普遍性，定律还必须支持其反事实。但需要记住的是，这是"它们是定律"的一种征兆，而不是对"它们是定律"的说明。也就是说，我们可以通过考虑我们接受哪些反事实、不接受哪些反事实，来区分被我们视为定律的那些概括和不被我们视为定律的那些概括。但除非我们理解是什么使反事实独立于支持它们的定律而为真，否则定律支持它们的反事实将无助于区分定律与偶然概括。

我们知道，定律支持它们的反事实，而偶然概括则不然。定律之所以支持它们的反事实，大概是因为定律表达了某种真实的、必然的联系，像黏合剂一样将它们的前件与后件结合在一起，而这种黏合剂在偶然概括的前件与后件之间是缺失的。例如，有某种东西使一个钚球必然不可能重 10 万千克，但却没有什么东西使一个金球不可能有如此重量。

但这种黏合剂，即定律的前件与后件之间的实际联系，它反映了前者必然导出后者，可能是什么呢？正如引力的平方反比律的例子所表明的，定律并不表达逻辑必然性。至少科学哲学界是这样广泛认为的，因为否定自然定律本身并不构成矛盾，而否定逻辑必然的陈述，如"所有偶数都可被 2 整除"，却是矛盾的。我们无法设想违反一个逻辑必然的真理，但却很容易设想违反一个自然定律。自然定律不可能是逻辑必然的。

那么，我们能否认为，科学定律与具有相同语法形式的不支持反事实的其他陈述的区别在于，定律在物理上、化学上或生物学上是必然的呢？或者更宽泛地说，它们是"自然必然的"（naturally necessary）？违反自然定律并非逻辑上不可能，而只是物理上不可能。这里的想法是，物理上的不可能性就像逻辑上的不可能性，只是较弱罢了。逻辑不可能性是最强的不可能性，我们甚至无法融贯地设想一个逻辑上不可能的东西，因为它被逻辑定律所排除。例如，一个可被 2 整除的奇数。物理不可能性则较弱：物理不可能性被物理定律所排除；化学不可能性是与化学定律不相容的东西；生物不可能性是为生物学定律所禁止的东西。例如，移动速度超过光速，两种稀土元素之间的分子键，或显性致死基因的持久存在。通常，"物理不可能性"一词被用来描述与物理、化学、生物等自然定律不相容。当然，还有更弱的不可能性，技术或实践上的不可能性，它们并非为自然定律所排除，而是为我们的技术限制所排除，例如可控核聚变。但这种对可能性和不可能性的细致分类并不能真正帮助我们理解自然的必然性。事实上，它使我们能把问题看得特别清楚。

说定律反映的是"物理的"、"自然的"甚至是"律则的"必然性，而不是逻辑必然性，这并不是对定律必然性的说明。除了

物理定律或自然定律所要求的情况外，是什么使一个陈述是物理
必然或自然必然的呢？如果这就是自然必然性或物理必然性，那
么把定律的必然性建立在物理必然性或自然必然性之上，就是把
定律的必然性建立在它自身之上！

反事实和因果关系

　　定律有而偶然概括却没有的是一种什么样的必然性，这正是
逻辑实证主义者在对说明进行分析时希望避免的那种"形而上学"
问题。由于事实表明，律则的必然性正是那种连接因果的必然性，
也是偶然的序列中所没有的东西，因此，逻辑实证主义者不可避
免要处理这个由因果性引出的形而上学问题。我们对形而上学并
不反感，所以也许可以通过更多地思考因果性来帮助理解是什么
使一个概括成为定律。至少，定律必然性和因果必然性的相同将
会阐明，是什么使覆盖律说明和因果说明具有说明力。

　　回想一下我们在第 3 章关于因果序列与巧合的简要讨论。大致
说来，在因果序列中，结果是由原因产生的，由于原因的发生而
发生，是原因所必需的。我们还可以这样来表达："如果原因不发
生，结果就不会发生。"这正是我们在试图理解定律的必然性时遇
到的那种反事实陈述。与因果序列相反，巧合序列中的第一个事
件与第二个事件之间并不存在这种必然关系。但这种因果必然性
究竟是什么呢？正如大卫·休谟所说，在宇宙中的任何地方，原
因和结果之间似乎都没有任何"黏合剂"或其他在观察或理论上
可查明的联系。我们即使在微观层面所看到的也只是一个事件紧
随着另一个事件。

　　尝试以下思想实验，例如当一个弹子球击中另一个弹子球，第二个弹子球运动时发生了什么。说动量从第一个弹子球转移到第二个弹子球，仅仅是说第一个弹子球运动了，然后第二个弹子球运动了。毕竟，动量等于质量乘以速度，而质量没有变化，所以在动量转移时，速度一定发生了变化。考虑以下反事实的说法："如果动量没有转移到第二个弹子球，它就不会运动。"为什么不会运动？从构成弹子球的分子层次考虑发生了什么有帮助吗？两个弹子球之间的距离变得越来越小，然后随着弹子球的分开，距离又突然开始增加。但是除了第一个弹子球的分子向前运动减慢，然后第二个弹子球的分子向前运动加快，在观察层次以下并没有其他事情发生。可以说，没有什么东西从第一组分子上跳下，落在第二组分子上；第一组分子也没有伸出手来推动第二组分子。即使我们在更深层次上尝试这个思想实验，比如原子层次，或者组成原子的夸克和电子层次，我们也仍然会看到一个接一个的一连串事件，只不过这一次是亚原子事件。事实上，第一个弹子球表面分子的外层电子甚至没有接触到第二个弹子球最近表面分子的外层电子。它们彼此靠近，然后相互"排斥"，加速分开。无论我们对细节探入有多深，似乎也无法发现或想象有任何黏合剂将原因和结果结合在一起。

　　如果我们不能观察、发现甚至想象个别原因与其结果之间的必然联系，那么解释因果说明如何起作用、或者为什么定律具有说明力的前景就会变得渺茫。至少，逻辑实证主义者希望以避免形而上学的方式做到这一点将很难实现。说明性的定律与偶然概括之间的区别，以及因果序列与纯粹巧合之间的区别，似乎是科学本身所无法揭示的某种必然性。如果我们已经通过声称定律具有因果的、物理的或律则的必然性，而回答了为什么定律具有说明力这个问题，那么因果的、物理的或律则的必然性究竟是什么，这个最基本的问题仍然没有得到回答。回答这个问题将把科学哲学带到形而上学和认识论的边缘处，在那里也许可以找到正确答案。

认真对待律则必然性

逻辑实证主义者可能会以形而上学缺乏认知意义为由，拒绝讨论律则必然性和因果必然性的本性，但一旦我们承认定律确实支持反事实条件句，而偶然定律则不支持，我们就不可避免要对这种差异做出解释。

最早尝试这样做的是早期的实证主义者和经验论哲学家（其中最重要的是艾耶尔［A. J. Ayer］），他们试图将确认关于自然定律的某个"形而上学"事实代之以另一项任务：在我们关于定律本身的态度和信念中找到一些知识论上的差异。他们的想法仅仅是把律则必然性的征兆当作律则必然性本身。定律与偶然规律之间的区别被认为是科学家如何对待它们的问题：如果一种规律只经过少数实验就被接受了，如果它被认为说明了那些实验中的数据，如果它支持了关于未观察到的事件和过程的反事实，如果它可以用更一般的规律来说明，那么它就是一个定律，否则就只是一种偶然规律。

这种进路的问题在于，它误认为自然定律就是我们关于自然定律是什么的最佳科学假说。当然，我们是以上述方式对待我们关于自然定律的最佳猜测的：我们只在重复几次精心设计的实验之后就接受了它们，我们用它们进行说明，试图将它们与我们接受的其他假说联系起来，并根据它们称反事实条件句为真或假。

但科学是可错的，我们在识别自然定律方面往往是错误的。但自然定律难道不是必定为真吗？我们注意到这个问题与覆盖律模型的要求有关，即在科学说明中，包括定律在内的说明项必须为真。我们不能以对待最佳猜测的方式来区分我们或许知道、或许尚未知道的定律与偶然规律。

问题在于找到定律已知或未知的某种属性或特征，将它们与单纯的规律区分开来。我们以后会看到，对形而上学问题的认识论解决方案很少能令人满意。

许多哲学家认识到，律则必然性的问题需要一种形而上学的解决方案，但又不愿参与可能被实证主义者指责为缺乏经验内容的过度思辨。除了似乎已经得到很好理解的逻辑必然性，他们不愿再给必然性的清单上添加任何东西。那些同情经验论的哲学家就什么是自然定律提出了一种解释，认为自然定律只需要逻辑上的必然性，以及存在着关于实在的命题或陈述，这些命题或陈述的存在并不依赖于是否有人注意到它们或相信它们。请注意，命题不是句子。特定语言中的句子表达命题，但并不等同于命题。比如"下雨了"、"Es regnet"和"Il pleut"。这三个句子都表达相同的命题，而这个命题可能与这三个句子都不同。一旦承认任何类型的抽象对象的存在，与句子不同的命题的存在似乎就是一种相对没有争议的主张。但这并非完全没有争议，因为一旦一种抽象对象在"本体论"这一实际存在的各种事物的清单中被接受，那么其他这样的对象也需要被接受，比如独立于事物的属性、所谓的"共相"、不同于数字的数，以及数的概念等。

命题的存在如何可能帮助我们区分定律和单纯的偶然规律性呢？试想一下，自时间的开端或大爆炸以来构成宇宙历史的所有局域性的特定事实（local matters of particular fact）。这组事实在无限长的时间里可以成立也可以不成立,可以包括也可以不包括无限数量的事件。无论如何,会有许多组的命题来描述部分事实或全部事实。有些组的命题会描述所有事实,但它们彼此之间的关系是完全不系统的,就像历书中列出的无关事实一样。这些组的陈述在内容上很确凿,但在描述宇宙时却缺乏系统的简单性或经济性。

其他组的命题在描述局域性的特定事实时将不那么完整。但它们会被组织成逻辑系统,表达陈述之间的蕴涵关系,就像欧几里得《几何原本》的公理和定理一样。系统中的所有其他命题都可以从公理中逻辑地推导出来。这样一个系统不会描述在宇宙历史中成立的所有局域性的特定事实,但会比完整的"历书描述"更为经济和系统。

存在着很多组这样的公理,它们都可以或多或少地对局域性的特定事实的总和进行描述。一个公理和定理的演绎系统所描述的局域事实越多,其公理就越复杂和越多,描述事实所需的定理就越少;公理越少、越简单,它需要的定理就越多,在描述中遗漏的局域事实也就越多。现在,考虑在描述局域性的特定事实时将简单性和效力(strength)最佳地结合起来的那些公理系统。在这些"最佳"公理系统中,会有许多普遍形式的陈述,比如"所有 A 都是 B",或"每当 c,那么 e",或"如果 F,那么 G"。自然定律将是在描述局域性的特定事实时将简单性和效力最佳地结合起来的所有这些陈述系统的公理或定理。上面关于钚球的一般陈述大概会列在每一个兼顾简单性和效力的公理系统的定理中(因为它可以从量子力学中推导出来),而上面关于金球的一般陈述则不会列在这些最佳系统的公理或定理中。若要把它包含在任何公理系统中,我们将不得不把它添加为一条公理,这样做会大大减少简单性，而又不会在描述局域性的特定事实方面获得多少好处。

因此，在任何语言中，如果一个句子表达了一个普遍形式的命题，它是在描述宇宙历史上所有局域性的特定事实时将简单性和效力最佳地结合起来的所有命题演绎系统中的公理或定理，那么这个句子就表达了一个定律。这种对律则必然性的分析常常被称为"最佳系统"解释。它的支持者可以从当代哲学家戴维·刘易斯（David Lewis）到一战后的英国哲学家弗兰克·拉姆齐（Frank Ramsey），一直追溯到 19 世纪的经验论者约翰·斯图尔特·密尔（John Stuart Mill）。

这种对律则必然性的解释有很多优点。首先，它将定律与更大的科学描述单位联系起来，因为每条定律所属的公理系统实际上都是"关于世界的理论"，这些系统描述和说明了（如果说明是演绎的话）宇宙历史上局域性的特定事实当中的所有规律。其次，这种进路通过只诉诸各个陈述经由逻辑上必然的演绎关系而彼此关联的公理系统，而将自然的或律则的物理必然性概念消解为得到很好理解的逻辑必然性概念。最后，它在形而上学上是谦虚的：它没有假设有某种经验上无法检验的黏合剂将合法关联的事件结合在一起，但在仅仅巧合的事件序列中却没有这种黏合剂。

律则必然性的最佳系统理论面临一些重大挑战。这些反对意见的共同点主要在于认为，这种最佳系统观点与艾耶尔和其他类似的经验论者的后实证主义观点并无足够的区别。有人指出，这种最佳系统观点（和艾耶尔的观点一样）并没有充分"独立于心灵"。它并没有在一些形而上学事实中、"在对象中"、在局域性的特定事实中，或者在独立于我们信念的关于世界的任何其他事实中，为物理必然性提供身份。它似乎这样做了，因为有着逻辑关系的陈述和命题之成立，并不依赖于任何认知主体对它们和它们的逻辑关系的看法。然而，一旦简单性和效力作为选择"最佳命题系统"的一套标准被引入，我们就不得不引入语言的句子，而句子和表达句子的语言都不是以所要求的方式独立于心灵的。

为什么我们需要把简单性和效力当作语言的属性来衡量？考虑一下简单性。我们能在不考虑认知主体赋予公理系统的目的的情况下描述公理系统的这一特征吗？如果一个系统包含较少的公理，那它大概会比另一个系统更简单。但任何命题系统，无论它包含多少公理，都可以变成只有一个公理的系统——对它的所有命题合取，或者对逻辑上包含其余命题的所有公理合取。这种公理系统并不是最佳系统理论所要求的最简单的系统。最佳系统是将简单性与效力最佳地结合起来的系统，认知主体可以用它来说明尽可能多的局域性的特定事实。如果说明从根本上说是一种语用的和认知的事业，那么最佳系统进路并不比经验论进路好多少，这种经验论进路将主题从定律变为假说，然后告诉我们假说与偶然规律之间的区别。如果是通过覆盖律模型进行说明，那么最佳系统分析将要求我们用特定语言陈述命题，并且表明从说明项到待说明项的演绎是有效的。无论如何，作为系统特征的简单性将是科学家判断的事情，而不是独立于他们思想的世界事实。

对于最佳系统进路还有更明显的反对意见：如果简单性和 / 或效力没有一个客观标准，那会怎么样？我们如何能够解决康德主义者（认为简单性比效力更重要）和经验论者（认为效力更重要）之间的分歧？简单性和效力是出了名的模糊术语。如果它们的模糊性无法消除，那么"自然定律"会不会是一个带有边界案例的模糊范畴，就像"矮子"是一个带有边界案例的模糊范畴一样？似乎没有其他理由认为自然定律范畴是模糊的，所以这是一个严肃的问题。更糟糕的是，如果事实表明，有若干个公理系统都能将简单性与效力最佳地结合在一起来描述局域性的特定事实，而它们没有或几乎没有共同的公理和定理，那会怎么样？我们应该说没有自然定律或只有少数自然定律吗？

如果考虑到对律则必然性的另一种解释，这些反对意见听起来就不那么严重了，这种解释在哲学上可以追溯到柏拉图！它一方面在形而上学上非常放肆，以至于很少有当代科学哲学家能够接受，另一方面却又依赖于其他理论似乎根本无法解释的自然定律的一些重要特征。

"所有而且只有哺乳动物活产幼崽"似乎是一条定律，"所有哺乳动物都有四腔心脏"也是如此。由这两个明显的定律可以逻辑地导出："所有活产幼崽的动物都有四腔心脏。"但你可能觉得后者并不是定律。当然，它是真的，因为前两条定律为真，但似乎没有任何关于哺乳动物的属性能以定律的要求将这些属性联系在一起。我们是如何通过一个有效的论据从两个定律推出一个非定律的？我们所做的仅仅是用"活产幼崽"这种属性替换了哺乳动物的属性。这两种属性被完全相同的一组东西即哺乳动物所共有，但这把定律变成了非定律。如果定律是关于它们所描述的世界上的特定事物，那么这就不应该发生，不是吗？而如果定律实际上不是关于世间事物即局域性的特定事实，那会怎么样？如果它们实际上是关于属性呢？这种想法是一种关于律则必然性的形而上学解释的核心，可以追溯到 2 400 年前的柏拉图。

这里我们不得不引入一些术语。柏拉图和自他之后的许多哲学家都认为存在着属性，不能将它们与我们用来为之命名的属性词（谓词）相混淆。这两者的区别就如同语言中的句子与它们所表达的命题之间的区别。Red、rouge、root、rojo 都是描述同一属性的谓词。这种属性是所有红色物体所共有的。柏拉图认为，由这些谓词所命名并由红色物体所共有的"红"这种属性,本身是另一种东西、(和数与命题一样是)一种抽象的东西。例如,为了强调红色的物体与红之间的差异,哲学家将红这样的属性称为"共相"。几个世纪以来,认为存在着共相,它们(以及数和命题)的存在性不依赖于例证它们的特殊事物,这种论点一直被称为"实在论"(realism),它是"柏拉图主义实在论"的简称。(这个术语有些令人困惑,因为许多哲学家都出于他们所谓"强烈的实在论意识"而否认有抽象对象存在。此外,我们将在第 8 章遇到"实在论"一词在"科学实在论"中的另一种用法,它指的是科学哲学中一个完全不同的争论中的论点。)然而,柏拉图主义实在论被哲学家们广泛视为这样一种学说,认为属性、数和命题的存在独立于属性的实例、由数所计数的事物以及使命题为真的东西。多年来,许多在其他方面并非柏拉图追随者的哲学家都接受了这一论点。经验论者几乎都反对这个论点。他们是"唯名论者",认为谓词(语言中的属性词)并不挑选、指称或要求有真实的抽象对象存在,即独立于具体事物和事实的属性、数、命题。

关于共相的实在论是如何帮助我们理解律则必然性的呢?就像一些有影响力的科学哲学家所指出的那样,假设定律并不描述世间事物(局域性的特定事实)之间的关系,而是描述共相(普遍性的抽象事实)之间的关系。例如,"水在冻结时膨胀"说的是,"是水"这一属性与"冻结时膨胀"这一属性一起发生,而不仅仅是它们的实例一起发生。从这个观点来看,正因为抽象的属性"一起发生",它们的实例,即"是水"和"冻结时膨胀"的特殊情况才必须一起发生。定律中的共相"一起发生"这一事实为"是水"的所有特殊实例与"冻结时膨胀"的特殊实例的同时发生赋予了必然性。

　　这个理论有几点可以说说。首先，毫不奇怪，我们在由定律联系起来的局域性的特定事实中没有找到任何"黏合剂"，因为律则必然性是由共相之间的关系赋予的，而不是由它们的殊相赋予的。其次，为什么将具有相同实例的不同属性进行转换，可以将定律变成非定律，其原因是很明显的。该理论也能很好地说明为什么定律支持反事实，而偶然规律则不支持。例如，该理论可以说明达到一定尺寸的钚块会爆炸这一反事实为真，而达到一定尺寸的金块会爆炸这一类似的反事实则不为真。它将告诉我们，"一定尺寸的钚块"、"爆炸"这些属性、共相，被"一起发生"、"因果关联"或"在律则必然性中结合在一起"等同样抽象的关系而彼此联系在一起。

　　实在论的另一个优点是，如果共相（比如数和命题）存在，则它们的存在完全独立于任何认知主体的思想。因此，这种进路避免了最佳系统理论及其经验论先驱者所遇到的问题。定律是关于独立存在的共相的，它们"在那里"等待我们通过观察它们的特定实例而将其推断和发现出来。

　　显然，实在论关于定律是共相之间关系的说法是一种在形而上学上非常放肆的理论。由于这种放肆，它面临着许多问题。它面临的第一个问题也许就是柏拉图在试图说明所有红色物体所共有的"红"这个共相如何与它们是红的有关时所面临的问题！毕竟，"红"这个共相是抽象的，它不在空间和时间中，不可能有原因或结果，它在因果上是"惰性的"。因此，亚里士多德拒绝接受柏拉图的观点，即存在这些抽象的普遍属性。

　　当代对共相的诉诸也面临着同样的问题和其他几个类似的问题。该理论需要解释一个共相与另一个共相的关系如何转化成它们在现实世界中的特定实例之间的关系，并使这种关系不同于仅仅偶然地彼此相关的属性实例之间的关系。在这些问题上的沉默使得实在论的反对者抱怨说，这一理论只是给区分定律与偶然规律的问题增加了神秘性罢了。

还有第二个问题。假定存在共相，那么它们之间究竟是什么关系，即这里所谓的"一起发生"，使"它们一起发生"这一陈述成为一个定律？"一起发生"本身是一个隐喻，因为从字面意义上讲，只有当事物在同一时间和地点发生时，事物才会一起发生。但共相是抽象的。既可以说它们不存在于任何时间地点，也可以说它们存在于任何时间地点。因此，根据其字面解释，"一起发生"并不能真正阐明共相是如何赋予其特定实例的同时发生以必然性的。

该定律理论的一些支持者声称，在定律中，有必然联系的是共相，这就是赋予其殊相以必然联系的原因。这一观点并不怎么流行，因为它只是再次提出了定律有哪种必然性这个问题。既然我们可以设想任何自然定律为假，所以常有人认为，定律不可能是逻辑必然的。然而，假定可设想性并不导向逻辑可能性，比如设想引力的立方反比律并不表明它在逻辑上是可能的。因此，事实可能仍然表明，自然定律和逻辑定律一样是必然的。既然我们不再能用不可设想性来检验是否违反了逻辑必然性或任何其他种类的必然性，这又引出了一个新问题：弄清楚是什么使逻辑定律和科学定律成为必然真理。

然而，近几十年来，一些哲学家指出，至少某些定律必定具有逻辑定律的那种必然性。他们认为必然为真并且与逻辑定律具有相同效力和必然性的少数定律，是报告诸如"所有水的样本都是 H_2O 的样本"或"热等同于分子运动"那样的结构同一性的定律。这种主张的论据并不科学。它依赖于一种关于像"水"和

"热"这样的词是如何指称或命名其实例的理论。根据露丝·马库斯（Ruth Marcus）、希拉里·普特南（Hilary Putnam）和索尔·克里普克（Saul Kripke）这三位分别提出这一理论的哲学家的看法，可以认为"水"是根据我们在地球上遇到的某种特殊的物质样本来定义的。由于我们或创造"水"这个词的人遇到的样本事实上都是 H_2O，所以我们不会把宇宙中任何其他地方，甚至其他可能的（可设想的、非实际的）世界中的任何东西算作水，除非它有相同的结构，由 H_2O 所组成。因此，水是 H_2O 这条定律必定是一个必然真理，因为它和逻辑定律一样，在每一个可能的世界中都为真。该理论承认，认识到水是 H_2O 需要大量实验和观察。与逻辑定律不同，这些报告身份必然性的定律并不是先验知道的，但也同样必然为真。

　　这种理论，即报告结构同一性的某些定律（在逻辑上或"在形而上学上"）是必然的，即使对它们的否定是可以设想的，能够帮助我们澄清共相之间联系的本性或任何其他关于律则必然性的解释吗？由于该理论只适用于记录同一性的定律，所以其细节只有有限的直接应用。但事实上，它似乎使关于必然性之本性的整个问题变得更加困难。我们认为逻辑必然性反映了逻辑定律的操作。它们是我们通过尝试设想对它们的否定而先验知道的定律。如果我们不再能把可设想性当作对逻辑或形而上学可能性的检验，不再能把不可设想性当作对逻辑或形而上学必然性的检验，而必须使逻辑定律与自然定律同化，那么我们的问题就变得更加严重了。

否认显而易见的东西?

定律与偶然规律的区分所引出的问题让人望而却步。这肯定会使我们同情和欣赏逻辑实证主义者的努力,他们试图将这些问题斥为贬义意义上的纯粹形而上学思辨而予以排除。不幸的是,一旦我们放弃任何证实原则,我们就没有理由排除这些问题。但我们也许根本无须做出区分。这至少是一些科学哲学家的观点。

其中一些哲学家想要否认抽象对象的存在,或至少否认它们在任何科学甚至思想中的作用。他们否认需要承认我们形而上学中的命题、数或属性,也否认理解科学需要诉诸形而上学。在这些哲学家看来,像句子、数字和谓词这样的东西已经足够。他们认为,定律与偶然概括之间的区别只是我们对待某些句子的方式与对待其他句子的方式之间的区别。我们在经过少量实验之后接受的句子,用来证明我们认为正确的反事实的句子,用来满足我们说明好奇心的句子,可以算作定律。当然,我们和科学都是容易犯错的;随着时间的推移,关于应把哪些假说视为定律,我们和科学都会改变想法。但在这些哲学家看来,一种规律为了完成定律在科学中所做的工作,似乎只需要被视为定律。这些哲学家自称受到了休谟的启发,休谟曾在其著作中主张,定律不过就是关于事件或事态之间恒常连接的真陈述。如果在整个宇宙历史上曾经存在或将要存在的每一个金球的直径事实上都小于 1 千米,那么这就是一条自然定律。它未能支持反事实,这仅仅表明我们仍然幻想事物中存在某种必然性。要想巧妙地解决解释律则必然性的问题,持这一观点的哲学家和科学家只需否认他们必须这样做。但现在他们无法阐明为什么定律在科学说明中是不可或缺的。

　　一些人试图保持定律的作用但拒绝律则必然性，而另一些人则试图拒绝定律但坚持必然性。这些哲学家通过否认自然之中存在定律来解决区分定律与偶然的问题。南希·卡特赖特（Nancy Cartwright）是这种观点的著名倡导者。卡特赖特否认科学说明援引了任何在自然中成立的毫无例外的普遍规律。这包括牛顿定律，或量子力学相对论对牛顿定律的继承。当然，我们把似乎表达了这些定律的句子用于在科学上令人满意的说明中。但这些说明并没有告诉我们，为什么它们提到的"定律"对世界是真实的。以引力的平方反比律为例。由于宇宙中的每个人都要受到静电定律的约束，所以仅仅诉诸引力来说明人的行为将是不完备的。同样，对物体行为的预测也将是错误的，也许错得非常轻微，对于说明来说是无关紧要的。但卡特赖特指出，实际作用于物体上的力总是引力和静电力，认为只有一个独特的引力定律被局域性的特定事实实现，这种想法是错误的。在科学实践中，我们对起作用的力进行抽象，首先计算引力的影响，然后计算静电的影响，如果它们强到足以对物体的路径产生显著影响，就将它们结合起来。但卡特赖特坚持认为，自然并不是以这种方式运作的，并非有两种独立的力总是一起运作；这些都是科学家所作的抽象（不要与抽象对象混淆）。

　　与其说有一个引力定律作用于宇宙中的每个人身上，不如说宇宙中的每个人都有一种能力或倾向（disposition）来施加引力并受其影响。这些倾向比它们产生的规律更基本，如果是真的，则要比我们在实际科学说明中可能发现的任何定律都要复杂得多。

　　究竟什么是倾向？倾向是一个物体即使不显现也仍然具有的东西。磁铁具有吸引铁屑的倾向，即使附近没有铁屑可以吸引，它也是磁性的。可燃液体具有遇到火花时燃烧的倾向，但如果不遇到火花，可能永远也不会燃烧。糖是可溶的，但一些糖块可能永远不会被放到液体中，所以永远不会溶解。科学发现的许多重要属性都是倾向。请注意，如果某样东西有一种倾向，那么这样说就支持了关于它的反事实，而这清楚地表明，倾向中隐藏着我们一直希望阐明的那种自然必然性。举例来说，如果一块铁是磁性的（一种倾向），那么让它穿过线圈就会产生电场。为什么这个反事实为真？一些哲学家会说，这是因为有一条定律为磁和电提供了基础。然而卡特赖特等哲学家则认为，情况恰恰相反：更基本的是倾向，它们存在于物体中，我们可以从物体中发现它们，是倾向承载着那种相关的必然性，为我们不完备但有用的科学定律提供了基础。

传统上，经验论哲学家一直对倾向持谨慎态度：声称一个事物有一种倾向，但从未表现或并不经常表现它，这似乎很难检验，因此很容易只做出断言而不提供证据。经验论者经常取笑那种诉诸倾向来说明实际事件的做法。他们引用法国剧作家莫里哀的话来嘲笑关于鸦片为什么会让人睡觉的说明："鸦片有一种催眠的效力，一种让人睡觉的倾向。"除非我们能在鸦片样品中找到它的倾向"所基于"的一种非倾向，即鸦片总是表现出来的一种单独的可查明的特征，例如它的化学结构，否则倾向说明就会显得空洞无物。

因此经验论者指出，科学上可接受的倾向必须通过关于具有这些倾向的物体之构成的定律，以及关于产生这些倾向的事物之组分的可以用经验检验的定律来理解。例如，磁铁吸引铁屑的倾向只不过是它的铁原子排列成一种结构，使其电子有齐一的指向，这样电磁定律就产生了一个磁场。盐的溶解度取决于关于氯化钠的离子键以及极性分子（如水分子）对它们的影响的化学定律。没有关于物体组分如何产生其倾向的定律，就不存在倾向！

　　这些分析使定律成为基本的东西，使倾向成为关于具有倾向的事物之组分的定律。显然，卡特赖特的理论颠倒了这种概念依赖的顺序。事物所具有的倾向才是基本的。我们所认为的定律其实是一种简化，它忽略了一个事物所具有的所有其他无数倾向，以便足够近似地说明其行为。但实际上并不存在定律；或者在物理学中，也许有少数极为复杂的定律，它们考虑到物体先前的每一种倾向，从而决定了物体在空间和时间中的实际路径。但这种"定律"与科学家所关心的任何东西都如此不同，以至于我们可以出于任何科学目的或哲学目的而忽略它。此外，这样一种复杂的定律将从具有倾向与表现倾向之间的必然联系中继承其律则必然性：磁性使吸引铁屑成为必要。

　　以倾向换定律也许可以解决区分定律与偶然规律的问题，但并没有使科学哲学家免除解释必然性的责任。现在，它显示为倾向与显示倾向的条件之间的一种关系。一些科学哲学家和形而上学家准备接受这一点。和从逻辑实证主义对形而上学的禁锢中解放出来的其他哲学家一样，这些哲学家扩展了关于律则必然性的争论。

小　结

　　很难否认科学家在寻找自然定律，而且这些定律不同于在宇宙历史中只是暂时巧合成立的偶然规律。事实上，定律被认为不同于而且"强于"我们知道的在整个宇宙历史中可能成立的偶然规律。关于定律的这一事实，即它们似乎将其前件与后件必然地联系起来，需要加以说明。显然，这项任务并不是科学提出的，但要想理解为什么定律能够说明，就需要完成这项任务。

定律与偶然规律之间的区别反映于这样一个事实，即定律对于判定我们准备接受的那些反事实条件句为真，以及我们准备拒绝的那些反事实条件句为假，是必不可少的。但这种角色并不能说明定律与偶然规律之间的区别。支持反事实是科学哲学试图把握的区别的一个征兆。无论在科学中还是在日常生活中，支持反事实也是因果主张的一个标志。这暗示了自休谟以来的经验论者就已经声称的定律与因果关系之间的一种联系。当然，这种联系只是使物理必然性或因果必然性可能来自何处这个问题变得更加严重。

在本章，我们讨论了一些这样的说明，以及把这种区别解释过去，甚至是把科学家对定律的依附仅仅解释成一种启发性手段的一些尝试。但即使采用的方法似乎否认有定律存在，如何理解物理必然性或自然必然性的问题也是无法避免的。

事实上，关于定律本性的整个争论显示了科学哲学的问题在多大程度上重述了自柏拉图以来吸引哲学家的那些基本问题：关于定律的实在论可以追溯到柏拉图的对话，对它的否认则可以追溯到亚里士多德的名著《形而上学》。在局域性的特定事实当中，洛克和莱布尼茨等哲学家一直致力于寻求物体中的必然性，而贝克莱和休谟等哲学家则认为，物体本身当中不可能有任何这样的形而上学黏合剂。在后面各章中，我们将再次看到对科学的理解如何要求我们关注西方哲学中这些永恒的问题。

研究问题

1. 大多数自然定律的例子都来自物理学和化学。解释为什么会这样。

2. 根据本书，支持反事实条件句是律则必然性的一个征兆，而不是对它的说明的一部分。是否可以论证，支持反事实正是律则必然性的主要特征？

3. 我们每次看到剪刀剪裁或锤子锤击时，能够直接观察到因果关系吗？如果能，这能解决什么哲学问题？

4. 关于科学说明的本性，覆盖律进路和语用进路，哪一种观点可以免除定律具有律则必然性这一主张？

5. 很少有哲学家不是柏拉图主义者，许多"科学"哲学家都是柏拉图主义者。请解释原因。

6. 请为关于抽象对象的实在论提供一些论据。

7. 如果自然定律是凭借定义为真，那么它们为何具有必然性这个问题就很容易解决。为什么会这样？可以给出这样一个论证吗？

8. "自然定律""因果关系""反事实"，这些概念中哪一个更难理解？这对澄清定律和因果关系等概念的含义有什么意义吗？

9. 辩护或批评："律则必然性问题是逻辑实证主义试图避免的那种伪问题的一个很好的例子。他们这样做是对的，因为它无法解决，也无须为了任何科学目的而解决。"

阅读建议

Marc Lange, *Natural Laws in Scientific Practice* 简明而新颖地考察了定律的本性及其在所有科学中的作用。

W. Kneale, *Probability and Induction* 对定律的自然必然性提出了一种强大而富有影响的解释。

Nelson Goodman, *Fact, Fiction and Forecast* 第一次澄清了反事实条件句在理解定律的本性和功能方面的作用。J. L. Mackie, *Truth, Probability and Paradox* 是对这场争论的一项重要贡献。该书的重要一章 "The Logic of Conditionals" 载于 Balashov and Rosenberg 的选集。关于反事实逻辑的最有影响力的著作是 David Lewis, *Counterfactuals*。Marc Lange, *Laws and Lawmakers* 主张用一种虚拟事实的形而上学来说明定律对反事实的支持。

休谟在 *A Treatise of Human Nature* 的第一卷提出了他的因果关系理论,它在科学哲学中的影响是怎样强调都不为过的。T. L. Beauchamp and Alex Rosenberg, *Hume and the Problem of Causation* 阐述和捍卫了休谟的观点。J. L. Mackie, *The Cement of the Universe* 特别清晰地介绍了与因果关系、因果推理、定律和反事实有关的问题,并为一种经验论的但非休谟的观点辩护。

A. J. Ayer, "What Is a Law of Nature?",重印于 Curd and Cover 的选集,结合我们对关于自然定律的最佳猜测的处理方式讨论了自然必然性或律则必然性。

John Earman 对最佳系统的解释 "Laws of Nature" 收录于 Balashov and Rosenberg 的选集。这种观点在现代起源于 Frank

Ramsey 在 20 世纪 20 年代写的一篇论文，重印于他的论文集 *The Foundations of Mathematical Logic*。

实在论关于定律的看法始于 Fred Dretske, "Laws of Nature"，包括 D. M. Armstrong, "What Is a Law of Nature?"，重印于 Curd and Cover 的选集，以及 Lange 的选集。R. M. Tooley, *Causation: A Realist Approach* 提出了一种类似的因果关系理论。

William Lycan, *The Philosophy of Language* 令人信服地介绍了指称理论，它似乎为一些自然定律赋予了非常强的甚至是逻辑上的必然性。

南希·卡特赖特的观点始于 "Do the Laws of Physics State the Facts?"，重印于 Curd and Cover 的选集，在她的 *How the Laws of Physics Lie* 中则有进一步的发展。Chris Swoyer, "The Nature of Natural Laws"，和Brian Ellis, *Scientific Essentialism*，以及 Alexander Bird, "The Dispositionalist Conception of Laws"，将这一观点发展成一种对倾向的必然论处理，认为倾向提供了定律中的律则必然性，甚至是取而代之。

John Carroll, *Readings on Laws of Nature* 是最近的一本关于定律及其必然性的优秀选集。

第 5 章

因果关系、
不精确定律和统计概率

概　述

　　覆盖律模型使定律对于科学说明不可或缺。拒绝覆盖律模型的关于科学说明的语用解释承认，在许多情况下，定律的确能够说明。上一章在某种律则必然性或物理必然性中寻求定律的说明力，这种必然性似乎是定律与因果序列所共有的。

　　但很明显，许多说明，包括那些被认为是科学的说明，都会引用与物理学或化学的定律非常不同的定律，或者根本不引用定律。如果我们承认生物学、行为科学和社会科学以及历史学中的说明是科学说明，我们至少要对覆盖律模型进行限定，甚至放弃它。似乎没有足够多的定律来满足我们的说明需求，或至少没有足够多的定律像物理学的那些定律一样。而且我们已经看到，定律与因果都具有促成科学说明的那种自然必然性。这就使进一步探讨因果关系和因果说明变得迫在眉睫。也许因果关系在其他学科中所起的作用与严格的定律在物理学和化学中所起的作用相同？

对因果说明的考察清楚地表明，我们所认为的事件原因，几乎总是导致事件发生的众多条件中的一个罢了，它绝不保证事件会发生。这些因果说明常常依赖于甚至包括将原因与结果联系在一起的非严格定律。这些定律之所以是不严格的，是因为它们包含了"如果其他情况都相同"（ceteris paribus）这一条件。引用这些定律或原因的说明，无法满足逻辑实证主义的要求：给出的理由足以使我们预期，待说明项—事件会发生。如果我们不再要求一个好的说明可以充当预测，那么这也许不是问题。

但"如果其他情况都相同"的定律很难付诸经验检验，我们永远也无法确定"所有其他事物都相同"。除了这些有条件的定律，还有一些定律报告概率，它们有两种类型。一些统计概括（如第2章所考察的）反映了有限的知识，是严格定律的临时替代。另一些统计概括，如量子物理学的基本定律，则报告了不可消除的统计倾向。但这种非认识的概率倾向或能力对于经验论的科学哲学家来说是很难接受的，因为它们似乎并未建立在可以支持这些倾向的更基本事实的基础上。

因此，一些哲学家寻求一种比运用定律和致力于报告因果关系更深的科学说明的特征。他们认为说明的本性在于，不同现象在说明（尤其是对定律的说明）常常提供的演绎系统下统一起来。

这种进路也许可以回应对科学说明的一种传统抱怨，那就是认为科学说明只告诉我们事物是如何发生的，而没有说事物究竟为什么发生。提出这一观点的一些人坚持认为，对事物完整而最终的说明将以某种方式揭示宇宙的可理解性，或者表明，事物现在的存在方式就是它们唯一可能的存在方式。

历史上显示这种必然性的著名尝试，反映了一种与激发当代科学哲学的观点截然不同的关于科学知识本性的观点。

原因作为说明者

D-N 模型或覆盖律模型认为自然定律是科学说明力的来源。这个模型在科学内部的反例表明，我们需要把科学说明当作对问题的回答，而不是当作演绎论证。我们感兴趣的是科学说明，而不是其他种类的（非科学）说明。我们想知道是什么使它们成为科学的：用第 3 章引入的术语来说，我们寻求的是问题与其说明性回答之间的"相关关系"，这将使之区别于占星术的伪说明，以及历史或日常生活的非科学说明。

我们在第 3 章指出了逻辑实证主义者对因果性的一些疑虑。一旦那些理由开始显得比因果关系本身更成问题，科学哲学家就把注意力转向了因果关系。他们这样做有两个原因。首先，正如休谟在 18 世纪所注意到的，因果关系似乎是"宇宙的黏合剂"，即刻画现实的事件、状态和过程之间的基本关系。正如我们将在本章中看到的，20 世纪物理学特别是量子力学中出现的问题，似乎需要对因果关系有一种清晰的理解。其次，许多哲学家认为，直接关注因果性将能阐明说明的特征，尤其是在非物理科学中，而覆盖律模型则不能。

认为一个说明之所以科学，是因为它是因果的，这种说法在某种程度上可以追溯到亚里士多德，他区分了四种不同的原因。其中，自牛顿以来一直被科学认为具有说明力的原因是"动力因"的概念，即直接在先的事件引起、产生或导致了待说明项所描述的东西。物理学似乎并不需要亚里士多德所区分的其他种类的原因。这是因为物理学对机械论的明显承诺，即认为所有物理过程都可以用弹子球碰撞时的推拉来说明。生物学和人文科学显然要用到亚里士多德确认的第二种原因，即所谓的"目的"因，指事件发生的目的。例如，绿色植物使用叶绿素是为了催化产生淀粉，这似乎是一条生物学真理。我们将在下一章讨论目的因，特别是它们在生物学和人文科学中的作用。现在，我们将考虑一些与动力因概念有关的问题，如果要用因果关系来阐明科学说明，我们就需要处理这些问题。

这些问题中的第一个是在第4章确认的：解释因果关系的本性必须区分因果序列与纯粹的巧合。这个问题等同于面对定律与偶然概括的区分。我们很容易指出，和定律一样，因果陈述支持它们的反事实，因为它们表达了某种必然性，但我们绝不能误把因果必然性的征兆当作其根源。事实上，正是为了寻求因果必然性的来源，自18世纪的休谟以来的哲学家才将自然定律视为因果关系的基础。然而，正如我们所看到的，他们再次面临着同样的问题。也许我们应该重新思考因果关系的本性，将它与自然定律去耦？这种策略之所以很有吸引力，原因有很多，其中一个是，科学家（尤其是社会科学家和行为科学家）提供了因果说明，即使他们几乎没有发现什么定律能在说明力和预言可靠性方面与物理学和化学的定律相比。

动力因的第二个问题集中于因果说明在科学内外的实际特征上，它揭示了因果说明的语用维度、与定律的复杂关系，并且显示了实际满足D-N模型或对科学说明进行类似分析的困难。假定通过引用其原因即摩擦火柴来说明火柴被点燃，显然，摩擦并不足以点燃火柴。毕竟，如果火柴是湿的，或者有一股强风，或者没有氧气，或者火柴以前被擦着过，或者化学成分有缺陷，或者……，或者……，火柴就不会被点燃。这些限定有无数个。因此，如果摩擦是原因，那么原因最多只是其结果的必要条件。但与其他必要条件有关的所有其他限定，如氧气的存在、没有受潮、正确的化学成分等，也是如此。

那么，是什么东西使一个原因（而不仅仅是一个条件）能够说明呢？如果原因和条件都只是必要条件，那么在对"为什么待说明项会发生"这个问题的所有回答中，为什么原因才是"差异制造者"、触发者和因素呢？一些哲学家认为，正是研究的语境（context of inquiry）造成了这种区别：在一个通过摩擦火柴头来检验其硬度的真空室的语境下，使火柴被点燃的"差异制造者"不是摩擦，而是存在氧气（氧气不应存在于真空室中）。请注意，这种进路似乎使因果主张变得语用化或与兴趣相关。如果我们的目标是揭示世界上事件、状态和过程之间的关系，这种关系的成立不依赖于任何人的兴趣、研究和其他相关事实，那么这种识别差异制造者的方法是行不通的。如果我们进一步的目标是把说明建立在世界上客观因果关系的基础上，那么将原因相对化为说明兴趣和背景知识也是行不通的。

这里，我们也许会拒绝接受原因与仅仅必要的因果条件之间的形而上学区分甚至是科学区分，也许会对逻辑实证主义者完全回避因果性的动机开始悄悄产生一种同情，甚至可能认为原因其实是充分条件，严格的物理定律将使我们能用与日常生活的因果主张截然不同的方式来识别原因。一旦我们同意，没有定律的科学可以通过引用原因来提供科学说明，这些行动就不会有了。

近年来，社会科学中的一些哲学家和方法论家广泛讨论了这个问题的一种解决方案。詹姆斯·伍德沃德（James Woodward）提出了一种对因果关系的解释，来解决这个问题以及关于科学说明的其他一些谜团。根据伍德沃德的说法，如果对 C 的某种"干预"改变了或者会改变 E，C 就引起了 E。干预发生的一种方式是人为操纵。这并不是干预发生的唯一方式，但却是我们在日常生活中最熟悉的方式。严格说来，如果 C 的变化是由某种东西引起的，那么这种东西就是对 C 的干预，而只是由于 C 的变化才产生了 E 的变化。请注意，当 C 和 E 可以采用数值，即 C 和 E 是科学感兴趣的定量变量，而且通常接受对照实验时，这种进路才特别自然。事实上，伍德沃德的进路受到了实验科学家的兴趣和方法的启发。

关于干预如何识别原因的例子将会有所帮助：踩刹车踏板会使汽车减速，因为对刹车踏板或踩刹车的脚进行干预会导致汽车没有减速，因此刹车会使汽车减速；防止气压计指针下降不会导致干燥天气，因此气压计指针的上升并未实际使晴天持续。在这些例子中，干预显然决定了问题。伍德沃德的分析表明，在各种更为复杂的案例中，干预识别了原因（并且淘汰了推定的原因）。关于干预的这些"客观"事实使我们能够识别原因，从而证明引用这些干预的说明是合理的。即使我们不了解相关定律，甚至在没有定律的情况下，情况也是如此。通过对照实验，我们可以确定对 C 的哪些操纵或干预对于改变 E 是有效的，而不必去寻找、更不用说去发现关于 C 和 E 的任何定律。

事实上，伍德沃德的进路讨论了对覆盖律模型的许多反驳和反例，表明了为什么有时候真正的科学定律根本不能说明。对 D-N 说明的一个经典反驳解释了其中的原因。例如一个每天服用避孕药的男人。服用避孕药的人不会怀孕，这大概是一个定律。事实和定律合起来蕴涵着这个男人没有怀孕，但没有人会认为这构成了说明。如果通过干预可以识别原因，那就让这个男人停止服药。

由于怀孕没有发生，所以服用避孕药不可能是原因，因此没有说明它，即使它满足覆盖律模型的要求。

　　这种因果关系进路中对干预的诉诸有助于我们理解定律如何提供说明，但更重要的是，它们有助于我们理解为什么可以在不诉诸定律的情况下提供科学说明。最基本的普遍定律描述了在所有干预下不变的因果关系。任何干预都不会改变引力随距离减小的速率。我们无法阻止光速成为一切事物传播的最大速度。但如果一个规律在足够广泛的干预下保持不变，那它即使不是一个定律，也可以具有说明力。例如，知更鸟的蛋是蓝色的这一事实，加上观察到一个蛋是由知更鸟生的，将会说明为什么那个特定的蛋是蓝色的，尽管没有定律规定所有知更鸟的蛋都是蓝色的。这之所以不是定律，一个原因是，某些"干预"可能会证伪它，比如出现了一种专吃蓝色的蛋的新的捕食者：在这种情况下，自然选择可能最终导致知更鸟的蛋不再是蓝色的。但我们可以将这种特定的干预合理地排除在饮食或气候等干预之外，现在，这些干预关乎蛋由知更鸟所下能否因果地说明其蛋的颜色。

　　对因果关系和没有定律的说明的解释引出了一些宽泛的问题，这种解释利用了导致变量值变化的干预概念：第一个问题是，如果不事先承认反事实条件句的真理性，那么干预的概念显然是无法理解的。这对于人的操纵所无法产生的干预尤其明显。要想确定一个变化究竟是人为干预不可行的干预，还是人为干预可行但未被引入的干预，需要确定倘若这个变化没有发生会出现什么情况。这当然意味着，对因果关系的干预主义分析已经预设了那种以支持反事实为征兆的因果必然性。

　　第二个问题更为宽泛，是对第一个问题的推广。伍德沃德对因果关系的干预解释本身就浸透着因果概念。例如，对 C 的干预只有在它不直接引起 E 的变化时才会带来 E 的变化。因此，该理论并非通常所说的还原分析。对因果关系的还原分析是为"C 引起 E"形式的陈述的真理性提供充分必要条件的分析，而且所提供的每一个条件都可以在不理解因果关系本身是什么的情况下来理解。休谟对因果关系的分析是还原性的：根据休谟的说法，因果关系在于时空临接性（或接触）、时间上的在先性和恒常连接。我们可以抱怨非还原分析是循环的，或者未能解决首先需要分析的问题，或者完全无法阐明相关概念。伍德沃德在对因果关系做出干预主义解释时承认他的分析不是还原性的，但坚称它为因果主张如何建立在科学的基础上、因果概念如何相互关联、科学说明如何进行，提供了一种重要的理解。

第三个问题是，一些局域规律并非在每一次干预中都保持不变，为什么它们仍然可以提供说明。对于这个事实，覆盖律模型的支持者会解释说，局域规律本身是由一个在局域条件下起作用的不变的一般定律来说明的，该定律产生局域不变的规律：例如，大陆的水流分布可以用地质学中的板块构造规律来说明。然而，这些规律仅仅是数亿年来在地球条件下运作的更基本的自然定律的结果。如果这是正确的，那么用因果不变量和具有有限不变性的局域规则来说明就会有说明力，因为它们暗中诉诸了我们只知道存在于物理学和化学中的那种完全不变的严格定律。对于希望为社会科学和行为科学中的说明（即使它们并未引用任何定律）辩护的任何说明理论来说，这一结果都是不幸的。但这无疑是像伍德沃德那样的理论的主要目标之一。这一挑战使直接考察以下问题变得重要：在大多数生命科学以及社会科学和行为科学中出现的那种局域的、有限的规律是否具有定律的资格。这不仅仅是我们是否应该称之为定律这样一个有关敬语的问题，而是尽管它们有例外、限定、统计形式以及无法做经验检验，它们是否有说明力的问题。我们将在下一章回到这个问题。与此同时，我们对于因果关系能否为说明提供根据的探讨又使我们回到了关于定律的进一步问题。

"如果其他情况都相同"的定律

如果原因是差异制造者，即特殊类型的必要条件，那么引用原因本身当然不能为期待其结果提供良好的理由。如果我们知道结果已经发生，就像在大多数说明的情况下一样，那么这不是问题。但我们在进行预测时，当然不知道这一点。此外，如果我们寻求一种完整的说明（假设存在这样的东西），或者这种说明能使我们重现在实验或某种技术应用中需要加以说明的事件，那么仅仅知道曾经的差异制造者是什么也许是不够的。我们也想知道正面条件和负面条件，它们和原因一起才能产生结果。我们不仅需要知道必要条件，还需要知道充分条件。

现在我们可以看到，为什么实证主义倾向于把定律而非原因当作说明的工具。一条形如"所有 A 都是 B"，或"每当 A 发生，B 就发生"，或"如果 A，那么 B"的定律满足良好理由的条件，因为其前件（A）是其后件（B）的充分条件。然而，如果定律提到了其后件的充分条件，而且支持因果序列（就像大多数科学哲学家所认为的那样），那么这些前件将不得不包括与原因共同引起其结果的所有必要条件。例如，一条关于擦火柴之后跟着火柴点燃的定律将不得不包括一些条款，除了提到擦火柴的动作以外，还要提到对于火柴的点燃来说单个看必要、合起来充分的所有条件。如果这些条件的数目是无限大，那么定律就做不到这一点，至少如果这个定律可以用一个有限长度的句子来表达，那它就做不到这一点。这意味着要么不存在关于擦火柴和火柴点燃的定律，要么如果存在，则它的前件应包括某种总括性的"如果其他情况都相同"条款来覆盖所有未陈述的甚至想象不到的必要条件，这样才能使前件对于火柴点燃是充分的。

当然，不存在关于擦火柴和火柴点燃的定律。毋宁说，将擦火柴和火柴点燃联系起来的定律是各种各样的，数量众多，那些仍然通过擦火柴对火柴点燃做出因果说明的人对此基本上一无所知。事实上，在日常事务和非物理科学中，几乎所有说明都是如此，在这些科学中，定律可能还没有被发现，或者可能根本没有物理学中的那种定律。不引用这些定律的说明将无法满足实证主义的要求，即它使我们有充分的理由认为待说明项实际发生了。它至多是实证主义者过去常说的"说明草图"。即使在那些声称揭示了定律的非物理科学中，说明也无法满足 D-N 模型中的实证主义要求。因为在这些科学中，定律几乎都会包含隐式或显式的"如果其他情况都相同"条款。它们将具有这样的形式："如果其他情况都相同，如果 A，那么 B"，或者"如果其他情况都相同，每当 A，那么 B"。这些定律并未陈述其后件的充分条件，所以不能保证其后件成立，从而没有达到实证主义者所规定的科学说明的充分条件。当然，我们也许不接受这种充分条件，但"如果其他情况都相同"的定律也有其自身的困难。正如我们将会看到的，这样的定律很难检验，因为每当它们似乎被否证时，它们的"如果其他情况都相同"条款都会为之辩解。这些困难甚至可能影响物理定律。

回想一下南希·卡特赖特在上一章的观点，即使是牛顿定律也包含着隐式的"如果其他情况都相同"条款。例如，引力的平方反比律告诉我们，两个物体之间的引力与其距离的平方成反比。但我们还需要补充一个"如果其他情况都相同"的条款，以排除静电力或磁力的存在。卡特赖特试图用这个论证来表明自然之中没有严格的定律，而只有倾向。另一些哲学家认为，即使卡特赖特关于牛顿定律的观点是正确的，这也表明它们根本不是定律，而只是事后被证明错误的假说。取代它们的定律，例如广义相对论的定律，或亚原子粒子的标准模型，实际上是严格的定律，为其结果规定了充分条件。

即使卡特赖特是正确的，基本的物理力也只有很少几种，所以在基本物理学中，对受"如果其他情况都相同"条款限定的定律进行检验的问题是可以处理的。然而，当我们需要保持恒定的条件数量大大增加时，比如生物学的概括（知更鸟的蛋是蓝色的），或者出现在经济学中的那些条件（"如果其他情况都相同"，供应增加之后价格下降），情况又如何呢？一些哲学家认为，每一门非物理科学都有自己"专有"的"如果其他情况都相同"定律，这些定律在其预定的领域中是说明性的。哲学家们常常仿照杰瑞·福多（Jerry Fodor），把具有自己专有的"如果其他情况都相同"定律的科学称为"特殊科学"。（我们将在下一章详细讨论这些定律。）

特殊科学的专有定律将与伍德沃德的因果关系进路中具有有限不变性的说明性规律大致相同。它们要么是"如果其他情况都相同"的定律，要么会暗中诉诸"如果其他情况都相同"的定律。但这种不严格的定律给科学哲学，特别是给区分科学说明与非科学或伪科学说明带来了问题。随着需要保持恒定的可能的介入因素的增多，定律的可检验性降低了，这使任何人都很容易声称发现了一条科学定律。这反过来又可能使因果说明变得平凡。如果我们在说明中实际引用的大多数定律都带有或隐或显的"如果其他情况都相同"条款，那么检验这些定律就需要确定其他情况的确是相同的。

但是，对于无穷无尽的条件和限定，这样做显然是不可能的。这就意味着，很难在具有无穷多"如果其他情况都相同"条款的真实定律与没有真实律则力的伪定律之间找到本质差别，后者包括伪装的定义、占星术原理、金字塔能（pyramid power）或水晶魔法等新纪元玄秘理论（New Age occult theories）。"如果其他情况都相同"条款的存在也可以使后面这些"定律"免受明显的否证。"所有处女座的人都很幸福，如果其他情况都相同"不能被一个生于八月中旬的不幸的人所否证，因为我们无法确定除了这个人的不幸以外，其他情况都相同。这种对否证的免疫以及单凭主观愿望的想法解释了占星术为何经久不衰。

我们将在后面一章详细讨论定律的可检验性，但这个问题会帮助我们理解科学是如何说明的。特别是，当我们从诉诸原因转向诉诸定律时，我们避免了一个问题，即因果判断的相对性，代价是不得不面对另一个问题，即需要处理"如果其他情况都相同"条款。这个问题由于一场关于科学中是否存在严格定律，即不带"如果其他情况都相同"条款的没有例外的一般真理的当代争论而变得更加紧迫。例如，如果引力的平方反比律包含一个附带条件，可以说明在高电荷但质量很小的情况下由库仑定律的作用所导致的反例，那么科学中唯一不带"如果其他情况都相同"条款的定律，也许就是广义相对论、量子力学或者只有在超弦理论中才能找到的最基本的定律了。

统计定律和概率原因

在生物科学和社会科学中，我们看到的不是严格的定律和"如果其他情况都相同"的定律，而是概率陈述或统计规律以及诉诸它们的说明。在第 3 章，我们遇到了这些说明给 D-N 模型造成的一些问题。由于许多统计概括似乎是说明性的，所以出现了这样的问题：这些陈述是不是对严格定律的近似，在何种条件下可以认为它们表示了说明特定现象的因果关系，特别是，它们表示的概率究竟是什么。

医学语境下的说明所采用的流行病学关系通常以统计形式报告出来，但被用来表示因果关系，或至少被当作因果说明的依据。例如，人们普遍认为吸烟导致肺癌，因为吸烟与患肺癌的概率增加 12 倍相联系。因此我们接受对某位吸烟者患肺癌的说明，即使这可能仅仅将他患肺癌的统计概率从 0.013 提高到 0.17。

但我们非常清楚，统计相关性本身并不能保证或反映因果关联。我们还需要什么，才能从统计关联转向因果关系？除了这个问题，还有一个同样严重的问题。我们需要理解在因果过程中起作用的概率的本性。要想看清楚这个问题，考虑另一种在物理学中很重要的统计主张：描述事件如何引起概率的变化。例如，一个电子通过探测器 X，将使另一个电子通过探测器 Y 的概率增加 50%。

这两种概率性因果主张是截然不同的。一个在某种程度上是关于我们知识的陈述；另一个则是即使我们已经了解了关于电子的所有知识，它也被认为是正确的。在我们对因果性的理解中，每一个都会导致不同的问题。

当吸烟者患癌症的概率为 0.17，而不吸烟者患癌症的概率为 0.013 时，说吸烟会致癌有两个问题。一些吸烟者从不患肺癌，而一些肺癌患者从不吸烟。我们如何将这些事实与吸烟导致肺癌概率增加这一主张的真理性调和起来呢？一些肺癌患者从不吸烟，这一事实并不是一个严重的方法论问题。毕竟，同样类型的两个结果可能有完全不同的原因：一根火柴被点燃可能因为被摩擦，或者因为碰到了另一根正在燃烧的火柴，或者因为被加热到纸的燃点。第一个事实，即一些吸烟者没有患肺癌，与吸烟致癌的说法很难调和。大多数吸烟者根本不会患肺癌。即使不要求用恒常连接来说明因果关系，我们也需要将这一事实与吸烟确实导致肺癌这一因果主张相调和。显然，还需要补充其他因果性的必要条件。

那么，是什么使吸烟成为证明我们的因果说明和所有禁烟政策为正当的差异制造者呢？哲学家提出的一个建议是这样的：当且仅当在我们所知的所有不同背景条件（遗传、饮食、锻炼、空气污染等）下，吸烟与肺癌的发病率低于平均发病率之间没有相关性，并且在一个或多个这样的背景条件中，吸烟与肺癌发病率较高相关时，才可以说吸烟致癌。

请注意，这种分析使因果主张成了相对于我们对背景条件的了解的东西。就我们寻求的因果关系概念能够反映事件、状态和过程之间的关系，这种关系独立于我们和我们对它的理论而言，这种分析是不令人满意的。但我们难道不能用"所有背景条件"来代替"我们所知道的背景条件"吗？这将消除对我们和我们知识的提及。不幸的是，这也可能消除我们正试图理解的概率。因为"所有背景条件"意指每一位吸烟者详细而具体的与原因相关的情况。当我们把这些背景条件细化到每一位个体时，个体患癌的概率将成为 0 或 1。如果将吸烟及具体背景条件与癌症联系起来的潜在因果机制是决定论的，反映的是严格的定律而不是概率，那么我们概率性的原因将会消失。基于概率的因果陈述反映了我们可获得的信息，这一事实对于 D-N 模型或任何将科学说明视为独立于我们信念的各个陈述之间关系的模型来说都是一个问题。如上文所述，对科学说明的语用解释需要补充一些条件，表明何种统计数据信息能使一个说明成为科学说明。我们不能接受关于科学说明的这样一种分析，它使任何人对一个说明性问题的回答都是科学相关的。挑战在于确认进一步的认识条件，即统计规律需要满足哪些要求，才能提供因果说明或任何其他种类的科学说明。

与似乎反映我们知识局限性的概率性因果主张相反，存在着这样一些概率，它们的值被世界上的事件提高和降低，完全独立于任何人的知识，哲学家称之为"客观概率"。这些概率的存在以及引起它们的事件是物理学基本定律的结果。这些似乎明显没有例外的定律具有不可根除的概率性。

也许我们最熟悉的是热力学第二定律，它告诉我们，在任何封闭系统中，熵都可能增加。还有像"U^{235} 的半衰期是 6.5×10^9 年"这样的定律，它意味着任何 U^{235} 原子在 6.5×10^9 年后衰变为铅原子的概率是 0.5。这类定律不能取代我们的无知，也不能通过改进到严格的非概率性定律而被取代。量子力学告诉我们，在现象的基本层次上运作的基本定律仅仅是纯粹的概率陈述，任何进一步的科学发现都不能减少或消除这些定律，转而支持决定论的严格定律。关于铀半衰期的定律将铀原子衰变的"客观概率"归因于铀原子。由一定数量的电子、质子和中子组成的铀原子在下一分钟内有一定的衰变概率。这个概率是恒定不变的，对于每个铀原子都是一样的，两个铀原子之间没有任何区别，其中一个在下一分钟衰变，另一个不衰变。衰变的客观概率是以一定速率衰变的一种定量的可测量的趋势、倾向、概率倾向。但这些定律中的客观概率又引出了因果关系的另一个困难。量子力学的因果概率乃是某些亚原子排列产生某些结果的"趋势"、"倾向"或"能力"。

这些概率能力对于一些科学家和许多哲学家来说是件麻烦事。这是因为，正如我们在第4章所指出的，许多哲学家认为，只有用进一步的更基本的非倾向加以说明，才能真正理解倾向。要想看清楚他们为何这样想，可以考虑一种非概率的倾向，比如易碎性。

玻璃是易碎的，当且仅当用足够大的力撞击时它会破碎。但请注意，这是一个反事实的陈述，仅当有一条定律支持它时，它才会被接受——这条定律报告了玻璃易碎与被撞击时破碎之间的一种因果关系。这条关于易碎物体的定律之所以成立，是因为玻璃的分子结构与它被撞击时会破碎之间存在一种因果关系。所有（正常）玻璃都是易碎的，但许多玻璃从不破碎。它们的易碎性在于它们具有支持反事实的定律所报告的分子结构。一般来说，将一种倾向或能力归于某物，相当于假设该物的某些非倾向性的结构性质与其行为之间存在一种因果关系。易碎是指物体即使没有被撞击或粉碎也始终具有的某种结构。下面是另一个例子：说一块金属具有磁性，是指它能吸引铁屑；它之所以是磁体，是因为晶格中的原子排列以及这些原子中电子的定向。但即使磁体未对附近的任何物体施加磁力，这种排列也存在于磁体中。

将这一结果应用于热力学和量子力学所报告的概率倾向是有问题的。自从热力学第二定律在19世纪被首次提出以来，物理学家和哲学家一直试图将该定律中报告的关于可能熵增的概率建立在关于运动物质的更基本的非倾向性和非概率性的事实上。这种尝试符合那种经验论的信念，即必须把倾向建立在当前的、明显的实际结构上。到目前为止，他们尚未取得成功。

为量子物理学中的倾向提供基础要更加困难。由于这些概率是倾向，而且是物理学所报告的最基本的"基础"性质，所以不可能有更基本的结构性质为这些概率提供因果基础。因此，它们是微观物理系统概率性地表现出来的"自由浮动"能力，但在没有表现出来时，这种能力也依然存在，而没有任何实际的因果基础。比较一下易碎性或磁性：如果背后没有某种实际的性质作为基础，比如分子构成，或晶格中外层电子的定向，这些潜能还能存在于玻璃或铁块中吗？不能。如果没有这样一个"基础"，我们就很难把概率倾向理解成具有因果基础的倾向或能力。我们无法确定与其结果，即它们引起的量子效应发生的频率迥异的它们本身的存在。这些纯粹的概率倾向与科学用来说明结果的其他倾向性原因大不相同。与易碎性、磁性或科学研究的任何其他倾向不同，量子概率倾向超出了不依赖于其特定结果的（直接或间接的）经验探测的范围。它们具有因果必然性或律则必然性概念在形而上学上的一切神秘性，因为量子力学的客观概率支持反事实并且提供说明，如果在物理上不是必然的，这两者都无法做到。

说明作为统一

我们已经探讨了试图把科学说明建立在因果关系概念之上的人必须解决的一些问题。现在也许更容易理解，为什么许多哲学家（不仅仅是逻辑实证主义者）希望找到一种对科学说明本性的分析，从而不必面对像因果性或定律的本性这样棘手的问题。

也许有必要改变一下思路，不再对因果说明进行分析以及援引定律进行说明，而是提出一个更基本的问题：什么是科学理解？如果有了这个问题的答案，也许会帮助我们确认，是什么东西使因果说明和律则说明能够表达科学理解。对于我们在提供科学说明时寻求什么样的理解这个问题，一种回答至少可以追溯到阿尔伯特·爱因斯坦的见解，根据这一见解，科学理论应当"旨在与感觉经验的整体完全协调"，以及"尽可能地减少逻辑上独立的要素（基本概念和公理）"。对"减少"的要求变成了对统一的寻求。

　　根据这种进路，科学说明之所以能够表达理解，是因为它能实施统一，从而减少我们为了做出说明所需的信念数量。两个关键想法是：第一，科学说明应当反映如何由更一般的东西导出更具体的东西，从而使我们所需的基本信念数量尽可能少。第二，我们所秉持的基本信念数量受制于将经验系统化的需要。统一是科学说明的目标，因为根据这种观点，人对世界的理解会随着我们需要的独立说明项的减少而增加。因此，在说明一般现象时，使说明成为科学说明的是，现象被证明是一个或多个一般过程的特例；在说明特定事件、状态和条件时，使说明成为科学说明的是，说明项广泛适用于其他待说明项，而且通过显示说明项本身是其他更一般的说明项的特例，使说明项与其他信念统一起来。菲利普·基切尔（Philip Kitcher）是这种科学说明观的主要倡导者之一，他认为对统一的要求使逻辑演绎成为科学说明的一个特别重要的特征。事实上，这正是统一的本性之所在。（我们将在第 7 章考察理论的本性时，回到演绎在说明中的作用。）基切尔还要求实施统一的命题能够通过严格的经验检验。统一的这两个条件表明，这种进路仍然与 D-N 说明模型有一些重要的相似性。它们反映了关于律则必然性之本性的最佳系统观点背后的那种思考。这些共同特征是它的优点，但它声称比亨普尔关于恰当性的一般标准（即说明项为预期待说明项提供了良好的理由）更深入，触及了科学说明背后的某种特征。

统一的确似乎有助于理解。但我们要问问为什么？假定两者对证据即数据、观察、经验等的解释同样好，那么是什么东西使一套更简洁的关于自然的信念好于一套不那么简洁的信念呢？一种可能的回答是，宇宙是简单的，产生所有现象的背后的因果过程数量很小。在这种情况下，寻求统一将会归结为寻求原因以及将原因与结果联系起来的严格定律。如果像经验论者长期坚持的那样，因果关系是越来越普遍的定律，如果宇宙反映了一种由更为基本和派生的因果序列组成的等级结构，那么实施统一的说明也将揭示世界的因果和律则结构。当它做到这一点时，它将需要解决我们关于原因和定律如何说明的问题。它不会回避这些问题。

现在假定，宇宙的因果结构永远隐藏在我们背后，因为它太复杂或太亚微观，或者因为因果力的作用快到我们无法测量，或强到我们无法分辨。然后进一步假定，我们仍然可以实现信念统一，使我们能够系统整理我们的经验，使预测和控制足以满足我们所有实际目的的精确度。在这种情况下，尽管统一有其实际回报，但它并不能增进对世界运作方式的理解，或者只能在一定限度内做到这一点。

统一的倡导者也许有一种更具哲学倾向的论证来区分统一与因果关系，并且更偏爱统一。他们和其他科学哲学家一道认为，除了观察，世界的因果结构是不可知的，因此不再是关于说明是否恰当的相关认识标准。他们还可能更激进地认为（就像基切尔所做的那样），因果关系就在于说明，或者因果关系和说明一样也依赖于统一。因此，统一是科学理解所能达到的全部目标。我们将在后面（第 7 章）讨论理论的本性时再回到这些议题。

小　结

　　如果原因可以说明，那么它们必须与其他条件不同。和原因一样，这些条件必须存在，以产生所要说明的结果。如果我们希望用因果关系来阐明说明，那么如何独立于对说明的分析来区分原因和条件，是必须解决的问题。

　　"如果其他情况都相同"的定律在说明中似乎起作用的方式表明，这是可以做到的，尽管没有表明如何做到。此外，这些在社会科学和行为科学中广泛存在的定律很难检验，也很容易捍卫。这在某种程度上剥夺了它们的说明力。

　　统计规律常常会取代这些"如果其他情况都相同"的定律，而且似乎是对它们的改进，至少在可检验性上是如此。然而，由于它们依赖于并且反映了我们并不知晓影响待说明结果的所有因果因素，它们同样显得只具有弱说明力。相比之下，基础物理学的概率性因果关系则具有严格定律所能提供的所有效力，但也引出了物理定律已经面临的一些极为严重的形而上学问题，现在是以新的方式出现。

　　因果律则说明的这些问题已经向一些哲学家暗示，必定有一个更基本的特征是所有说明共有的，使之能够增进理解。这种观点的一个版本是主张科学说明通过统一起作用，统一减少了我们必须拥有的关于世界的基本信念的数量，从而使我们能够尽可能地统一表面上截然不同的现象。在接下来的各章，这种观点将以若干种方式继续起作用。

研究问题

1. 正如一些哲学家所指出的，如果所有定律都有"如果其他情况都相同"的条款，那么这种限制对于说明和预测有何含义呢？

2. 不精确的"如果其他情况都相同"定律和精确的统计规律，哪一种具有更大的说明力？

3. 为什么经验论者很难接受量子力学概率是关于世界的不可说明的基本事实？

4. D-N 模型与认为科学说明是统一不同的现象有何不同？

5. 为什么要确定对于社会科学的方法至关重要的"如果其他情况都相同"条款的意义和重要性？

6. 科学是否应当致力于减少或消除统计概率在其说明和理论中的作用？

阅读建议

亚里士多德在《物理学》中提出了他的四因说。"如果其他情况都相同"条款的问题在亨普尔晚年的一篇文章 "Provisos," reprinted in A. Grunbaum and W. Salmon, *The Limitations of Deductivism* 中得到了富有洞见的讨论。Nancy Cartwright, *How the Laws of Physics Lie* 是论证所有定律都带有"如果其他情况都相同"条款的经典文献。一个出色的讨论是 Marc Lange, "Who's Afraid of Ceteris-Paribus Laws?", 重印于他的选集。John Earman 和 John Robert 认为"不存在附带条件的问题"。

最近关于因果关系和因果说明的重要著作有 James Woodward, *Making Things Happen*，和 C. Glymour, P. Spirtes, and R. Scheines, *Causation, Prediction, and Search*，以及 Michael Strevens, *Depth*。这些书深受 Judea Pearl 著作的影响，包括 *Causality: Models, Reasoning, and Inference*，以及 *The Book of Why: The New Science of Cause and Effect*（与 Dana Mackenzie 合著）。

J. L. Mackie, *Truth, Probability, and Paradox: Studies in Philosophical Logic* 包括两篇从经验论角度讨论概率陈述的意义和倾向问题的非常清晰的文章。

Kitcher 在 "Explanatory Unification and the Causal Structure of the World" 中阐述了他对说明作为统一的解释，载于 Balashov and Rosenberg 的选集。关于这一观点的最初阐述可见于 W. Salmon and P. Kitcher, *Scientific Explanation*，以及 Pitt, *Theories of Explanation* 中的一篇论文。这部选集还包含了 M. Friedman 的一篇论文，他独立提出了同一观点。W. Salmon 对统一解释的批评和对一种因果说明观的辩护可见于 "Scientific Explanation, Causation, and Unification"，重印于 Balashov and Rosenberg 的选集。

长期以来，Salmon 一直特别关注统计说明，他的 *Scientific Explanation and the Causal Structure of the World* 讨论了这个问题和其他主题。Salmon 自己的观点在 "Scientific Explanation, Causation, and Unification" 中得到了阐述，Kitcher, "Explanatory Unification and the Causal Structure of the World" 中为说明作为统一做了辩护，这两篇论文均重印于 Balashov and Rosenberg 的选集。

第 6 章

生物学和"特殊科学"中的定律与说明

概　述

　　除了因果关系和统一，人们还从科学说明中寻求更多的东西：目的和可理解性。人的行为和生物过程都是通过引用它们的目的或目标来说明的（人们工作是为了赚钱，心跳是为了血液循环）。一方面，这些说明似乎并不是因果的；毕竟在这些情况下，说明项（目的或目标）是在待说明项（实现目标的手段）之后获得的。另一方面，生物学和人文科学中有目的的说明似乎比物理学中的说明更令人满意。此外，物理科学已经排除了未来因果关系，即使常识一直认为这是可能的。因此，这些"目的论"（目标导向的）说明能否以及如何与因果说明相协调，仍然有待解决。

　　与因果说明相反，目的论诠释性说明的吸引力使我们面对一种据说是一般科学所面对的挑战：它只说明了事物的"如何"（how），而从未真正说明它们"为何"（why）发生。这种传统抱怨是，科学说明并不能真正告诉我们事物为何发生，与这种抱怨相伴随的是，期待完整而最终地说明事物将以某种方式揭示宇宙的可理解性，或者表明事物的现状是它们唯一可能的存在方式。表明这种必然性的历史上著名的尝试反映了一种对科学知识本性的看法，它与激励当代科学哲学的看法截然不同。

对原因说明的不满

无论科学说明是因果的、统一的、律则的、统计的、演绎的、归纳的，还是其任意组合，一个问题仍然是，科学说明如何以及是否真正表达了那种能让我们感到满意的理解。一个由来已久的观点认为，科学说明是有限的，最终并不让人满意，因为它未能触及事物的根本。有时候，这种观点表现为这样一个论点，即科学说明只揭示了事物是"如何"发生的，而没有揭示事物"为何"发生。比如认为，关于待说明项－事件，D-N 模型告诉我们的仅仅是，它之所以发生是因为这样一个事件在某些条件下总是发生，而且这些条件得到了满足。然而，当我们想知道某件事情"为何"会发生时，我们通常知道它已经发生，甚至可能知道这类事件在某些情况下总是发生。我们希望对它产生的原因有更深入的了解。

当这种对科学说明的不满被表达出来时，应当寻求什么样的说明呢？对于说明的这些更深层次的需要所寻求的对事物的解释能够表明，事物（以及整个自然）是"可理解的"，即是有意义的，是加起来等于某种东西的，而不是仅仅显示了一个该死事物接着另一个该死事物的模式。传统上，似乎有两种说明旨在满足这种需要，即试图达到比物理学和化学所提供的推拉式（push-pull）"动力因"说明更深入的理解。

　　有时所需的说明将会表明，所发生的事情不得不在一种很强的意义上发生——它的发生是必然的，不仅在物理上是如此，而且也是理性可理解的或逻辑的。这样一种说明将会揭示为什么事情不可能以其他方式发生。例如，它可能表明自然定律对于世界并非偶然为真，而是必然为真——世界只有一种可能的存在方式。根据这种观点，引力作为一种逻辑必然性，不可能随着物体之间距离的立方而不是平方而变化，铜在室温下逻辑上只能是固体，光速不可能比现在高出 100 英里（约合 160 千米）每小时，等等。正如第 1 章所指出的，这种科学观念可以追溯到 18 世纪的唯理论哲学家莱布尼茨和康德，他们致力于表明当时最基本的科学理论不仅为真，而且必然为真，从而提供了可能的最完备的认识形式。

　　还有第二种说明策略，试图回应因果说明为什么不令人满意。它可以追溯到比 18 世纪哲学家早得多的亚里士多德，他清楚地确认了那种相关的说明策略。这就是"目的因"说明，它在生物学、社会科学和行为科学、历史和日常生活中似乎很常见。在这些语境中，描述和说明是通过确认某事发生的目标或目的来进行的。例如，绿色植物有叶绿素是为了产生淀粉，恺撒渡过卢比孔河是为了表明他对罗马元老院的蔑视，中央银行提高利率是为了抑制通货膨胀。在每一种情况下，说明都是通过确认待说明项-事件、状态或过程所"指向"的结果来进行的。这些说明被称为"目的论的"（teleological），该词来自希腊语 telos，意思是目的、目标。这种说明形式有某种非常自然和令人满意的地方。由于它似乎满足了我们质朴的说明兴趣，可以认为它是所有说明的模型。如果非目的的说明无法提供同样令人满意的说明，则它们有时会被视为不完备的或不恰当的。它们没有给出目的因、有目的的说明所给出的那种"为什么"。

以上第一种说明表明为什么发生的事情不得不逻辑必然地发生，第二种说明是目的论说明，它们的吸引力乃是基于大多数哲学家拒绝接受的极富争议的哲学论点。如果这两种说明都建立在可疑的假设之上，那么事实将会表明，尽管人们觉得"动力因"说明还不够，但它仍将是最好的科学，或能够缓解说明好奇心的任何其他智识努力。

目的论说明似乎是用结果来说明原因。例如，心脏的跳动（结果）说明了血液循环（原因）。自牛顿时代以来，哲学家和物理学家一直怀疑这种说明。用17世纪哲学家斯宾诺莎的话说，它们"颠倒了自然的顺序"，使后来的事件（结果）说明了先前的事件（原因）。目的论引出的问题是多方面的和明显的。既然未来的事件尚不存在，那它们就不能为产生更早的事件负责。物理学不允许因果力（或任何其他与此相关的东西）在时间上倒着走。这种禁令在狭义相对论中根深蒂固，它禁止因果过程以比光速更快的速度传播。任何从未来到过去的过程都必定比这快得多！此外，有时用来说明其原因的目标永远无法实现：即使没有二氧化碳阻止绿色植物利用叶绿素来生产淀粉，生产淀粉也说明了叶绿素的存在。大多数形而上学理论都不允许不存在的事件、状态和过程产生实际存在的事件、状态和过程。因此，物理理论和形而上学协力使未来的目的难以产生过去的事件、状态和过程，这些事件、状态和过程是实现未来目的的手段，从而说明这些目的。

将目的论排除在物理过程之外引出了三种可能性：第一，如果物理学不允许"目的因"，那就不存在"目的因"，生物学和人文科学中的那些"目的因"只不过是虚幻的伪说明罢了。第二，生物过程以及其他明显的目的论过程与物理过程有根本不同。第三，尽管出现了目的论过程，但当我们理解目的论过程如何运作时，目的论过程与动力因过程并无太大区别。根据第三种可能性，一旦理解目的论过程是如何运作的，我们就会发现，它们只不过是复杂的因果过程罢了。这将把显式的目的论说明变成隐式的因果律则说明，与物理学所接受和使用的那些说明并没有什么不同。

前两种可能性在哲学上是有争议的：似乎很难否认自然中的某些事物（至少我们）有目的。至少可以说，当物理学已经把目的排除在外时，允许生物学有目的，这是神秘的。因此，第三种可能性是值得探索的。事实果真会表明，似乎诉诸目的的说明就是物理学使用的那种普通的因果说明吗？

"特殊科学" 中的专有定律

对日常生活、历史、传记和人类事务中人的行为的说明似乎是目的论的。它们是通过确认人们的目标、目的和计划来进行的，然后通过表明行动是实现这些目的的手段来说明这些行动。由于这些说明似乎引用了未来的目的来说明更早发生的事件，特别是人的行为，这些事件是达到这些目的的手段，一些哲学家认为，日常生活、历史和人文科学中的说明根本不是因果的。它们只是为了使人的事件 "可理解"。它们是 "诠释性的"，根据所要实现的结果来重新描述事件，从而说明事件。如果这正确地解释了人文科学中说明的本性，那么它们的说明策略将与自然科学中完全不同。将引用原因的说明与赋予可理解性的说明进行对比是一个广泛采用的论证的一部分，该论证旨在使社会科学和历史免于遵守自然科学共同的方法论规则。

尽管有这样的现象，许多科学哲学家都认为，这些说明其实根本不是目的论的，通过赋予人类事务某种特殊的可理解性，它们仍然是因果说明。只不过这些因果说明将欲望和信念看成产生它们所解释的那些行为的原因罢了。这些说明只不过看起来是目的论的，因为愿望和信念关乎未来的状态或事件，并且是根据它们来确认的。例如，我周一买了一张周五从伦敦到巴黎的火车票，可以通过我周一有了周五去巴黎的愿望来说明。这里不存在未来的因果关系，尽管有对先前原因的描述，即周一感到的产生其未来结果（我周五去巴黎）的愿望。

如果这些说明是因果的，那么许多哲学家会认为，必定有某种定律或规律将愿望和信念（作为原因）与它们的作用（作为结果）联系起来。不难在社会科学和行为科学对人的行为的说明中找到它们。

社会科学中的许多说明和理论都假定存在关于理性选择的定律。其形式是以下三个陈述的变体：

1. 如果一个人面临任意两种选择，比如去巴黎或去布鲁塞尔，则他要么偏爱其中一种大于偏爱另一种，要么对两者都无所谓。（可比性）
2. 如果一个人偏爱 a 大于偏爱 b，偏爱 b 大于偏爱 c，则他偏爱 a 大于偏爱 c。（传递性）
3. 一个人在现有的选项中总是选择他最偏爱的。（偏爱最大化）

有时候，这三个陈述被视为关于理性行动者或理性的定义的一部分：

根据定义，如果一个人满足可比性、传递性和偏爱最大化，则这个人是理性的。

如果这三个条件定义了什么是理性，它们就不能充当对实际选择进行说明的定律。但正如我们将在第 9 章看到的，对理性的定义能够而且经常被用作人们在不同情况下或多或少可以例证的一个模型。经济学家试图在交换发生的地方应用理性选择模型。实际上，他们把以下概括当成了一个事实的、经验的、偶然的假说：实际的选择者足够满足这个理性模型，所以该模型有助于理解他们的实际选择。

当然，在被视为事实概括（而不是定义的一部分）时，这三个关于选择的陈述都不为真，关于所有选择者的概括也不为真。要想表明它们是定律，唯一方法就是假设它们有"如果其他情况都相同"的条款。人们普遍认为，"特殊科学"的所谓"专有定律"就是这种形式。

"特殊科学"通常指社会科学和行为科学。"特殊"一词表明，这些学科既没有揭示也没有使用像物理学定律那样的普遍定律，而只揭示了仅在特殊情况下才成立的规律，比如在生物学中出现生命时，或者在经济学中出现交换时。在特殊科学"拥有"并"操作"定律的意义上，关于每一门特殊科学所关注的那类事物的定律是"专有的"；它具有断言它在该学科领域中的说明力的默认权力，其实例构成了拥有它的科学的领域。

把理性的三个条件当作模型来处理，就相当于采用了这样一个"如果其他情况都相同"的定律。如今，许多特殊科学都致力于构建这类模型。因此，这些特殊科学会面临针对这种非严格定律而提出的问题，即使它们并没有明确提出这种非严格定律。我们曾在第 5 章指出了检验"如果其他情况都相同"的定律的困难。这些定律在界定包含它们的科学领域方面的作用使这个问题变得更加严重。如果某种行为不符合一门特殊科学的专有定律，那么它在这门特殊科学中很可能会被排除或忽视，而不是被用来否证该定律并削弱使用它的说明。

如果我们否认特殊科学中存在这类"如果其他情况都相同"的定律，我们就必须要么否认它们的说明是科学的，要么为它们的说明力找到另一种来源。前一选项是难以置信的。很少有人愿意否认，特殊科学为其研究领域中的事件提供了说明。一些哲学家认为，为这些学科中的说明背书的定律可见于神经科学或生物学。社会科学家明确否认这些定律与特殊科学中的说明有关，这损害了这种进路。这便留下了一种观点，即特殊科学中的说明不是因果的，也不是基于定律的，而是一种根本不同于自然科学的事业。也许愿望和信念会带来或引起行动，但这并不是它们说明行动的方式。毋宁说，它们通过提供行为的意义、对行为进行诠释并使行为变得可理解来提供理解。这就是为什么人文科学、历史和常识中的说明能以一种因果说明永远无法做到的方式令人满意的原因。

正如所指出的，社会科学家等人广泛持有这种观点，他们拒绝接受从物理学中提取出来并强加给他们的方法论规则的相关性。这些哲学家拒绝接受关于信念、愿望、希望、恐惧以及说明人的行为的其他心理因素的因果分析。因果关系并不能提供可理解性，而这些说明所做的正是这一点。但这种进路引出了一个问题，即什么是可理解性。

于是，"特殊科学"的哲学至少要面对两个基本问题。第一，说明行为的心灵状态是什么？这个问题至少可以追溯到笛卡尔在 17 世纪关于二元论的论证，即认为心灵不是大脑，心灵状态不是物理状态。第二，心灵状态据称使它们说明的人类事件变得可理解的来源是什么？第一个问题（心—身问题）是形而上学中的一个基本问题，这里我们不可能深入讨论它。第二个问题是说明是否需要提供或者能否提供可理解性，如果需要那么如何提供，这将在本章结尾进一步探讨。

功能定律与生物学说明

社会科学中的说明似乎是有目的的、目标导向的、目的论的。这是这种说明与生物学说明共有的一个特征。试比较：恺撒为什么要渡过卢比孔河？为了推翻罗马共和国。心脏为什么要泵血？为了将氧气循环到体内。如果可理解性源于目的论，那么考察生物学中的说明是如何进行的，也许有助于阐明这种据称的可理解性的来源。毕竟，生物学中的目的论说明将比人文科学中的更简单，它们将不涉及心理过程。因此，我们能够把目的论的说明如何运作的问题与心灵状态和身体状态如何相关的问题分开。

经验论的科学哲学家会欢迎这种进路，部分是因为他们对生物学说明的本性感兴趣。但他们也相信，对它的分析将会证实他们的主张，即所有科学说明最终都是因果的或受定律支配的；特殊科学中的说明并不提供物理科学所缺乏的什么特殊可理解性。

具有讽刺意味的是，直到 19 世纪中叶，生物学中的目的论说明一直被当作人文科学中常见的那种信念 / 愿望说明。这里，做出说明的信念和愿望乃是上帝的那些信念和愿望，这个万能而仁慈的神设计了生物学领域中的一切。此外，在 19 世纪以前，关于生物的关键事实应以诉诸上帝这种特别令人满意的方式加以说明，这一假说似乎是合理的。

在达尔文的自然选择理论之前，关于生物组织的适应性和复杂性的最有可能的说明，可以说是通过引用上帝的设计来提供的：通过给出生物各个部分的目的，以及它们在上帝为生物的生存和兴盛而制定的计划中的作用，可以使生物组织变得可理解。例如，为什么心脏会泵血？回答"为了循环氧气"乃是一个缩写，它的意思类似于"仁慈的上帝希望安排血液循环，并且正确无误地认为最好的方式是创造心脏。由于他是全知的，所以他的这种信念是正确的；由于他是全能的，所以他能够作用于它。这就是为什么心脏会泵血的原因"。

科学说明不再被允许诉诸神，所以需要对目的论说明做完全不同的分析。此外，正如第 1 章指出的，随着达尔文进化论的出现，生物学中对这种神学说明的需要被完全消除。达尔文表明，适应，即目的或设计的显现，总是源于一种对适应需求视而不见的纯粹因果的遗传变异过程，以及滤除适应性较差的遗传变异的自然选择。第 9 章对达尔文的理论是如何做到这一点的做了更全面的阐述。它将清楚地表明，设计源于纯粹的因果过程，任何人的目的、目标、意图等都不会在这些过程中发挥任何实际作用。例如，绿色植物之所以有叶绿素，是因为它们的祖先在某一时刻（通过盲目的变异）碰巧合成了一些叶绿素分子，这种能力被遗传下来，并且因为叶绿素碰巧能够催化淀粉的产生，而产生淀粉又能使这些植物存活得更久，有更多的后代。合成叶绿素量的随机增加导致了更多的后代，这些后代胜过了缺乏叶绿素的植物，直到只剩下具有更高浓度叶绿素分子的植物。这就是为什么现代植物有叶绿素的原因。

我们最初说明中的"为了"（in-order-to）转化为一种原因论

（etiology），即自然选择的过滤器滤掉了那些缺乏叶绿素或其化学前体的植物，并且选择了那些有叶绿素，或者通过突变使其前体越来越接近于当前绿色植物中的叶绿素的植物。至于第一批前体分子从何而来，以至于自然不断对其加以选择，直到叶绿素出现，这个问题可以这样来看：第一批前体源于纯粹非前瞻性的化学过程，应通过化学来说明，而不应诉诸它对植物的适应意义。

这种策略被哲学家视为分析自然科学、社会科学和行为科学（而不仅仅是植物学）中所有目的论说明的最佳方式。所有明显目的论的说明都回答了"为什么 X"或"为什么 X 会发生"这个问题。回答的形式是"X 发生是为了 Y 发生"，这些回答总是被分解成一种"原因论"，即关于过去事件的一个序列，在这个序列中，任何引发 Y 事件的事件都会被选定。选择通常是自然的，原因论涉及基因遗传，这确保了仅仅因为产生了 Y 或其前体而被选定的前体 X 的持久和适应性改进。因此，"心脏泵血是为了循环氧气"是以下内容的缩写：心脏之所以循环氧气，是因为在有心脏生物的进化历史中，那些构建氧气循环器的基因被选择出来，这种持续的选择过滤了偶然构建了更好的肌肉蛋白质的基因突变和组合，以及促进其成分进入心肌和心包的酶，直到最后这个过程达到了目前脊椎动物的适应水平。在这种把明显目的论的说明和规律"翻译"成纯粹因果语言的过程中，不应留下任何目的论的东西。所有目的都已经转化为因果关系。毫不奇怪，通过结果的原因论而对目的所做的这种纯粹因果解释，被称为"选择效应"分析。

在生物学中，这种对目的论定律和目的论说明的分析很有吸引力，但它面临一些困难。例如，它使关于某种生物性状的当前功能或适应性的真理主张取决于若干个地质时代以前发生的事实。如果由于相对晚近的环境变化，某种"预适应"渐渐被指定了一种新用途，那么选择效应的观点将很困难。在这种情况下，由于对其当前功能的选择，性状将不复存在，但可以说是对其先前功能的选择。对于大多数复杂的适应来说，这也许是正确的。对这种目的分析的一些反驳可以以各种方式加以化解。但选择效应进路在使用目的论语言的其他学科中存在更深层次的问题，尤其是生物学之外的问题。

特殊科学中充斥着目的论的说明、描述和规律。在社会科学中，功能分析很普遍。例如这样的陈述："价格制度的功能是让人们知道所需的信息，以便就购买和销售什么做出富有成效的决定。"这种说法是不可否认的，而且显然是目的论的：价格制度的存在是为了满足人的需要。但它并不是由任何这样做的人设计的，所以我们无法确定一种先验的原因论，通过改变和选择希望满足自己需求的人的信念和愿望来产生它。我们基因中的价格制度就更不能了！无论是自然选择还是人在过去的意图，都无法将社会科学的许多功能主张转化为纯粹的因果主张。同样的问题也出现在生命科学中。关于各个部分和组分做了什么，以使更大的系统以其特有的方式来运作，解剖学家和生理学家经常提出假说。这些假说是关于各个部分的功能的主张。但提出这些主张的研究者拒绝承认对一种进化原因论的任何承诺是其主张意义的一部分，甚至是使其主张为真所要求的东西。1921 年，班廷（Banting）和拜斯特（Best）通过在狗身上所做的实验，第一次确认了胰腺中胰岛的功能，即产生消化血液中葡萄糖的胰岛素，从而使糖尿病第一次得到有效治疗。然而，他们并没有从事任何进化论研究，也没有对消化的生物学过程的"原因论"感兴趣。通过发现这些细胞的功能，他们分离了它们在消化中的因果作用。

这些问题引出了关于特殊科学中功能性目的论的说明、描

述和规律的一种截然不同的进路（被其创始人罗伯特·康明斯
［Robert Cummins］命名为关于功能的"因果角色"解释）。这种
进路首先强调，当科学家声称"X 的功能是做 Y"时，他们的兴趣
很少是通过给出 X 的目的来说明 X 的存在。如果科学家不再引用
心脏的泵血功能来说明脊椎动物为什么会有心脏，那就没有必要
寻找一种关于过去事件的原因论，来消除这一陈述似乎就未来的
因果关系提出的明显暗示。发现功能并对其做出归属，是许多特
殊科学的习惯做法。但如果科学家不是通过确认一个性状的功能
来说明它的存在（并因此相信关于它的一种结果原因论），那他们
在做什么？做的是完全不同的事情：他们正在将复杂的行为分解
为更简单的组分。

因果作用理论认为，"X 有功能 F"是对一个更复杂陈述的缩
写，其形式大致为：X 以 F 为结果促进了某个包含 X 的大系统的
复杂能力，而且对于"X 正在 F"（X's F-ing）如何促进了包含 X
的系统的复杂能力的"程序化显示"（programmed manifestation），
存在着一种"分析解释"。因此，"X 正在 F"是一种"嵌套能力"
（nested capacity），这种不太复杂的能力与包含 X 的系统的其他部
分的不同能力一起，使整个系统能够显示一些更为复杂的行为。请
注意这种分析是如何与上一章结尾考察的一种定律进路相联系的。
它认为能力和倾向要比任何严格的定律更基本。当然，功能的或
目的论的定律，比如心脏跳动是为了泵血，要想成为某一门特殊
科学的专有定律，就必须包含"如果其他情况都相同"条款。如
果这些学科的专有定律实际上表达的是特殊科学领域中物体的基
本倾向，那么这些定律的问题也许会消失或得到解决。

有各种策略可以调和关于目的论功能描述的选择效应分析。即
使这些描述无法被调和，它们也仍然会对某些观点产生严重影响，

比如认为特殊科学并不使用因果说明，或者特殊科学的说明具有某种特殊的非因果说明力。正如我们所看到的，关于生物学和其他特殊科学中的功能说明或明显目的论说明的这两种解释，都是用普通的因果过程来替换目的论。它们本身消除了对物理科学方法与生物学的相关性，以及自然科学（包括生物学）方法与社会行为科学或"特殊"科学的相关性的重要反驳。

说明目的还是把目的说明过去？

达尔文的革命性成就与当代文化中思想辩论的各个方面都有关联。它们对宗教的影响是如此明显，以至于在《物种起源》出版 150 年后，达尔文的理论遭到了那些担心它对有神论有不利影响的人的反对。

在天文学从巴比伦人开始之后的 2 500 年里，生物领域被认为是物理学无法说明的。18 世纪的大哲学家康德指出："永远不会有能解释草叶的牛顿。"在这一声明发出之后 60 年，生物学领域的牛顿（达尔文）已经成功地使目的论说明不会伤害自然科学，表明目的只不过是因果序列的复杂组合及其不寻常的因果历史罢了。

达尔文的成就有时被给予了另一种诠释。不是认为他使目的在科学上变得可以接受，而是认为他让自然摆脱了目的。毕竟，达尔文所做的是表明一个纯粹的因果过程——盲目变异和环境过滤（"自然选择"）如何能够产生适应，即具有"因果作用"功能的生物结构。在此过程中，他揭示了设计和目的仅仅是幻觉，是我们加在一个纯粹机械论的世界上的东西。目的的显现使科学家和几乎所有人都认为，神的存在、设计和执行计划是对这种显现的唯一说明。但是现在，我们不仅看到并不需要这样的设计神，而且看到目的只是现象，而不是实在。

根据这种对达尔文成就的诠释，我们不仅应当断言，设计是在没有实在性的情况下产生的，而且应当断言，没有神的计划会产生生物系统的适应和复杂性。我们可以继续推断，宇宙中找不到任何意义，也找不到任何真正的可理解性，或至少是除了我们之外，没有人赋予它意义。在科学家的本体论中，自然神论者关于上帝作为第一因的观念也许还有余地，而上帝对自然进程的干预所赋予的宇宙意义却没有余地。

但是，无论达尔文是将目的从自然中去除，还是将其自然化，他都表明，在说明生物现象时，我们既不需要诉诸上帝先前的意图，也不需要诉诸在过去或现在产生适应的未来力量。

因此，我们必须放弃这样的希望，即目的论或目的——先前的设计或原因从未来进行操作以产生导致它们的事件——可以成为一种超越了由因果说明所提供的理解的可理解性的来源。除了因果关系和偶然定律，那些寻求理解之来源的人，无论是科学理解还是其他理解，都不会在生物学的目的因中找到它。

从可理解性到必然性

我们还剩下对因果说明不满的两个来源中的第一个：认为因果说明没有提供自然的可理解性。

它是如何做到这一点的呢？那些因为经验科学的说明方法未能超越原因、定律或统一而拒绝接受这些方法的人，将无法在目的因或人的诠释中找到可理解性。目的因或人的诠释其实并不是自然科学的替代品。事实最终表明，诉诸目的和功能的说明乃是错误的或伪装的因果说明变体。诠释也许可以满足好奇心的渴望，但它们在预测和控制方面是无法检验和不可靠的。我们不能误认为，诠释的确满足了人的好奇心这一事实意味着诠释提供了比科学更深刻的理解。任何非经验的、非实验的学科要想做到这一点，都需要捍卫哲学一直努力提供的关于经验主题的某种可理解的唯理论版本。

自 17 世纪以来，一直有唯理论者有这样的议程。他们认为，科学说明应当揭示自然过程背后的机制，表明自然只能采取一种进程。18 世纪的两位重要哲学家莱布尼茨和康德都主张，科学确实揭示了这些必然性。因此，科学说明（如果完成）没有留下任何无法说明的东西，不允许有其他解释，从而具有最高程度的恰当性。

莱布尼茨试图表明，通过物理知识，我们将会看到，每一条定律都与科学理论的其余部分紧密地结合在一起，以至于改变一条定律就会瓦解科学理论的整个结构。如果其他定律不变，引力的平方反比律就不可能是立方反比律，这条定律的差异将会导致其他定律的进一步改变，直到我们发现支配自然的整套定律都需要改变，以免其陷入逻辑矛盾和不连贯。因此，所有定律将使彼此具有强制性，或者说具有内在逻辑上的必然性。这将赋予自然定律所展示的进程以一种逻辑必然性。莱布尼茨并没有通过展示我们最佳科学理论的改变如何使整个科学网络发生分叉来支持这一观点。他不可能这样做，因为他那个时代的科学知识太不完备，甚至无法尝试。然而它现在仍然太不完备，无法显示各个部分的变化所引起的这种不连贯。此外，即使我们获得了一套科学定律，可以共同说明所有现象，我们也仍然需要某种保证，即这是能够做到这一点的唯一一套科学定律。我们所有科学定律的逻辑一致性——事实上是它们以一种演绎秩序排列起来，将它们统一在一个逻辑系统中，其本身并不足以排除另一个这样的系统的存在，该系统具有不同的公理和定理，可以对现象做同样的系统化。这就是所谓的"亚决定性"（underdetermination）问题，我们将在第12 章对此进行讨论。

有趣的是，莱布尼茨通过诉诸目的论解决了多套内在连贯定律的问题。他认为，在逻辑上如此相关，以至于除非所有其他定律都被改变，否则任何定律都无法修改的所有完备的定律系统中，上帝因其仁慈而选择了其中"最好的"一个定律系统来支配现实世界。因此，支配现实世界中的现象的定律不仅在逻辑上相互支持，而且整套定律是唯一可能的一套定律。因此，如果承认莱布尼茨对神的仁慈的信心，那么我们会看到，律则说明为其说明项赋予了一种很强的必然性。当然，如果我们不愿擅自用神的目的论来支持每一个正确的科学说明，我们就不能和莱布尼茨一样相信，演绎—律则说明反映了必然性或可理解性。

与莱布尼茨不同，康德不愿诉诸上帝的意图来支持科学。但和莱布尼茨一样，他不仅坚定主张科学说明必须揭示其说明项的必然性，而且坚定主张牛顿发现的科学定律是物理学无论如何必须诉诸的必然真理。康德试图构造论证来揭示牛顿力学的基础必然为真。他的理论认为，空间和时间的本性、每一个物理事件都有原因（因果决定论），以及例如牛顿的物质守恒原理，都是必然的，因为它们反映了像我们这样的认知主体组织我们经验的唯一方式。通过心灵对其自身能力的反思（它的"纯粹理性"），这些原理本身可以被先验地，即独立于经验、观察、实验地认识。康德的伟大著作《纯粹理性批判》的标题正是由此得名。与莱布尼茨不同，康德认识到科学定律并非逻辑真理。与逻辑定律不同，与凭借定义而为真的陈述（如"所有单身汉都是未婚的男人"）也不同，对科学定律的否定并不是自相矛盾的。

回想一下第 2 章讨论的康德关于科学本性的进路。康德认为，与分析真理不同，科学定律是综合真理，对它的否定并不是自相矛盾的。康德把分析真理定义为主词"包含谓词"的真理。这显然是一个隐喻，但其想法在于，分析真理凭借定义或其推论而为真。康德先于逻辑实证主义者很久就认为，分析真理（作为定义或其演绎推论）没有内容，不做关于世界的主张，而只表明我们关于某些声音和文字的使用有哪些规定和约定。例如，"密度等于质量除以体积"并未做出关于世界的任何主张。它并不意味着存在某种东西具有质量、体积或密度。也许除了关于我们如何使用某些声音和文字的事实，这个定义不能说明关于世界的任何事实。如果"具有一定的密度"可以说明为什么某物具有一定的质量与体积之比，那么这将是一种"自我说明"，即用一个事件、状态或条件来说明其自身的发生，因为具有一定的密度就是指具有一定的质量与体积之比。如果没有什么东西能说明它自身，那么分析真理就没有任何说明力。然而综合真理是有内容的，会就世界上多个事物或属性提出主张，从而可以实际说明为什么事物是现在这样。因此，自然定律是综合真理。

康德承认，牛顿定律是普遍真理，而且也是必然的。由于康德认为普遍性和必然性是先验真理的标志，所以他需要说明基本的自然定律是如何可能成为"先验综合真理"的。也就是说，它们可以做出关于现实世界的说明性断言，即使我们不必求助于观察、实验、数据或其他感觉经验，就可以知道关于它们和世界的这一事实。如果康德确立（比如说）物理学的先验综合特征的计划成功了，那么它的说明将有一种特殊的能力，不仅仅是简单地告诉我们，此时此地之所以发生这些事件，是因为彼时彼地在此时此地的那种情况下会发生同类的事件。根据康德的说法，这种受定律支配的说明所具有的特殊能力在于，这些定律是我们的心灵能够通过其本性理解的唯一的定律，人类思维本身的本性保证了这些定律为真。显然，具有这种特征的说明会特别令人满意，而且详尽彻底，排除了其他选项。

康德认为，除非能够确立至少物理学的先验综合真理性，否则那些否认人类能够发现自然定律的人会对它提出质疑。康德特别关注如何反驳他所谓的休谟论证：如果自然定律不是先验可知的，那么它们只能根据我们的经验来认识。然而，经验只能为定律提供有限数量的证据。由于定律做出了时时处处为真的主张，所以它们的主张超出了我们能够为之提供的任何证据。因此，科学定律充其量只是一些不确定的假说，物理学的主张将永远受到怀疑。康德还担心（事实证明这种担心是有道理的），思辨性的形而上学不可避免会试图填补这种怀疑的真空。

康德正确地认为自然定律是综合的。然而，对于科学哲学来说，康德将牛顿理论解释为先验认识的综合真理所面临的最重要的问题是，该理论根本不为真，因此不可能先验地认识。此外，实验和观测已经确定牛顿理论为假。既然这些实验和观察支持了与牛顿理论不相容的理论，特别是爱因斯坦的相对论和量子力学，因此牛顿定律及其后继者都不可能被先验地认识。科学哲学家的结论是，我们能够先验认识的只有那些缺乏经验内容的陈述，即不对世界形成任何约束、从而与实际发生的事情毫无说明相关性的那些定义及其逻辑推论。由于经验、观察、实验等永远无法确立任何命题的必然性，所以与世界的实际存在方式有任何说明相关性的科学主张不可能是必然真理。由这一结论可以得出两个重要推论。首先，寻找因果说明的一种替代方案来揭示事物的必然性或可理解性是错误的，因为必然真理不具有说明力。其次，如果一个命题有说明力，那么它必须是一个有内容的陈述，用康德的术语来说，它是综合的，而不是分析的。但这种陈述只能通过观察、实验和数据来证明。

　　然而，这一结论使我们面临着先于康德的休谟所认识到的怀疑论的威胁：由于任何一般定律的经验证据总是不完备的，所以我们永远无法确定任何科学定律的真理性。人们广泛认为，休谟的论证至少表明，科学不可避免是可错的。如果休谟是正确的，那么科学研究的结论将永远无法获得康德、莱布尼茨等渴望确定性或必然性的人所要求的那种必然性。然而在任何有说明内容的、就世界的运作方式提出主张的科学定律中，这种可错性都是不可避免的。我们不应期待也不应希望科学有逻辑必然性。

小　结

　　传统上有人对科学说明感到不满，他们要求科学说明能够显示自然过程的目的、设计或意义，而不仅仅是自然过程如何发生。这种对目的因或目的论说明的要求可以追溯到亚里士多德。当代生物学中对目的论说明的解释利用了达尔文的发现，即盲目变异和自然选择可以使目的产生。达尔文的理论帮助我们认识到，目的论说明只不过是因果说明的一种复杂的伪装形式罢了。如果说生命科学中的功能说明没有这样被理解，那是因为它们扮演着完全不同的角色，即通过确认一个更大系统的各个部分在实现复杂行为时所做的因果贡献（功能）来阐明复杂的过程。

我们能否以类似的方式处理人文科学中的这种明显目的论的说明，取决于人们的认知态度和情感态度能否以及如何以因果的方式、或以使人文科学免除自然科学方法的其他方式来说明人们的行为。社会科学家和一些哲学家长期以来一直在寻求这样的免除，因为对人的行为的诠释似乎表达了自然科学中的因果说明所缺乏的一种可理解性。

是否有任何依据可以期待或要求，从科学说明中能够得到比确认偶然原因更多的东西，它将使说明更加令人信服？有一个传统至少可以追溯到 18 世纪的哲学家莱布尼茨和康德，认为科学说明最终必须表明，科学对现实的描述不仅为真，而且必然为真，世界现在的存在方式是它唯一可能的存在方式。我们有充分的理由认为，任何确立这样一个结论的努力都注定会失败。事实上，如果它取得成功，我们将很难说明科学知识为何这么易错和能够自我纠正。

研究问题

1. 辩护或批评："科学说明无法提供事物的可理解性或必然性，因此应到别处寻找它。"
2. 达尔文的自然选择理论究竟表明了自然之中不存在像目的这样的东西，还是表明了存在着目的，它们是完全自然的因果过程？
3. 达尔文处理生物学功能的自然选择进路能否与康明斯的因果作用进路结合起来？

4. 在特殊科学中，模型与不精确的"如果其他情况都相同"定律是否有重要区别？

5. 生物学以及所有社会科学和行为科学在什么意义上是历史的？

阅读建议

L. Wright, *Teleological Explanation* 极具影响力地说明了达尔文理论如何可以被用来将目的和目的论同化为因果关系。C. Allen, M. Bekoff, and G. Lauder, *Nature's Purposes* 汇集了关于生物学哲学中这个核心主题的几乎所有重要论文。康明斯的工作和其他人的发展见 Ariew, Cummins, and Perlman (eds.), *Functions: New Essays in the Philosophy of Psychology and Biology*。

Robert Brandon and Daniel McShea, *Biology's First Law* 为生物学中一个显然不是目的论的基本定律做了辩护。

社会科学中意向说明的本性在 A. Rosenberg, *Philosophy of Social Science* 中有所论述。

Wesley Salmon, "Probabilistic Causality" 和 Nancy Cartwright, "Causal Laws and Effective Strategies" 重印于 Lange 的选集。

关于特殊科学中的模型，更多内容参见第 9 章。

Jerry Fodor, "Special Sciences: Or the Disunity of Science as a Working Hypothesis," reprinted in Curd and Cover 第 一 次为"如果其他情况都相同"的定律做了辩护。他在"Special Sciences: Still Autonomous After All These Years"中重新考察了他的论证。

　　莱布尼茨的许多作品仍然没有英文版。在目前情况下，也许最有价值的著作是他的《人类理智新论》(*New Essays on Human Understanding*)。康德的《纯粹理性批判》捍卫了最基本的科学理论都是先验综合真理这一主张。休谟对经验知识的解释可见于他的《人类理解研究》(*Inquiry Concerning Human Understanding*)，该书也提出了他对因果关系的解释。

第 7 章

科学理论的结构

概　述

你可能时常听到某人的观点被这样诋毁："那仅仅是一种理论。"不知何故，在日常英语中，"理论"一词渐渐意指某种推测性的东西，充其量是一种仍然遭到严重怀疑或者尚无充分证据的假说。奇怪的是，这种用法与科学家使用这个词时的含义有所不同。在科学家那里，这个词并不意味着尝试性或不确定性，而是经常被用来描述一个既定的分支学科，其中存在着被广泛接受的定律、方法、应用和基础。例如，经济学家谈论"博弈论"、物理学家谈论"量子论"，而生物学家使用的"进化论"一词几乎与进化生物学同义，心理学家所说的"学习理论"对各种既定现象提出了许多不同的假说。除了用来命名整个研究领域，在科学中，"理论"也意指有强大经验支持的一套说明性假说。

但我们要问，理论究竟是如何对不同现象做出这种系统化说明的。长期以来，科学哲学家一直认为，理论之所以能够说明，是因为它们和欧几里得几何学或牛顿力学一样是演绎系统。毫不奇怪，D-N说明模式的支持者会被这种观点吸引。毕竟，根据D-N模型，说明是演绎，理论则是对一般过程的更基本的说明。但与数学中的演绎系统不同，科学理论是一组假说，可以通过逻辑推导出的可观察结果进行检验。如果在实验或其他数据中观察到了这些结果，则这些假说就暂时被接受了。关于科学理论与科学检验之间关系的这种观点被称为"假说—演绎主义"。正如我们将会看到的，将理论视为演绎系统与此密切相关。

我们将通过研究牛顿力学这个特别重要的理论来讨论理论的本性和它如何运作。我们用这个理论来阐明关于一般理论的问题。但我们也表明了，为什么它在许多方面都使西方文明关于宇宙和我们在其中位置的观念发生了彻底改变。

理论如何运作：牛顿力学的例子

理论的独特之处在于，它超越了对特定现象的说明来解释更一般的现象。当用经验概括来说明特定现象时，理论会进而说明为什么这种概括是成立的，以及在什么例外情况下概括不成立。当在一个研究领域中发现关于现象的一些概括时，可能会出现一种理论，使我们能够认识到，各种不同的概括都反映了单个或少数几个过程的运作。简而言之，理论有统一作用，理论几乎总是通过探入经验规律报告的现象之上、之下和之后，来确认能够解释可观察现象的背后过程。由此可能产生了一种观念：正是一个说明所带来的统一，使它成为科学说明。因为理论是我们最强有力的说明者，它们通过把不同现象置于少数基本假设之下来运作。

对于科学哲学来说，关于理论的第一个问题是，理论如何实现统一？一个理论的各个部分究竟如何协同运作来说明各种不同的现象？自欧几里得时代以来，科学和哲学中一直有一种传统回答。事实上，理论是以欧几里得的几何学为模型的。与 20 世纪以前几乎所有数学家和科学家一样，欧几里得认为几何学是空间科学，他的《几何原本》构建了一种关于空间中的点、线、面之间关系的理论。

欧几里得的理论是一个公理系统。也就是说，它包含一组公设和公理，即公理系统中没有证明、但在系统中假设为真的命题，以及按照逻辑规则通过演绎由公理导出的大量定理。除了公理和定理，还有对一些术语的定义，比如直线（现在通常被定义为两点之间的最短距离）和圆（与给定点等距的点的轨迹）。当然，定义是由公理系统中未定义的术语组成的，如点和距离。如果理论中每一个术语都要定义，那么定义的数量将是无止境的，因此某些术语只能是未定义的或"原始的"。

重要的是，在一个公理系统中假设为真的公理很可能是从另一个公理系统中的其他假设导出的定理，或者它可以独立于任何其他系统而得到证明。事实上，一组逻辑相关的陈述可以在多个公理系统中被组织起来，同一陈述可能既是一个系统中的公理，又是另一个系统中的定理。因此，在这种情况下选择哪一个公理系统不能由逻辑考虑来决定。欧几里得选择了五条公理，表明他想用最简单的陈述来方便地导出某些特别重要的进一步陈述作为定理。欧几里得的公理一直被认为显然为真，由此可以稳妥地发展出几何学。但严格说来，把一个陈述称为公理并非相信它为真，而只是确认它在演绎系统中的作用。

至于欧几里得的五条公理如何协同运作，将无穷多个不同的一般真理组织成可以逻辑导出的定理，我们已经很清楚。例如，给定欧几里得的公理，可以证明两条平行线之间的内错角相等。然后，用这个定理连同把直线定义为 180° 角，可以证明三角形的内角和是 180°。毕达哥拉斯定理，即直角三角形斜边的平方等于两条直边的平方和，也可以用其他定理从公理中得出。许多中学生过去常常会花一整年时间从欧几里得的公理中推导出定理，一些学生现在可能依然如此。

用公理系统表述的最著名的物理学理论也许是牛顿力学。该理论最初由三条公理组成，牛顿后来又补充了第四条非常重要的公理。我们以后会多次提到它们，所以现在不妨做一介绍，以表明它们是如何联系起来的，从而可以一起运作。

牛顿第一定律最初是由伽利略明确阐述的，事实上，牛顿也认为是伽利略发现了它。这个定律看起来很简单，当你以正确的方式思考运动和力时，它似乎是显而易见的。虽然 2 000 年来，它就在每一位物理学家眼前，但直到伽利略和笛卡尔，它才近乎被发现。更重要的是，它引发了科学史上最深刻的突破。此后，它成为科学中革命性变革的典范。这条定律仅仅声称：

1. 任何物体都保持其静止或匀速直线运动状态，除非有力加于其上迫使其改变这种状态。

首先要注意的是，这条定律与常识观点相矛盾，即保持物体的运动需要持续地施加力。这种想法不仅是在我们的经验中不断得到确证的常识，而且是从亚里士多德到 17 世纪物理学的基石。但只需看看伽利略的一个简单的思想实验，就可以知道常识是错误的，牛顿第一定律是正确的。让一个球沿着斜面下落，这个球会怎样？它会加速。让它沿着斜面向上运动，它会减速。那么，让它在一个完全平坦的无摩擦的表面上运动，它会怎样呢？它不可能减速，也不可能加速，而只能继续以恒定的速度运动。我们需要纠正常识。特别是需要认识到，在我们的经验中，摩擦从来也不为零，因此我们必须施加力来保持物体的运动。

　　为什么这条定律是革命性的？因为它从根本上改变了我们的"静止"概念。科学常常认为静止状态是不需要说明的：如果一切都没有发生，就没有什么东西需要说明。在牛顿之前，物理学认为"静止"是物体在速度为零时所处的状态。因此，物体在运动时并不静止，它们的运动必须得到说明。说明必须是，有某个力作用于其上。这条思路有一个错误，它使物理学在 2 000 年里无法正确说明所有运动，包括行星的运动。牛顿改变了静止的定义。在他的理论中，静止不是零速度的状态，而是零加速度的状态。这种轻微的概念转变意味着，运动中的物体可以是静止的。因此，物体的运动不需要说明，当然不需要通过寻找引起运动的力来说明。这一点至关重要：如果以非零的速度运动但加速度为零的物体不受力，但你的理论说它们受力，那么你永远也找不到你的理论坚称存在的力。如果你对静止的定义是零速度，你将永远无法否证把你引入歧途的物理学。扪心自问，常识是牛顿式的还是亚里士多德式的？大多数人都承认它是亚里士多德式的，并不仅仅因为它违反了牛顿第一定律。区别是概念上的，是难以觉察的定义上的。把运动物体看成真正静止是困难的，但我们必须这样做，因为任何其他东西都是科学进步的障碍。

　　一旦理解了第一定律的概念突破，牛顿第二定律看起来就很明显了。如果沿直线以恒定速度运动的物体处于静止状态，而且没有力作用于其上，那么当它们的速度发生变化，以及 / 或者它们不是沿直线而是沿任何其他路径运动时，一定有某个力作用于其上。对吧？这种想法似乎很自然，它就是第二运动定律：

2. 作用于物体的力等于物体的质量与加速度的乘积。
$F = ma$。

根据这一定律，如果某物以恒定的速度沿一条曲线路径运动，那么一定有某个力作用于其上。如果某物以变化的速度沿一条直线运动，那么一定有某个力作用于其上。这两种情况都不构成静止，因此都需要通过揭示每种情况下的作用力来说明。在这条定律中，牛顿与之前物理学的真正背离是质量概念。质量既不是体积，也不是重量，牛顿只能说它是一种"物质的量"，与力成正比。牛顿的背离被这个方程外表上的简单性掩盖了。

牛顿理论中的第三定律最明显地引出了 17 世纪哲学家和科学家的微粒论形而上学。这些哲学家拒绝承认物理过程可以有非物理的原因，或者物理变化可以隔空产生"超距"作用。牛顿引入了这种观点，并且在这条定律中阐述了它：

3. 每一个作用都必定有一个大小相等、方向相反的作用。

因此，当一个物体撞击另一个物体并对其施加力时，另一个物体会抵抗，给前一物体施加力；同样，静止的物体要离开地面，就必须给地球施加推力。在牛顿的所有定律中，这条定律似乎是最不偏离常识的。但对它的接受使得牛顿的第四定律，即引力的平方反比律，既强大又成问题。

牛顿前三条定律中的关键思想共同说明了许多规律，但它们最引人注目的成就也许是引导牛顿做出了他对物理学最独特的贡献，即引力概念以及表达其特性的（独立）定律。

回想一下，第二定律要求物体沿着曲线路径运动时，力是存在的。行星显然沿着曲线路径围绕太阳运动，月球则沿着曲线路径围绕地球运动。因此，它们必定受到某种力的影响。同样，虽然我们无法觉察到，但地球正在围绕月球运动，因此也必定受到力的作用。即使我们无法觉察到这种力，第三定律告诉我们，如果地球给月球施加力，那么月球也一定给地球施加力。这些力不可能是使第三定律如此吸引微粒论哲学的那种接触力，但仍然是力。

我们从经验中知道的另一件事是，质量越大的物体越重，我们需要施加更多的力才能拦住它们。天文学表明，行星沿椭圆围绕太阳运转。离太阳较近的椭圆比离太阳较远的椭圆更小、更紧、更弯曲。因此，再次援引第二定律，太阳与较近行星之间的作用力一定比太阳与较远行星之间的作用力更强。所有这些考虑共同引出了第四定律，即牛顿在提出前三个运动定律之后很久才引入的引力的平方反比律：

4. 两个物体之间的力与它们质量的乘积成正比，与它们之间距离的平方成反比。用符号表示为：

$$F = Gm_1m_2/d^2$$

其中 G 是引力常数，约为 6.67×10^{-11}。

正如我们将会看到的，受这个方程支配的力（引力）与规定第三定律的"接触力"有很大不同。但我们知道，鉴于第一定律，尤其是第二定律，必须存在这样一种"非接触"力。事实上，牛顿第四定律向我们保证的正是微粒论哲学试图从物理学中消除的那种力！因此，一方面，牛顿力学成为有史以来发现的最具说明和预测能力的理论（直到继承它的广义相对论和量子力学出现）。但另一方面，它的说明和预测能力伴随着一种让牛顿本人和追随他的每一位物理学家都非常不舒服的承诺：存在一种"幽灵般"的力，这种力以无限的速度穿过完全的真空，不可能有任何屏障。所有这三个特征，即它的速度、能够穿过完全的真空，以及能够穿透任何障碍，使引力不同于物理学家基于当时的微粒论自认为理解的其他任何东西。在微粒论被视为关于除引力以外的一切事物的正确观点之后，这个谜团一直困扰着物理学，直到 20 世纪。下一章我们还会回到这个问题。

牛顿物理学的定律之所以"协同运作"，不仅因为它们是关于相同的东西，即质量、速度、加速度和力，而且因为思考它们中的每一个都有助于我们（也许还包括牛顿）表述其他定律。除了上面提到的思路，牛顿定律中还有另一个有趣的关系值得提到，因为它使一般定律变得更清楚。根据万有引力的平方反比律，宇宙中的每一个物体都会受到其他物体引力的影响。想想这对牛顿第一定律意味着什么：它没有正面的例子或实例。宇宙中没有一个物体是在没有作用力的情况下运动的。但它仍然是一个定律：它仍然表达了某种律则必然性，即使它"空洞地"为真。它之所以没有实例，是因为考虑到第四定律，它不可能有任何实例。值得思考的是，这个关于牛顿第一定律的事实对定律的本性和一般的物理必然性有什么影响（如果有的话）。同样值得思考的是，是否可以把第一定律更好地表述成一条关于物体所受的"净"力相互抵消时它们如何行为的定律。经过这样的诠释，它可能有许多实例，且并非空洞地为真。

更重要的是，这四条定律之所以成为一种理论，是因为它们共同说明了大量其他现象，有些现象在牛顿时代已经众所周知，有些在那以后被发现，还有很多则是把牛顿定律用作工具而发现的。

作为牛顿定律的直接推论，牛顿能够说明的第一件事就是开普勒的行星运动定律：行星沿椭圆运动，行星与太阳的连线在相等时间内扫过相等的面积。他还能够说明伽利略在力学上的大部分发现，包括具有（几乎）恒定加速度的自由落体，炮弹的轨迹，以及钟摆、斜面、杠杆、滑轮等的行为。通过数学证明，牛顿能够从他的四个公理中推导出所有这一切。随后物理学的发展使其后继者能够在彗星、恒星和星系的运动，功和能及其守恒，固体、液体、浮力的行为，水力学、空气动力学和热力学方面做同样的事情。到了 19 世纪末，牛顿力学似乎无法说明的物理过程只有光、磁和电相互关联的现象。这种说明力都是通过从牛顿理论的四条基本公理中用数学推导出的大量规律来揭示的。

理论作为说明者：假说–演绎模型

牛顿的四条定律是公理，从这些公理中可以推导出自然中的其他一些规律，这本身并不足以使这四条定律成为一个理论。使一个理论从几条独立的定律中产生出来的，不能仅仅是它们之间的逻辑关系，甚至不能仅仅是它们共同蕴涵着一些规律，这些规律是它们每一条所无法单独蕴涵的。要成为一个理论，除了有一个可以从中导出定理的公理结构，还必须有更多的东西。

为了看清楚这个问题，考虑由两条"共同运作"的公理与由此导出的定理所组成的以下"理论"。

理想气体定律：$PV = nRT$，其中 P 是压强，T 是温度，V 是体积，r 是普适气体常数。

货币数量理论：$MV = PT$，其中 M 是一个经济体的货币数量，V 是货币流通速度，即货币转手的次数，P 是商品的平均价格，T 是交易总量。

通过如果"A 和 B"那么"A"这条简单的原则，由这两条定律的合取，可以逻辑地推出其中任何一条。其他概括也是如此。例如，由 $PV = nRT$ 和其他一些定义可以推出，当气球外部的压强恒定时，增加温度会增加气球的体积。由货币数量理论可以推出，在其他条件相同的情况下，增加流通的货币数量会导致通货膨胀。现在，我们可以把这两个推论结合成一条愚蠢的规律，即通过在气球下面放一根蜡烛来加热气球，并通过增加货币供应来促进经济体的发展，可以增加气球的体积和经济体的价格水平。请注意，导出这种规律既需要理想气体定律，也需要货币数量理论。但没有人会认为有一个理论由这两条"定律"所组成。

在一个理论中，各部分必须共同运作才能说明。然而，仅仅通过逻辑推导的概念并不能理解共同运作是什么意思。说清楚理论的各个组分何以能够成为一个理论，而不是仅仅拼在一起，是另一项历史悠久的哲学挑战的开始。对于科学哲学家来说，仅仅说理论是一组共同运作的定律对事物进行说明是不够的。"共同运作"这一说法太过模糊，而正如我们将会看到的，"逻辑上蕴涵着作为定理的定律"又太过精确。更重要的是，科学哲学家试图澄清，是什么使一个理论能够完成它所做的科学工作，即说明大量经验规律及其例外，使我们能够比理论所包含的单个定律更精确地预测结果。由前几章的结论可以得出一个自然的建议。一个理论的基本的、非导出的一般定律共同运作，以揭示背后过程的因果结构。支配这些结构的定律成为理论加以系统化和说明的定律。因此，由理想气体定律和货币数量理论所组成的那个理论的错误之处在于，该理论涉及的气体行为和货币行为没有一个共同的背后结构。我们是如何知道这一点的呢？大概是因为我们对气体和货币有足够的了解，知道它们并不直接相关。

但即使是背后的因果结构或机制等概念，也可能无法提供我们所寻求的阐明程度。我们之前的讨论揭示了一些重要理由，表明为什么哲学家不愿过于看重因果关系概念。更糟糕的是，背后机制的概念似乎令人不安，因为根据经验论的论证，除了规则的次序，因果关系没有任何东西；自然之中不存在什么黏合剂、机制、隐秘的力量或必然性将各个事件联系在一起，使事物的进程变得不可避免或可以理解。有了关于前前后后困难的这些提醒，我们还要探讨这样一种观念，即理论是一组共同运作的定律，通过将背后的因果结构或机制归于现象来说明该现象。我们必须这样做，因为众多理论显然是这样运作的。

牛顿的理论及其发展提供了一个有启发性的例子，表明一个理论的基本定律是如何共同运作来说明经验规律的。到了 18 世纪末，牛顿定律似乎并没有支配固体的行为。对理论预测的这种偏离无法用摩擦来解释。但伟大的数学家和物理学家欧拉能够表明，牛顿的理论其实能够说明和预测受到变形等"现实世界"效应影响的三维固体的行为。为此，我们假定这些物体是由一些牛顿微粒组成的，这些微粒本身不能变形，但其行为的确完全符合牛顿定律。支配物体实际行为的这些定律可以由牛顿定律作用于物体组分推导出来，不出所料，它们被称为欧拉定律。牛顿的理论在18、19 世纪越来越受到信任。

　　关于牛顿的公理是如何作为一个理论共同运作的，另一个例子是气体运动论，哲学家也许最喜欢这个例子。这一理论的发展很好地显示了科学理论进展的许多不同方面。在 18 世纪以前，对于冷、热是什么并没有令人满意的解释。当时最好的理论是说，热是一种非常轻的不可压缩的流体，它从较热的物体流向较冷的物体，其速度取决于物体的密度。运动论反映了化学家和物理学家逐渐认识到热不是一种单独的物质，而是运动的另一种表现，自 17 世纪牛顿时代以来，这一现象已经得到很好的理解。

　　到了 19 世纪，化学家和物理学家渐渐意识到气体是由数量巨大的粒子（大小和质量各不相同的分子）组成的，这些粒子虽然无法观察到，但与可观察的物体可能具有相同的牛顿性质。于是便产生了这样一种看法：对气体的加热和冷却其实是气体分子在相互反弹和弹离气体容器壁时这些牛顿性质平均值的变化。如果一个弹子球能使弹子球桌的橡胶轨道稍微变形，那么撞击气球内部的 1 亿个分子也很可能使之变形，因此如果气球是有弹性的，它就会膨胀。如果容器因为是刚性的而不能膨胀，那么分子的能量一定会有其他结果。也许就像车轮制动器中的摩擦一样（我们已经知道摩擦是由被抵抗的运动产生的），分子与刚性表面的所有这些碰撞的结果就是热的增加。当然，如果分子彼此大量反弹，热同样也会增加。

　　这些思想的发展产生了气体运动论：（a）气体是由沿直线路径运动的分子（直到它们相互碰撞或与容器碰撞）组成的，（b）分子的运动，和可观察的物体的运动一样，受牛顿运动定律的支配，除了（c）分子是完全弹性的，不占据空间，而且除非它们碰撞，否则彼此不施加引力或其他力。给定这些假设，很容易从牛顿定律导出理想气体定律 PV = nRT。（其中 P 是容器壁上的压强，V 是容器的体积，r 是常数，T 是以开尔文为单位的绝对温度。)推导理想气体定律的诀窍是将背后的结构（像弹子球一样的分子的行为）与我们对气体温度、压强和体积的测量联系起来。19 世纪热力学的一个重要发现就在于实现这一联系：表明处于平衡状态的气体的绝对温度（热量）取决于 $1/2\ mv^2$，其中 m 是单个分子的质量，v 是构成容器中气体的分子系综（ensemble）的平均速度。在牛顿力学中，$1/2\ mv^2$ 将被视为所有分子的平均动能。（如果把右侧的绝对温度乘以 3k/2，其中 k 是以热力学的一位重要创始人的名字命名的玻尔兹曼常数，我们可以把这个陈述变成一个恒等式。这个常数将使方程两边采用相同的单位。

$$3k/2\ [\text{以开尔文为单位的绝对温度 T}] = (1/2\ mv2)$$

同样，$1/2\ mv^2$ 是牛顿力学中动能的标准表达式。这里，它被归于无法观察到的分子，这些分子被当作就好像是碰撞的弹性球即完美的小弹子球来处理。）

发现热和压强是分子运动的宏观反映，意味着物理学家能够说明自 17 世纪波义耳和查理（以及牛顿）时代以来就知道的气体定律。如果设温度等于气体分子的平均动能（乘以某个常数），压强等于分子从容器壁弹回时每秒每平方厘米转移给容器的动量，我们就可以把牛顿定律应用于分子，推导出理想气体定律（以及它所包含的波义耳定律、查理定律、盖·吕萨克定律）。我们还可以推导出格雷厄姆定律，即不同气体从容器向外扩散的速率取决于其分子的质量比，以及道尔顿定律，即一种气体施于容器壁的压强不受容器中任何其他气体施加于容器壁的压强的影响。我们甚至可以说明布朗运动现象，即空气中的尘粒在地面上继续保持运动，而从未在引力的作用下落向地面：它们因为与空气分子碰撞而被随机推动。我们可以从气体运动论中推导出来并由此说明的关于特定气体的不同类型、数量和混合的规律原则上是无穷无尽的。

让我们由这个案例稍做推广。气体运动论由以下定律所组成：牛顿的运动定律，气体由服从牛顿定律的完全弹性的质点（分子）所组成，气体（以开尔文为单位）的绝对温度等于这些质点的平均动能，以及其他这类关于气体压强和体积的定律。

就这样，气体运动论说明了可观察的现象，如我们在保持体积不变的情况下测量气体的温度和压强的改变时所收集到的仪器读数，或者在保持温度不变的情况下测量压强和体积的改变时所收集到的仪器读数，等等。通过提出关于不可见、不可观察、不可检测的气体成分及其同样不可观察性质的一系列主张，该理论做到了这一点。它告诉我们，这些成分和它们的性质服从一些定律，我们已经独立地确证，这些定律适用于炮弹、斜面、摆、弹子球等可观察的东西。因此，气体运动论提供了一个例子，表明一个理论的各个组分是如何共同运作来说明观察和实验的。

考察理论的本性还有另外一种进路，它可以从我们在第 3 章阐述的演绎-律则说明进路或覆盖律说明进路中自然地产生出来，气体运动论可以例示这种进路的几个进一步的组成部分。这种进路现在通常被称为科学理论的公理进路或句法进路。与之相关的是一种被称为"假说-演绎主义"的关于理论检验方式的观点，根据这种观点，科学家们提出理论（构造假说），但并不直接检验它们，因为和科学中的大多数理论一样，它们通常会涉及我们无法直接观察到的过程。毋宁说，科学家从这些假说中导出可检验的推论。如果检验被观察证实，则假说被（间接地）确证。因此，理

论的这种公理进路有时被称为对理论的"假说–演绎"解释或 H-D
解释。

公理进路始于这样一种观点，即认为理论是公理系统，对经
验概括的说明是通过从公理中推导或逻辑演绎而进行的。在公理
系统中，定律不是导出的，而是假设的。由于公理，即理论的原
始基本定律，通常描述了一种不可观察的背后机制（比如我们的
质点弹子球式的气体分子），所以公理不可能通过任何观察或实验
来直接检验。这些原始公理将被视为由它们导出的经验定律间接
确证的假设，而经验定律则可以通过实验和／或观察来直接检验。
于是，一个理论的基础是一些假说，由假说演绎出的推论支持了
这些假说，"假说–演绎模型"也由此得名。

当然，一个理论的原始公理是另一个理论的被说明的定理。每
一个理论都会留下某种未说明的东西，即它用来做说明的那些过
程。但在一个理论中未被说明的过程可能会在另一个理论中得到
说明。例如，化学计量学中的平衡方程（如 $2H_2 + O_2 \rightarrow 2H_2O$）可
以通过化学家关于氢原子和氧原子共用电子的假说来说明。然而，
化学中的这些原始定律却是原子论中非原始的、得到说明的概括。
原子论关于产生化学键的电子行为的假设本身，在量子理论中是
可以从关于微观粒子成分的更基本的概括中导出的。没有人建议
科学家将理论实际呈现为公理系统（尽管牛顿这样做了），更不用
说建议他们明确从更基本的定律中导出不那么基本的定律。重要
的是要记住，和覆盖律模型一样，对理论的公理解释是对科学实
践的一种"理性重构"，旨在揭示其背后的逻辑。然而，它声称
在长期的科学史和最近科学的重要理论突破中都找到了证明。

再来看看最后一个例子：沃森（Watson）和克里克（Crick）的
成就。这两位分子生物学家发现了染色体的化学结构，即 DNA 分

子链，如何代代相传地携带着关于性状的遗传信息。沃森和克里克关于基因分子结构的理论，使遗传学家能够通过（部分）说明另一个理论（孟德尔遗传学）关于眼睛颜色等遗传性状如何代代相传的定律来说明遗传。这是如何发生的？从原则上讲，这里的情况与从气体运动论中导出理想气体定律 $PV = nRT$ 几乎没有不同：只要把基因等同于一定量的 DNA，控制基因世代分离和配列的孟德尔定律就应当可以从控制 DNA 分子行为的一组定律中逻辑地推导出来。原因之一当然是，基因只不过是一段 DNA，而这正是沃森和克里克发现的东西。因此，如果孟德尔发现了关于基因的定律，那么就可以合理地认为，这些定律因为关于 DNA 分子的定律的运作而成立。如果是这样，那么为了说明孟德尔定律，还有什么能比通过表明孟德尔定律因为另一组定律而成立更清楚呢？还有什么能比从分子生物学定律中逻辑地推导出孟德尔定律更清楚地表明这一点呢？

　　事情并不那么简单。孟德尔定律和群体遗传学理论至少部分是由控制 DNA 行为的规律或定律来说明的，但事实表明，从分子生物学中导出孟德尔定律的尝试注定会失败，这有几个理由（其中一些将在第 13 章进行探讨）。这一事实使生物学中更基本的理论如何来说明不那么基本的理论变得神秘，甚至向一些科学哲学家（和生物学家）暗示，孟德尔定律并非由分子生物学发现的更基本的定律衍生出来。在这方面，孟德尔定律迥异于可以从更基本的理论推导出来的理想气体定律。这些哲学家和生物学家指出，他们学科中的高层理论不能用推导来说明，或者可能根本不能用低层理论来说明。在此基础上，他们认为，生物学和其他特殊科学独立于且不同于物理理论。这是一个具有重大形而上学和方法论意义的重要议题，我们将在下一章讨论还原论时转向它。

牛顿力学与理论的哲学意义

在许多科学哲学家看来，用更基本的理论来说明不那么一般的理论，改进它们，处理它们的例外情况，统一我们的科学知识，这个过程是自牛顿时代以来科学史的典型特征。从牛顿时代到爱因斯坦时代的 250 年里，牛顿理论通过数学公式的逻辑推导说明了众多独立发现，这对哲学产生了深远的影响。

哲学家愿意把牛顿的理论当成某种用来衡量其他科学成就的近乎知识理想的东西。这把预测能力和数学表达确立为科学成就的标志。哲学家和科学家认识到，牛顿的理论是决定论的：只要给定牛顿的定律以及封闭系统中物体的位置和动量（质量与速度的乘积），系统中所有物体过去和未来的位置就都是确定的。如果世界从根本上说是牛顿式的，那么由于每一个物质粒子都服从他的定律，所以世界上一切事物的行为，甚至包括人的行为都是决定论的。一些哲学家认为，自由意志也是如此。但牛顿理论的文化意义甚至更大。他的理论促成了物理学、哲学、西方思想乃至整个文明的革命。

在牛顿之前的几千年里，科学家和非科学家都普遍认为，天体、行星和恒星的运动受一套固定定律的支配，地球上和地球附近物体的运动要么不受任何定律的支配，要么受另一套与支配天体运动的定律完全不同的定律的支配。这种信念反映了一种更基本的信念，即天界是完美的、不变的、不朽的，在物质构成上与地界完全不同。然而在地球上，事物被认为是以不规则和无序的方式发生的，生生灭灭，混乱无常。简而言之，地球被认为是一个远不及天界完美的世界。

这种占主导地位的前牛顿世界观还有另一个重要特征。世界上一切事物的行为，事实上所有运动，甚至最简单的无生命物体的运动，都是有目的的，是导向某个目标的，每一种不同的事物都有不同的目的或目标反映了它的本性或本质属性。正如歌词所说，"鱼要游，鸟要飞"，是因为努力想要达到的目标。用最后一章的语言来说，所有科学就其定律、理论和提供的说明而言都是完全目的论的。

这种前牛顿科学世界观与科学革命之前占主导地位的宗教之间的联系是显而易见的。天与地的不同之处在于天是完美和不变的。太阳底下的一切事物都有神这位设计者所规定的目的。一旦确认了他的目的，我们就可以对事物的行为做出说明，并且在它们失灵的时候做出判断。

开普勒和伽利略的成就在17世纪初不幸地削弱了这种世界观。利用16世纪丹麦天文学家第谷·布拉赫收集的数据，开普勒表明，通过假设行星沿椭圆绕太阳运行，其速度是它们与太阳距离的某个特定的数学函数，我们可以预测行星在夜空中的位置。由于我们处在其中一颗行星之上，所以我们看不到它的实际运动和其他行星围绕太阳的运动。此外，第谷收集的关于行星在夜空中视位置的数据确证了开普勒关于椭圆轨道的假说。开普勒定律在数学上的精确性也许为古代关于完美天界过程的观念提供了一些可信度。但伽利略关于月球、环形山和其他不规则现象以及以前未被探测到的太阳黑子的望远镜观测大大削弱了这些观念。太阳黑子的不完美以及月亮与地界特征的明显相似，无法同天界的完美不变与地界过程的生生灭灭之间存在根本区别的观念相调和。

伽利略的实验，比如（据说）从比萨斜塔上丢下铁球，让球体滚下斜面，随着摆长的变化来计算摆的周期，所有这些都有助于他发现地球附近物体的运动定律：抛射体总是沿着抛物线的路径前进，摆的周期（一次来回运动的时间）依赖于金属丝的长度，而不依赖于摆锤的重量，任何质量的自由落体都有恒定的加速度。对这些定律的数学表达激励了笛卡尔等 16、17 世纪的物理学家试图用数学来表述对自然过程的说明，并将目的论说明斥为空洞的，无法定量地运用于预测或技术。所有这一切都为牛顿最终彻底改变自然科学家的实在观奠定了基础。它以两种方式做到了这一点：首先，它最终使科学深刻地背离了常识世界观；其次，它推翻了早在公元前 4 世纪希腊的亚里士多德以前就已经是正统的目的论物理宇宙观，并且在科学和日常生活中的其他地方对目的论提出了致命的挑战。

牛顿的伟大科学成就是表明，开普勒的行星运动定律和伽利略的地界运动定律，以及关于直线运动和曲线运动、摆、斜面和浮力的其他许多概括，都可以从上面给出的四个定律中导出。这些定律对目标、目的、本质或本性都未置一词，而只提到了事物的完全"惰性的"物理性质，它们的质量、速度、加速度、彼此之间的距离以及吸引力。牛顿统一并且得出了有史以来最伟大的科学说明。

牛顿第一定律虽然很简单，但却与前牛顿科学和常识彻底决裂，以至于许多知道这条定律的人仍然没有认识到它的意义。如上所述，第一定律告诉我们，某物是否静止并不取决于它是否运动。只要物体的速度不变，那么以任何速度运动的物体都是静止的。牛顿的理论告诉我们，当它们既不加速也不减速时，它们是静止的。这立即改变了科学的整个说明议程。匀速直线运动不再需要说明，因为这里没有什么需要说明的。这种转变是深不可测的。

更重要的是，似乎无法将先前最好的科学理论即冲力理论，当作通向牛顿和伽利略提出的理论的垫脚石。如果牛顿力学是正确的，那么先前的冲力理论，即认为运动物体受到或包含着某种力，甚至不是近似正确的。这种与先前理论的彻底决裂是使 17 世纪成为科学革命时代的一个标志。前牛顿物理学（今天仍然是大多数人所接受的"民间物理学"）一致认为，某物在运动时并不处于静止，而且某物要想运动，需要有一个力作用于它。这就是冲力理论告诉我们的东西，而这正是牛顿第二定律所否认的：作用于物体上的力等于物体的加速度乘以它的质量，F = ma。当速度恒定时，无论速度多大，加速度都为零，因此根据牛顿第二定律，作用于物体上的力也必须为零。没有力作用的物体处于静止（即加速度为零）。如果它们的速度不是零，而加速度为零，则它们沿直线移动。因此，当物体沿着曲线路径行进时，根据牛顿定律，必定有力作用于物体上，物体在至少一个方向上的运动必定在减速或加速。

　　牛顿第三定律是人们似乎最了解的定律，也是最直观的定律。它通常被表达为：每一个作用都有一个大小相等、方向相反的反作用。在这个表达中，"作用"当然是一个欺骗性的术语，它也许使人相信，第三定律表达了可以为常识把握的独立于物理学的某种洞见。在牛顿力学的语境下，作用是速度的变化，即反映力对物体的"作用"的事件。运动物体具有动量，它们撞到我们时，我们可以感觉到这种动量。在物理学中，动量被定义为质量与速度的乘积。牛顿用第三定律导出了动量守恒：一组物体相互碰撞时，其动量的总量保持不变。每一个物体都将其部分或全部的动量传递给与之碰撞的物体。由于每一次碰撞都会使物体失去或获得动量，所以如果物体的质量保持恒定（它不瓦解或碎裂），则它的速度就必定会改变。如果一组物体持续碰撞而不碎裂（或以其他方式失去物质），那么第三定律说，当你把动量加起来时，总量必定保持恒定。

　　当然，当我们在正常的大气温度和大气压下，在地球表面或其附近将这三个定律应用于足球或羽毛那样的东西时，我们必须考虑到空气分子的干扰、地面对球的摩擦等条件，每一个条件都非常微小，但加在一起却足以使例示牛顿定律变得困难。即使是极为光滑的冰面上的冰球，最终也会停下来。这并不表明牛顿第一定律是错误的，而是表明，即使我们检测不到，也有力作用于冰球上。在这种情况下，作为冰球分子的分子运动，摩擦会加热冰并使其熔化，从而使冰球变慢（试着冷冻冰球，看看它是否走得更远）。

　　只有牛顿关于引力的平方反比律得到了（月球、地球、行星、太阳、两颗双星等）精确的例证。如上所述，平方反比律在一个重要方面不同于其他三条定律。牛顿的前三条定律似乎是通过物体之间的空间接触来运作的。如果一个物体处于静止，你必须推拉它才能改变它的速度；推和拉都是力施加到物体上的方式。要使一个沿直线加速的物体进一步加速、减速或改变方向，你必须干扰它的动量，这同样可以通过施加一个力、把它推离或拉离原有路径来实现。这些定律似乎反映了微粒论，与之齐头并进的是科学革命否认物理学中的目的论或目的。因此，微粒论科学家和哲学家寻求一种关于引力现象的微粒论。其中最著名的是笛卡尔的"涡旋"理论，该理论认为，太阳与行星之间看似空无一物的空间中充满了微粒，它们不断旋转，从而传递了使行星围绕太阳运转的力。牛顿对这个理论提出了许多反驳。但在他最终咬紧牙关承认存在一种根据他自己的哲学本应被视为"隐秘"的力之前，他寻求的是引力的微粒论进路。如上所述，引力即使在真空中也是"超距地"起作用，因此不可能涉及微粒。它在任何地方都可以"感觉到"，所以它必须以无限的速度运动，按照牛顿的其他定律，如果它有任何质量，它就需要有无限的动量，就像微粒论对实际物体的要求那样。最后，很难理解一种被微粒携带的力如何能够穿透任何障碍，而且是以无限的速度。因此，对于牛顿来说，引力在各个方面都是一个成问题的概念。对于物理学和科学来说，引力本应是形而上学和认识论上的重大尴尬。

然而，引力非但没有破坏微粒论，反而被牛顿和微粒论者径直分隔开来，作为一个现在无法解决、但有朝一日也许会解决的问题而被忽视。在回应他的微粒论与他的平方反比律之间的明显张力时，牛顿提出了那句著名的断言："我不杜撰假说。"大致意思是说，"如果没有关于平方反比律所描述行为的物理基础的实验数据，我拒绝做出猜测"。这种严厉的禁令，即禁止在没有实验的情况下从事科学，以及拒绝承认不一致性，成功地保护了物理学，使其免受不成熟和无成效地处理引力本性问题的影响，直到1912年左右爱因斯坦开始着手处理它。

与此同时，牛顿力学的说明和预测能力赋予了它重大的认识论和形而上学意义。牛顿的四条定律成了科学定律应当是什么的范例：具有普遍的形式，似乎不受"如果其他情况都相同"条款的限制（直到发现静电力），而且持续适用于越来越广泛的现象。它们是如此强大，以至于正如我们看到的，康德觉得他不得不说明为什么牛顿定律必然为真。即使是那些认为牛顿定律是偶然的人，也把它们看成关于宇宙的基本真理。他们还认为，在这些定律中出现的性质，如质量、速度、加速度、力，以及可以用它们来定义的能量和动量等，都是世界、自然或实在的基本特征，物体的所有其他性质最终都可以由此得到说明。对于这些科学家和哲学家来说，最大的挑战在于发现牛顿式的过程如何可能产生生物学现象，并最终产生人的思想和行为。对于那些反对从牛顿定律外推出来的机械论世界观的人来说，挑战则在于显示相反的东西。他们需要表明，对理论做这种扩展是不可能的，生物学领域并不只是物理学的一个分支，并不仅仅由更为复杂但最终是纯粹物理的运动物质所组成。

此外，牛顿力学为关于自然万物的决定论提供了强有力的基础。只要给定一个物体的位置和动量，无论大小，牛顿定律就会支配着该物体在未来和过去的整个时空轨迹。如果这些定律适用于所有物体，以及所有生物（包括我们），那么我们的行为就必定像行星围绕太阳运行一样被严格决定。如果发生在我们身上的一切都是我们体内微粒的相互作用，那么我们的所有行为也都是被决定的。人类自由意志的支持者不得不与这一论证角力。牛顿力学说明力的支持者必须要么否认存在任何自由意志，要么寻求将自由意志的存在与牛顿理论让他们相信的决定论调和起来。对于牛顿定律的真理剥夺了人类自由意志这一主张，有许多可能的反驳途径，但每一个都需要高度的哲学独创性。这些问题其实并不是科学哲学面对的问题，但它们在思想生活中的重要性证明了牛顿力学的文化意义。

小 结

理论是一组共同运作来说明经验规律的定律，方法是导出那些规律，并经常说明那些规律所面临的例外和反例。然而，要想说清楚组成一个理论的定律是如何做到这一点的并不容易，这几乎肯定要求我们处理因果性这个议题，并且对观察不到的现象提出主张。这些不可避免的话题是经验论者难以处理的。由于经验论是"默认的"或官方的科学认识论，所以理论的本性及其在所有科学中的核心作用给科学哲学带来了一系列困难。

与此同时，我们有必要独立于理论本性对哲学提出的认识论问题，强调一些科学理论尤其是牛顿力学更广泛的概念意义和历史意义。数百年来，它在对物理学知识进行说明和系统化方面的成就彻底改变了西方思想的面貌。因此，我们有必要研究牛顿力学的主要思想，并且概述这些思想如何颠覆了一种统治了科学和文明至少 2 000 年的世界观。

研究问题

1. 欧几里得几何学是科学理论还是数学系统？

2. 所有理论都应该像牛顿的《自然哲学的数学原理》那样用公理系统来表达吗？这有什么优点和缺点？

3. 亚里士多德主义的冲力理论可以准确地预测很多地界现象。如果它建立在关于静止和力的本性的完全错误的基础上，这又怎么可能呢？

4. 为什么牛顿第四定律，即引力的平方反比律，不是可由其他三条定律推导出来的一个定理？关于对自然的描述，它增加了什么？

5. 为什么有人会认为，像牛顿理论这样的关于无生命物体的理论会与动物和人等生物有关？

6. 为什么牛顿会对引力这个他最大的科学发现和理论创新感到不安？

阅读建议

F. Suppe, *The Structure of Scientific Theories* 报告了关于科学理论化的哲学分析史。R. Braithwaite, *Scientific Explanation* 可能最早对公理进路做了详细阐述。逻辑经验主义时期对理论和一般科学所做的最有影响和最广泛的论述也许是 1961 年初版的 E. Nagel, *The Structure of Science*。这部杰作对科学哲学的所有主题都做了认真研究，它对理论本性的解释、提出的例子以及对哲学议题的确认仍然是无与伦比的。E. Nagel 对理论的结构、还原论和实在论／反实在论问题的讨论为未来几十年设定了议程。这部著作的两段摘录可见于 Balashov and Rosenberg, "Experimental Laws and Theory"，它讨论了理论与它们说明的概括之间的关系。

Thomas Kuhn, *The Copernican Revolution* 出色地介绍了第谷、开普勒、哥白尼和伽利略发起的科学革命的细节。Steven Shapin, *The Scientific Revolution* 是一部关于 17、18 世纪科学史的优秀导论。Richard Westfall, *Never at Rest* 是一部关于艾萨克·牛顿的详细的科学传记。Andrew Janiak, *Newton as Philosopher* 讨论了牛顿的科学哲学及其与科学的关系。Janiak, *Newton: Philosophical Writings* 是考察牛顿本人的科学方法思想的一个方便来源。

关于牛顿和 17 世纪科学革命中其他人工作的哲学含义的两个经典文本是 E. A. Burtt, *The Metaphysical Foundations of Modern Science* 和 A. N. Whitehead, *Science and the Modern World*。关于这个主题，第 12 章结尾有更多的阅读建议。

第 8 章

关于科学理论的
认识论和形而上学问题

概　述

　　理论对于科学理解、科学知识的统一、深化科学说明、提高科学预测的精度以及促进科学的技术应用都是必不可少的。此外，正如我们在上一章看到的，一些理论的意义是如此之广，以至于产生了科学和文化上更广泛的革命。

　　但与此同时，科学理论的一些特征也引出了关于世界的知识主张的本性、范围和合理性的深刻问题。如果这些认识论问题没有得到解决或回答，它们的理由和意义可能会有争议。事实上，部分是由于科学理论给人类知识带来的问题，科学理论在一些科学家、哲学家和许多普通人当中仍然存在争议。

　　在本章和下一章，我们开始探讨这些认识论议题。它们将在本书的其余部分再次出现。我们先来考虑科学进步的本性，传统上，科学进步被描述为揭示了如何通过科学理论的统一来理解自然。然而，理论尤其是在物理科学中的统一，给经验论接受科学理论带来了困难。如果经验论与理论化不相容，那么问题大概出在经验论？一方面，很少有科学哲学家愿意仅仅基于认识论上的担忧而拒绝接受科学理论。另一方面，科学家坚持根据经验就理论做出决定。关于理论的证据基础问题的这些进路，把我们从认识论带到了关于科学形而上学的不可回避的问题，即我们是否应该把它的存在主张视为真的或近似为真。

还原、取代和科学进步

在表明开普勒和伽利略的定律仅仅是时时处处为真的更一般的定律的特例时，牛顿不仅说明了为什么这些定律成立，而且削弱了基本的形而上学信念，即天界领域与地界领域有所不同。正如第 7 章所概述的，随着伽利略用望远镜发现了环形山以及月球和太阳的其他不完美之处，牛顿革命所产生的深远影响远远超出了他为统一物理理论所提供的形式推导。牛顿理论的统一能力在随后的 200 年里进一步增加，因为越来越多的现象被它说明（或以更加定量的细节得到说明）。日月食、哈雷彗星的周期、地球的椭球形、潮汐、岁差、浮力和空气动力学、部分热力学，通过从牛顿的四条基本定律中导出描述这些现象的定律，所有这些都被统一起来，并且被证明是"同一背后过程"的一部分。

此外，这些定律都不诉诸未来的目标或目的。相反，它们都确认了先前或当前的原因（位置和动量），除了平方反比律，所有定律都认为通过物理接触起作用的力足以说明物理过程。因此，牛顿力学使我们可以完全免除前牛顿科学用来说明物理系统行为的目标和目的。于是，牛顿力学的成功激励了这样一种世界观，根据这种世界观，物理宇宙仅仅是一个巨大的"钟表"机械装置，其中并不存在我们在第 6 章中讨论的那种目的论。

当然，牛顿的理论无法说明生物的行为，尽管科学家和哲学家中的一些"机械论者"希望它最终能用关于位置、动量和引力的决定论定律来说明一切。然而，在目的论说明从物理科学中消失很久之后，生物学仍然是目的论说明的一个避风港。正如我们在第 2 章看到的，康德主张牛顿力学对于物理世界必然为真，他认为，永远不能把牛顿力学关于物理世界的纯粹机械论图景扩展到对生物学领域进行说明。回想康德的说法，"永远不会有能解释草叶的牛顿"。和他关于牛顿定律必然为真的主张一样，康德的这个主张也不再成立。

牛顿显示了伽利略和开普勒的定律是如何作为特例从他自己的理论中推导出来的。科学哲学家把这种从一个理论的定律导出另一个理论的定律称为"理论间的还原"或直接称为"还原"。还原要求被还原理论的定律可以从还原理论的定律中推导出来。如果说明是一种推导形式，那么将一个理论还原为另一个理论就说明了被还原的理论；实际上，它表明，不那么基本的理论的公理是更基本的理论的定理。

因此，17 世纪的科学革命似乎在于发现了伽利略和开普勒的定律，并把它们还原为牛顿定律。此外，16 世纪以来物理学的进展似乎就是不太一般的理论相继被还原为更一般的理论的历史，直到 20 世纪，比牛顿力学更一般的理论（狭义和广义相对论以及量子力学）突然被提出来，它们反过来又通过推导还原了牛顿力学。牛顿定律可以从这些理论的定律中推导出来，只要做一些理想化的假设，特别是光速是无限的，或至少所有其他速度都比光速慢得多，能量是以连续的量出现的，而不是以离散但却非常小的单元或"量子"出现的。

一个经常用来表明牛顿理论是爱因斯坦狭义相对论的特例的简单例子，使用了著名的"洛伦兹收缩"方程：

$$长度_{由运动的观察者测量} = 长度_{静止}\sqrt{1-\frac{v^2}{c^2}}$$

这个方程表达了狭义相对论的推论，即相对于某个物体运动的观察者所测量的物体长度要比相对于该物体静止时所测量的物体长度更短。这个差值由 1 减去速度平方除以光速平方的平方根给出。这个值通常非常接近于 1，因此长度收缩是检测不到的。牛顿的理论要求长度不随测量者的运动而变化。一个类似的方程支配着相对论质量和牛顿质量或静止质量。我们可以把牛顿定律作为一种特殊情况从爱因斯坦的理论中推导出来，在这种情况下，测量者的速度与光速相比非常小（几乎总是如此）。在这种特殊情况下，运动定律的相对论版本被还原为牛顿理论的版本。

根据科学哲学中的一种传统观点，将较不基本的理论还原为更基本的理论反映了这样一个事实：随着越来越多最初孤立的理论被证明是由越来越少更基本的理论衍生而来的特例，科学正在不断扩大其说明的范围和深度。科学的变化就是科学的进步，而进步在很大程度上是通过还原来实现的。事实上，还原也被视为达到科学地位之后各个学科之间的典型关系。

这种关于科学的理论与学科之间关系的观点被称为"科学的统一"。有时，这个论题被理解为更有限的认识论主张，即所有科学都有相同的知识获取方法。一般来说，它们都主张通过观察、实验、数据和其他没有争议的经验手段来控制研究。然而，这一论题的加强版增加了一个形而上学成分：科学所探索的实在也是统一的，它只包含物理事物和物理过程，以及它们的组合和聚集。这种加强版的科学统一性论题是通常所理解和广泛被争论的版本。

根据这种观点，物理学是最基本的科学，因为它的领域是所有事物的行为，它用物质和场的基本组分来说明它们。化学是其次基本的科学，因为它说明了比单个原子更复杂的一切事物。生物学说明了有机分子及其聚集。在越来越不基本的科学的等级结构中，以此类推。在这个等级结构中，科学是通过推导或还原来统一的。例如，化学原则上应当可以通过原子论还原为物理学，生物学应当可以通过分子生物学还原为化学。同样，我们应当寻求一种心理科学，它由本身可以还原为神经科学（生物学的一个分支）定律的定律所组成。当然，社会科学还必须发现（也许永远不会发现）通过还原为心理学定律可以还原为自然科学定律的那些定律。因此，科学统一性论题的支持者认为，这些学科缺乏科学理论所共有的一个重要特征，即可以还原为最基本和最具预测性的科学——物理学。如果人文科学或其中的某些理论不能还原为自然科学中已有的某个理论，那么根据科学的统一性论题，它们必定犯了方法论的错误，还不能算作科学理论或学科。科学的统一性论题至少为一些逻辑实证主义者及其追随者所持有，从牛顿时代到 20 世纪科学史的发展似乎都证实了它，一些重要的物理学家仍然支持这一观点或与之接近的观点。

科学的统一性论题使公理化变得很有吸引力，公理化解释了一个理论如何通过揭示背后更一般的机制来做出说明，这些机制对不那么一般的机制进行系统化和说明。如果宇宙反映了多层因果定律的清晰图景，每一层定律都基于它下面一层更基本的定律（逻辑上蕴涵着不那么基本的定律），并且如果宇宙由少数基本类型的行为齐一的事物所组成（其他一切都是由这些事物组成的），那么

应当存在唯一正确的自然描述。描述采用公理的形式，因为实在
（reality）是由简单物按照共同运作的一般定律建造而成的复杂物。
认为公理化给出了理论的结构和理论之间的关系，支持了一种关
于实在本性的形而上学主张：实在在组成和运作上归根结底是简
单的，更复杂和更复合的事物的所有复杂性和多样性都源于事物
对最基本结构的物质依赖性。

　　当然，这幅图景必定相当复杂。一个理论的定律可以直接从另
一个理论的定律中推导出来，这种想法过于简单。科学进步包括
后继理论对之前理论的预测和说明进行修正和改进。如果原初的
被还原理论仅仅作为逻辑推论被后继理论所"包含"，那么后继
理论就会包含之前理论的错误。例如，伽利略的地界运动定律蕴
涵着落向地球的物体的加速度保持不变，而牛顿定律认识到，由
于地球与地球附近物体之间的引力，加速度必定增加。为了预测
的目的，我们可以忽略加速度的这一点点增加，但要想从牛顿定
律中推导出伽利略的地界力学，我们就必须通过增加引力来加以
修正。同样，孟德尔的遗传定律不会直接从当代分子遗传学定律
中推导出来，因为我们知道孟德尔定律是错误的。遗传连锁和基
因交换等现象证伪了这些定律。因此，关于把孟德尔定律还原为
分子遗传学的更基本的定律，我们想要的是对孟德尔定律在哪里
出错、在哪里管用的一种说明。这意味着，还原通常涉及从更基
本的供还原理论推导出被还原理论的一个"修正"版本。

　　然而，要求被还原的理论有时必须做出"修正"，这给理论
变化的公理观带来了问题。有时候，一个理论超越另一个理论并
不是通过还原它，而是通过取代它。正如第7章所指出的，从亚
里士多德物理学把静止视为零速度变成牛顿理论把静止视为零加
速度，就反映了这种取代。事实上，取代似乎是一门学科成为"真

正"科学的典型特征。例如，在 18 世纪末拉瓦锡的工作之前，燃烧是用"燃素"理论说明的。燃素被假定为这样一种物质，它燃烧时会从物体中逸出，但不能直接观察到。燃素理论的一个问题是，仔细的测量显示，物质燃烧会增加重量。因此，如果在燃烧中燃素被释放出来，则其重量必须为负。既然重量依赖于质量和地球引力的强度，而当物体燃烧时，地球引力可能保持不变，因此，燃素的质量似乎为负。这与牛顿物理学很难调和。由于诸如此类的原因，化学家对燃素理论并不满意，尽管它能对化学燃烧实验做出一些令人满意的说明。拉瓦锡提出了一种新的理论，假设了一种完全不同的、观察不到的物质，他称之为"氧"。物质燃烧时，氧与物质合为一体，因此质量不必为负。

因此，拉瓦锡的氧气理论并没有还原旧的燃素理论，而是取代了"本体论"，即燃素理论所涉及的燃素、脱燃素空气等，及其所谓的定律。拉瓦锡的理论提供了一种完全不同的东西——氧，它不能以使燃素概念继续存在的方式与燃素联系起来。试图用拉瓦锡燃烧理论的概念来定义燃素，并不能使我们从拉瓦锡的理论中导出燃素理论。当然，拉瓦锡的理论是现代化学的开端。因此科学家说，从来就没有像燃素这样的东西。这种无法以还原的方式或以其他方式联系起来的理论之间的分歧，就像亚里士多德冲力理论与牛顿惯性理论之间的分歧。拉瓦锡将化学确立为一门科学，150 年后氧气理论被还原为原子物理学，确证了他的这项成就。

与燃素和氧的情况不同，当一个理论被还原为更广泛或更基本的理论时，被还原理论的"本体论"，即它主张的事物的种类就得到了保留。原因是显而易见的。如果还原是从供还原理论的定律中推导出被还原理论的定律，那么只有当这两种理论的术语相互联系时，这种推导才是可能的。要从分子遗传学定律中推导出孟德尔遗传定律，你必须先用核酸来定义孟德尔基因。因为分子遗传学是关于 DNA 组装的，而孟德尔定律是关于孟德尔基因的。

一般来说，只有当每个 B 都等于一个 C、且每个 C 都等于一个 F 时，关于所有 A 都是 F 的定律才能从关于所有 A 都是 B 的定律中推导出来。事实上，还原在很大程度上就是对这些等同关系的表述。例如，将气体热力学还原为统计力学，依赖于我们在第 7 章提到的等同关系：

$$3k/2\left[\text{以开尔文为单位的绝对温度 T}\right] = (1/2\ mv^2)$$

无论我们把这个等同关系当成一个定义，还是当成一条将温度与动能联系起来的一般定律，它的表述都是一项关键突破，使物理学家能将气体的行为还原为组成气体的分子的行为。

作为对从牛顿时代至今科学进步的解释，还原的麻烦在于，这种理论间的等同变得越来越困难。用牛顿力学的词汇来定义热力学中的性质是一项伟大的成就，但显然是可行的。然而，随着物理学的发展，这种起统一作用的等同变得越来越难建立。例如，热力学第二定律告诉我们，熵会增加。但尚未有人能够成功地用更基本的牛顿力学概念即质量、速度和力来定义熵。然而，没有人准备抛弃熵，就像随着科学的进步抛弃燃素和冲力一样。

这种情况在生物学上更为严重。在这里，我们发现了基因、染色体、核、细胞器、细胞、组织、器官、有机体等一系列概念，没有一个可以根据其化学成分来定义，更不用说根据其物理成分即原子、电子、质子、夸克等来定义了。正如第 7 章所述，沃森和克里克被认为发现了基因是由 DNA 组成的，他们立即由这一发现想到，基因是如何以孟德尔定律所要求的方式传递遗传信息的。但从未有人能够从分子生物学的规律中推导出孟德尔定律，而且似乎也没有人觉得有必要这样做。之所以做不到，是因为尽管有沃森和克里克的发现，但由于构成单个基因或整个基因类别的 DNA结构的复杂性、冗余性和差异性，孟德尔基因不能完全通过 DNA序列来定义，甚至原则上也不能。因此，很难看出遗传学定律如何能从化学或物理学的定律中推导出来。然而，没有人愿意把这些定律或其他生物学理论当作不科学的而抛弃。（关于孟德尔定律及其还原，更多信息见第 13 章。）

　　逻辑实证主义衰落后，还原论成为科学哲学中一个不受欢迎的学说。在许多学科尤其是生命科学和行为科学中，显然不存在无例外的定律或普遍规律。在这些学科中，理论是由模型构建的，每一个模型描述的都是范围小得多的案例。这些科学中没有什么东西可以从更基本的科学定律中"推导"出来。特别是随着生命科学研究开始使科学哲学家的注意力远离对物理学的传统关注，还原论的这个问题才变得尖锐起来。到了 21 世纪初，"还原论"作为一种方法论或研究策略的标签被"机制论"一词取代，以描述这样一种要求：科学尤其是生物学所揭示的是机制（最终是分子的、物理的机制），生物系统和过程的模型要通过识别其化学物理机制来说明。

　　机制论的倡导者明确地认识到，特别是在生命科学和社会科学中，目标是构建特定过程的有限模型，而不是构建由普遍定律组成的一般理论。因此他们主张，这些科学中成功的说明模型必须表明，任何说明模型中的变量都必须"对应于"构成它们的各个组分及其活动，并且因果地产生模型中描述的过程。于是，机制论要求将整体还原为部分，而不是将定律还原为更基本的定律。机制论者认为，如果不提供关于背后机制的这些细节，即使是一个能够成功预测的数学模型（一组正确地关联因变量和自变量的方程），也无法说明它使科学家能够准确预测的现象。实际上，机制论者对说明采用了一种强烈的因果解释，坚持认为因果关系是一个系统的各个组分相互作用的问题，这些组分在科学家需要揭示的一种机制中共同运作。因此，机制论者并没有把生命科学的领域看成一个以演绎的方式组织起来的理论等级结构，而是看成一系列嵌套的"黑"箱，每个箱子都需要通过打开而变得透明，其工作方式通过识别其部件而得到说明。然后，这些部件又成了需要照亮的下一组黑箱。

　　正如第9章和第10章所要表明的，和还原论一样，对机制论最严重的怀疑是它暗示了高级说明的自主性。机制论和还原论都要求生命科学和特殊科学中的说明是还原性的：高级模型，特别是涉及功能能力的模型，被转化为低级组分的机制加上对它们的组织，以提供一种实现模型的因果过程。因此，它威胁到这样一种观点，即生物学中存在着自主的因果说明，即使没有识别"低级"科学可能提供的机制，高级科学的说明也能阐明其学科领域的现象。

　　结果很严重：要么科学史是进步的，它是通过理论的还原而进行的（但我们需要对还原做一种非常不同的解释，不把它当作通过逻辑推导进行的理论说明）；要么科学史是进步的，但这种进步根本不是还原，而是被越来越正确但完全不同的理论取代；要么，也许可以更激进地断言，科学史其实根本不是进步的，而是反映了其他某种更复杂的理论继承。直到20世纪70年代，很少有科学哲学家考虑过这第三种选项。我们将在第12章讨论托马斯·库恩的工作时详细讨论这一观点。与此同时，用更基本的理论的概念来定义不那么基本的理论的典型概念，这引出了一个更加令人不安的问题：这些概念，尤其是那些最基本的概念，最初是如何获得其含义的？

还原论使证据与说明的关系变得神秘。还原的一个典型特征似乎是，它统一了可观察的现象，或至少是统一了一些概括，这些概括让越来越基本、越来越准确的规律为这些现象负责，而这些规律本身又越来越难以观察到。物理学从炮弹和行星开始，最终用无法探测的微观粒子及其性质成功地说明了一切。因此，它似乎使在认识论上最成问题的东西成为在说明上最基本的。虽然官方的科学认识论是经验论，即我们的知识只能通过经验即实验和观察来证明，但它的说明功能正是通过像我们这样的生物无法直接经验的那些东西来实现的。事实上，现代高能物理的微观粒子是我们这样的生物不可能熟悉的东西。这一事实引出了关于科学理论本性最令人烦恼的问题。

理论术语问题

科学说明应该是可检验的，它们有"经验内容"，组成它们的定律描述了世间事物的存在方式，对我们的经验有暗示。但科学几乎从一开始就通过诉诸一些不可观察、不可觉察的理论实体、过程、事物、事件和性质来进行说明。早在牛顿时代，物理学家和哲学家就对一个事实感到不安，即这些事物似乎既对于说明必不可少，又是不可知的。不可知，是因为不可观察；必不可少，是因为如果不诉诸它们，理论就无法实现对观察的广泛统一，而最强有力的说明正在于这种统一。引力就是这个问题的一个很好的例子。

通过表明大量物理过程是具有质量的物体之间接触的结果，牛顿力学理解了这些物理过程。例如，通过追踪由齿轮、擒纵结构、钟锤、时针、分针、报时装置和啁啾的小鸟所组成的因果链，我们可以说明发条钟的行为。我们观察到的推拉被量化和系统化为彼此接触的事物之间的动量交换和能量守恒。这种机械论的说明本身大概会让位于一种更基本的说明，即通过关于齿轮和擒纵结构的组成部分的机械性质进行说明，然后这些性质又需要通过它们的组成部分的机械性质进行说明，直到最后，我们用组成时钟的分子和原子的行为来说明时钟的行为。无论如何，这就是还原论者对说明的预期。

然而，正如我们所看到的，牛顿的引力并不是一种"接触力"。它是一种以无限的速度在所有距离上传播的力，似乎没有消耗任何能量。引力不断地在真空中移动，在真空中没有东西可以将它从一点带到另一点。与其他东西不同，它是一种没有任何东西可以屏蔽的力。然而，当我们将质量从引力较大的区域（如地球）带到引力较小的区域（如月球）时，引力本身是一种只有通过结果才能探测的力。总而言之，引力是一种理论实体，它与我们在观察中遇到的任何其他东西都大不相同，以至于这些观察对我们理解它可能是什么并无太大帮助。引力是一种与其他因果变量非常不同的东西，如果怀疑它是否存在，或者援引它来说明某种事物时感到不舒服，那是情有可原的。数个世纪以来，关于引力是如何运作的，人们一直在寻找某种"机械"说明，或者最好是找到它的某种不那么神秘的替代品，这一点并不让人感到惊讶。

大多数牛顿同时代的人都对引力的概念感到这种不适，但他们和后来的物理学家都不准备放弃这个概念，因为消除引力意味着放弃引力的平方反比律：

$$F = gm_1m_2/d^2$$

没有人愿意这么做。因此，引力似乎是一种"隐秘"的力，它的运作和占星术这样的非科学说明如何能够唤起我们的好奇心一样神秘。其他这种不可观察的概念也是如此。例如，组成气体的分子被认为具有小弹子球的性质，因为正是它们类似弹子球的行为说明了理想气体定律。但如果气体分子质量很小，则它们肯定是有颜色的，因为任何质量都会占据空间，而任何占据空间的东西都有某种颜色。但单个分子没有颜色。那么，它们在什么意义上质量很小呢？显而易见的答案是，不可观测的事物并不仅仅是小版本的可观测事物，它们有自己独特的属性——电荷、量子化的角动量、磁矩等。但如果我们的知识只能通过我们的感觉经验来证明，那么我们如何知道这一点呢？而且如上所述，当我们无法拥有对它们的经验时，我们有什么权利能够声称，援引这些理论实体和属性提供了真正的说明呢？为什么一个关于我们看不见、摸不着、闻不到、尝不到或感觉不到的电子或基因的理论要比占星术、新纪元的神秘兜售、迷信或童话有更好的说明力呢？

我们可以把我们的证明问题表达为一个关于语词的意义和语言的可学习性的问题。例如我们用来描述经验的术语：物体的可观察属性的名称——颜色、形状、质地、气味、味道、声音等。我们之所以理解这些术语，是因为它们命名了我们的经验。还有一些术语则描述了具有这些属性的物体，如桌子和椅子、云和钟、湖泊和树木、狗和猫等。我们也可以就这些术语的含义达成一致。

此外，我们很容易认为，我们语言的所有其他部分都以某种方式建立在感觉属性的名称和日常物体的标记上。因为不然的话，我们怎么可能学会语言呢？除非某些语词不是通过诉诸其他语词来定义的，而是因为它们标记了我们可以直接经验的事物，否则我们永远无法学习任何语言。如果没有这种在语言之外定义的术语，我们就无法打破一个语词参照其他语词来定义、而这些语词又参照其他语词来定义的无穷循环或后退。为了学习一门语言，我们必须先懂得这门语言。

此外，语言是一种无限的安排：我们可以产生和理解任何不定数量的不同句子。然而，我们可以在一个有限的心灵的基础上这样做，这个心灵已经在有限的时间内学会了说话；很难看出我们是如何做到这一壮举的，除非语言是与生俱来的，或者存在着一些基本词汇，语言的所有其他部分都是由这些词汇组成的。然而，经验论者和大多数科学家从未认真对待语言是与生俱来的这一假说。我们生来并不懂得任何语言，否则就很难理解孩子为何从出生起就能以同样的能力学习任何人类语言。这便引出了一个假说，即我们学习了一种语言的有限数量的基本语词，这些语词及其组合规则使我们能够建立起产生和理解该语言的无限数量句子的能力。除了我们在婴儿时期学到的基本单词，这个有限数量的语词库还能是什么？这些单词当然是感觉经验的名称——热、冷、甜、红、光滑、柔软等，还有像妈妈和爸爸这样的语词。

但如果这是语言的基础，那么在我们的语言中，每一个有意义的语词最终都必定有一个用命名感觉属性和日常物体的语词所做的定义。这一要求应当包括现代科学的理论术语。如果这些语词有意义，则它们必须能够通过诉诸人类经验的基本词汇来定义。这个论证可以追溯到贝克莱和休谟等18世纪的英国经验论哲学家。

这些哲学家被 17 世纪物理学中像"引力"这样的"隐秘的力"和像"微粒"这样的不可观察之物所困扰。"引力"一词肯定没有意义，因为它没有命名人的经验。经验论者对这些理论实体的不安对科学哲学产生了持续的影响，直到 20 世纪末和以后。

正如我们在第 2 章看到的，英国经验论者在 20 世纪的追随者自称实证主义者和逻辑经验主义者。逻辑经验主义者从关于语言可学习性的论证中推断，科学的理论词汇最终必须被"兑换"成关于可观察之物的说法，否则就只是空虚的、毫无意义的噪声和文字。这些哲学家更进一步指出，在 19、20 世纪被当作科学理论的大部分内容，都可以被证明是毫无意义的废话，因其理论术语不能被翻译成日常感觉经验的术语。例如，黑格尔的物理学（见第 2 章）、马克思的辩证唯物主义和弗洛伊德的心理动力学理论之所以被污蔑为伪科学，是因为它们的说明性概念如剩余价值、俄狄浦斯情结等不能被赋予经验意义。同样，这些哲学家也否认一整套假设"生命力"的生物学理论具有说明力，因为它们援引了无法通过诉诸观察来定义的实体、过程和力。但这些经验论哲学家所攻击的并不仅仅是伪科学。正如我们所看到的，即使是像"引力"这样不可或缺的术语，也因为缺乏"经验内容"而受到批评。一些逻辑实证主义者，以及影响他们的 19 世纪物理学家，也否认"分子"和"原子"等概念的意义。对于这些经验论者来说，一个概念、术语或语词只有在命名了我们可以感知的某种东西或性质时才具有经验内容。

当然，经验论者认为，如果我们用来命名理论实体的术语可以通过可观察之物及其属性来定义，那么援引理论实体就没有问题。因为在这种情况下，我们不仅能够理解理论术语的意义，而且如果有人提出任何疑问，我们总是可以用关于可观测物的陈述代替关于不可观测物的陈述。例如"密度"这个理论概念。每种类型的材料都有一个特定的密度，我们可以通过诉诸物体的密度来说明为什么有些物体漂浮在水中，有些物体则不会。物体的密度等于它的质量除以它的体积。如果我们可以用天平或其他方法测量一个物体的质量，用米尺测量它的尺寸，那么我们就可以计算它的密度：这意味着我们可以用质量和体积来"明确定义"密度。实际上，"密度"仅仅是质量与体积之商的"缩写"。无论我们怎么说密度，我们都可以用质量和体积来说。关于物体质量除以其体积的主张的经验内容将与任何关于物体密度的主张的经验内容完全相同。因此，如果我们可以通过可观察术语来明确定义理论术语，那么理解可观察术语的含义就不会比理解可观察术语的意义更麻烦。一个理论不可能在一个只提供表面上的说明力的非科学理论中引入某个伪科学术语。最重要的是，我们将确切地知道在什么观察条件下，由我们的观察定义术语所命名的事物存在或不存在。

　　不幸的是，几乎没有任何命名不可观察属性、过程、事物、状态或事件的术语可以用可观察属性来明确定义。事实上，理论的说明力取决于这样一个事实：它们的理论术语并不仅仅是观察术语的缩写。否则，理论陈述只会缩写观察陈述。如果是这样做，那么理论陈述可以概括但不能说明观察陈述。由于密度按照定义等于质量除以体积，所以我们不能用两个体积相等的物体的不同密度来说明为什么它们质量不相等；我们只是在重复它们的质量与体积之比不相等这个事实罢了。更重要的是，与"密度"不同，几乎没有什么理论术语可以被规定为等于某一组有限的可观察特征或属性。

　　例如，温度变化不能被定义为等于封闭管内汞柱长度的变化，因为温度也随着封闭管内水柱长度、欧姆表的电阻、双金属温度计金属棒的形状、受热物体颜色等的变化而变化。此外，即使管内汞或水的高度没有可观察到的变化，温度也会发生变化。你不能用传统的水温度计或水银温度计来测量小于约 0.1 摄氏度的温度变化，也不能测量超过玻璃熔点和低于汞、水、酒精或任何所使用物质的凝固点的温度。事实上，有些东西的温度变化是我们目前设计的温度计所无法记录的。因此，它们的一些物理性质或变化似乎无法观察到。温度之外的理论性质的情况甚至更为模糊。一方面，如果"酸"被定义为一种"质子供体"（proton donor），由于我们无法触摸、品尝、看到、感觉到、听到或闻到质子，所以我们的观察无法为"质子供体"这个概念赋予"经验内容"，那么"酸"就是一个毫无意义的术语。另一方面，我们可以把酸定义为"任何使蓝色石蕊试纸变红的东西"，但那样一来我们将无法说明为什么有些液体能做到这一点，另一些液体则不能。

我们能否通过将完整的理论陈述与完整的可观察陈述联系起来，而不是仅仅将个别理论术语与特定的可观察术语联系起来，为科学的理论主张提供经验意义呢？不能。声称一个特定气体容器中分子的平均动能随着压强的增加而增加，并不等价于关于我们在测量其温度时所能观察到的东西的任何特定陈述。这是因为在观察上测量温度有许多不同方式，使用其中任何一种方式都涉及关于温度计操作的实质性的进一步理论假设，尤其是"平衡时的绝对温度等于平均动能"这样一个理论陈述。

我们面临的问题直接触及了科学本性问题的核心。毕竟，科学的"官方认识论"是某种形式的经验论，根据这种认识论，所有知识都通过经验而得到辩护；否则，实验、观察和数据在科学中的核心作用将很难得到说明和辩护。从长远来看，科学的理论化是由经验控制的。科学的进步最终是这样一个问题：随着经验检验的结果的出现，新的假说比旧的假说得到了更有力的确证。科学不接受不能以某种方式经受经验检验的知识。但与此同时，科学对我们的经验做出说明的义务，要求科学在提供这些说明时要超越于它所诉诸的事物、性质、过程和事件中的经验。如何调和经验论的要求与说明的要求，是科学哲学乃至整个哲学最难解决的问题。因为如果我们不能调和说明和经验论，那么很明显，必须放弃的是经验论。

没有人会因为科学的方法与哲学理论不相容而放弃科学。我们可能不得不放弃经验论，转而支持唯理论。根据唯理论，我们至少有一些知识在没有经验检验的情况下得到了辩护。但如果某些科学知识不是来自实验和观察，而仅仅来自理性反思，那么声称能在说明实在方面与科学一争高下的那些替代的世界观、神话、天启宗教，不是也能声称以同样的方式得到了辩护吗？

逻辑经验主义者坚持认为，我们可以通过更复杂地理解理论术语如何可能具有经验内容来调和经验论与说明，即使这些理论术语并非描述观察的术语的缩写。例如正电荷和负电荷的概念。电子带负电荷，质子带正电荷。现在，假设有人问，电子缺少而质子拥有的东西是什么，它使电子带负电荷，而质子带正电荷？

答案当然是"没有"。在这里使用的术语"正"和"负"并不代表某物的存在和不存在。我们也可以称电子的电荷为正，质子的电荷为负。这两个术语在理论中的作用是帮助我们描述质子与电子在实验中表现出来的差异，而实验是我们用我们能观察到的东西做的。电子被吸引到一组带电板的正极，而质子被吸引到负极。我们可以在云室中的可见轨迹或气体从化学电解装置中的水冒出"看到"这种行为的结果。术语"正"和"负"对包含它们的理论做出了系统贡献，这些贡献由原子结构理论组织和说明的观察概括所兑现。"负"一词的"经验意义"是由该术语对我们可以从关于电子带负电的理论假设中推出的观察情况的概括所做出的系统贡献给出的。如果从理论中删除这个术语，则理论蕴涵这些概括的能力将被破坏，能被理论系统化和说明的观察也将减少。无论说明力的减少程度如何，都构成了"负"一词的经验意义。

我们可以使用相同的策略来确认"电子""基因""电荷"，或我们的理论中以相同方式命名不可观察之物或性质的任何其他术语的经验内容。每一个术语都必须对包含它的理论的预测力和说明力做出某种贡献。为了确认这一贡献，只需从理论中删除该术语，看看删除会对理论能力造成什么影响。实际上，"电荷"被"隐式"地定义为当我们从原子理论中删除"电荷"一词时我们失去的可观察的结果，任何理论中的任何其他理论术语也是如此。

实际上，理论的公理化进路正是这样对待理论术语的，这种观点自称"假说-演绎主义"，我们在第 7 章对此做了概述。逻辑实证主义者试图通过要求合法的理论术语经由"部分诠释"与观察联系起来，将科学的理论机制的说明力与观察对科学的限制调和起来。诠释是赋予这些术语以经验内容，这可能与科学家用来引入这些术语的语词大不相同。诠释是部分的，因为观察不会穷尽这些术语的经验内容，否则它们就失去了说明力。

另一个例子可能会有所帮助。想想"质量"一词。牛顿用"物质的量"的定义引入了这个术语，但这个定义是没有帮助的，因为事实表明，物质与质量一样是一个"理论"概念。事实上，人们倾向于通过质量概念来说明物质是什么，物质是任何具有某个质量的东西。质量在牛顿理论中根本没有被明确定义，它是一个未定义的术语。其他概念不是在理论中被定义的，而是通过质量概念来定义的，例如，动量被定义为质量与速度的乘积。但质量的经验内容是由包含它的定律以及这些定律在把观察系统化中的作用给出的。因此，质量被部分诠释为物体的属性，凭借这种属性，当放置在托盘天平上时，物体使天平臂下降。我们可以预测，一个与托盘天平垂直接触的质量将导致天平臂移动，因为运动是力的结果，而力是质量与加速度的乘积，将一个质量移到托盘天平上会导致托盘具有非零加速度。

当然，我们应该将术语的"经验意义"与其字典定义或语义意义区分开来。mass（质量）当然是一个用英语字典定义的术语，即使它的经验意义大不相同，而且事实上在牛顿力学中未经定义。

因此，质量的部分诠释是由我们用来测量它的方法提供的。但这些方法并没有定义它。一方面，我们通过测量质量的结果来测量质量的方法，比如托盘天平臂的移动，是可以用质量做出因果说明的。另一方面，通过结果来测量质量有许多不同方法，包括我们可能还没有发现的一些方法。如果存在这样尚未发现的测量质量的方法，那么我们对"质量"的诠释就不可能是完整的，而必定是部分的。再次，通过观察所做的完整诠释会把"质量"变成一组观察术语的缩写，并将剥夺它的说明力。

逻辑实证主义者提出了一个主张，即科学的不可观察术语需要通过意义与观察术语联系起来，这样才能将真正说明性的科学工具与试图利用科学的荣誉头衔的伪说明区分开来。回想一下他们对解决第 2 章讨论的划界问题的兴趣。具有讽刺意味的是，逻辑实证主义者也最早认识到，这一要求不可能以他们自己的哲学分析标准所要求的精度来表达。实证主义的大部分历史都致力于构建后来所谓的"证实原则",这是一种可以毫不含糊地用来区分合法的科学理论术语与不合法术语的石蕊试验。强版本的证实原则要求将理论术语完全翻译成可观察术语。正如我们所看到的,科学说明中援引的大多数术语都无法满足这一要求;此外,我们不希望理论术语满足这一要求,因为如果满足,它们将失去对观察的说明力。

问题在于,弱版本的证实原则将渣滓与黄金一起保留下来;这些版本没能将人人都认为是伪科学的术语当作无意义的排除在外,无法区分真正的科学与新纪元的心理呓语、占星术或宗教启示。要满足部分诠释的要求实在太容易了。以任何一个伪科学术语为例,只要将一个包含它的一般陈述添加到一个已经确立的理论中,这个术语就会被认为有意义。例如这样一个假说,即在平衡状态下,如果气体的绝对温度等于其分子的平均动能,该气体就会着魔。加到气体运动论中,这一假说使"着魔"这种属性变成了一个被部分诠释的理论术语。如果有人说,"着魔"一词和加上的"定律"对理论没有贡献,因为删去它们不会降低预测能力,那么回应将是,对于明显合法的理论术语,尤其是当它们被首次引入时,也可以这样说。毕竟,在基因最终被定位到染色体上之前的几十年里,"基因"这个概念到底给我们对可观察遗传特征的分布的理解增加了什么呢?

要求理论术语以对预测产生影响的方式与观察联系起来,这一要求过强;一些理论术语,尤其是新术语,将无法通过这项测试。这一要求也过弱,因为很容易"编造"一种理论,在该理论中,纯虚构的东西,例如"生命力",在导出关于可观察之物的概括方面扮演着不可或缺的角色。如果部分诠释过弱,我们就需要重新思考整个进路:是什么使我们理论中的不可观察术语有意义、真实或合理，是什么能使我们融贯地声称，这些术语所命名的不可观察之物实际存在着。我们需要用一种全新的意义理论来取代继承自 18 世纪的经验论理论。

科学实在论与反实在论

你可能会意识到，逻辑经验主义者处理理论术语的意义和理论知识范围的整个问题的方式，给人一种人为的印象。毕竟，尽管我们可能无法听到、尝到、闻到、摸到或看到电子、基因、类星体和中子星或它们的性质，但我们完全有理由认为它们存在。因为我们的科学理论告诉我们，它们确实存在，这些理论具有巨大的预测力和说明力。如果得到充分确证的物质本性理论包括了关于分子、原子、轻子、玻色子和夸克的定律，那么这些东西肯定存在。如果得到充分确证的理论将电荷、角动量、自旋或范德瓦尔斯力归因于这些东西，那么这些性质肯定存在。根据这种观点，必须从字面上把理论诠释为告诉了我们关于事物及其性质的说法，这些事物及其性质的名称的意义与命名可观察之物及其性质的术语（如太阳）的意义同样成问题，而不是把理论诠释为提出了其意义与观察有关的主张。上述语言理论使用位于语言基础层面的观察术语，并要求所有其他术语都由这些术语构建出来。如果这一结论与这种语言理论不相容，那么对于该语言理论以及一种与之相伴随的严格的经验论认识论来说就更糟了。

这种处理理论术语问题的方法被广泛地称为"科学实在论"，因为它认为科学的理论承诺是实在的，而不仅仅是观察主张的（变相的）缩写，或者我们为组织这些观察而创建的有用虚构。（请注意，这种对"实在论"一词的使用不同于"柏拉图主义实在论"，后者认为存在着抽象对象，这与"科学实在论"的意义截然不同。）

直到实证主义衰落，科学实在论才开始出现。因为它反映了逻辑实证主义者会斥之为毫无意义的一个问题：物理学中不可观察的东西是不是实在的？由于它们是不可观察的，所以任何观察检验都无法决定这个问题，因此对这个问题的任何回答都只是形而上学。然而，放弃实证主义的证实标准，问题就变得有意义了。你会认为答案变得显而易见：当然存在着原子、质子、中子、电子、光子、夸克，更不用说分子、蛋白质、基因等等了。然而令人惊讶的是，这个问题是有争议的，而且没有明显的答案。

逻辑实证主义的出发点是一种哲学理论——经验认识论。科学实在论，或简称"实在论"，则始于实在论所认为的一个关于科学的明显事实：它巨大且不断增长的预测能力。随着时间的推移，我们的理论在预测的范围和精度方面都有所提高。我们不仅可以预测越来越多不同类型的现象的发生，而且已能够提高预测的精度，即科学推导出的预测与实际仪表读数相吻合的小数位或有效数字的位数。这些长期的改进转化为我们越来越依赖的技术应用，实际上我们每天都在依靠这些技术应用来保证我们的生活。科学的这种所谓的"工具成功"迫切需要说明，或者至少实在论者坚持这样认为。怎样说明呢？科学"管用"这一事实的最佳说明是什么？答案对实在论者来说似乎很明显：科学之所以如此管用，是因为它（近似）为真。倘若科学的预测成功和技术应用仅仅是幸运的猜测，那将是宇宙层面的奇迹。

科学实在论者的论证结构通常有以下形式：

1. P。

2. 对 P 这个事实的最好说明是 Q 为真。

因此，

3. Q 为真。

实在论者用各种不同的陈述来代替 P，比如科学在预测上是成功的，或者越来越成功，或者科学的技术应用越来越强大和可靠，等等。对于 Q，他们代之以这样一个陈述：科学理论所假设的不可观察之物存在着，并且具有科学赋予它们的属性；或者实在论者会提出一种较弱的主张，比如"科学所假设的那种不可观察之物是存在的，并且具有科学赋予它们的属性，科学正在不断接近关于这些事物及其属性的真理"。从 P 为真到 Q 为真的论证结构是一种"最佳说明推理"。（这类论证也被称为"溯因"或"溯因论证"。）

读者也许会觉得这种论证具有毫无争议的说服力。它当然吸引了许多科学家，因为他们会把实在论哲学家使用的最佳说明推理当成他们自己在科学中使用的推理形式。例如，我们如何知道存在着电子，以及它们有负电荷？因为，假设这些可以说明密立根油滴实验的结果和威尔逊云室中的轨迹。

但事实上，科学家和哲学家用来证明科学合理性的论证形式正是科学的致命弱点。假设有人质疑实在论的论证，要求为上面 1—3 中给出的推理形式提供理由。实在论者的论证旨在把科学理论确立为字面上为真或越来越接近真理。如果实在论者认为这种推理形式之所以可靠，是因为它在科学中得到了成功的应用，那么这个论证是潜在的循环论证。一种论证形式在过去管用，这个事实并不能用来支持对其未来的信心，因为所讨论的问题恰恰是，在过去管用的论证形式是否在未来管用。实际上，实在论者认为，关于最佳说明的结论即科学理论产生真理的推理之所以有根据，是因为科学通过使用这种推理形式而产生真理。用我们以前用过的一个类比来说，这就像是通过承诺恪守偿还的承诺来支持偿还贷款的承诺。

此外，科学史告诉我们，许多成功的科学理论完全没有证实科学实在论者对理论为什么会取得成功的描述。早在开普勒之前，当然也是从他那个时代开始，科学理论不仅是可错的（和可以改进的），而且如果以当前的科学为指导，那么它们有时关于何物存在和事物具有何种性质的断言是根本错误的，即使它们的预测能力持续增加。

一个经典的例子是 18 世纪的燃素理论，在预测方面，它比之前的燃烧理论有了显著的改进，但它起说明作用的核心实体——燃素，现在却遭到嘲笑。还有一个例子是菲涅耳（Fresnel）关于光的波动说。这一理论大大提升了我们在预测（和说明）方面对光及其性质的把握。但该理论声称，光是通过以太这种介质传播的。鉴于前面追溯的引力概念的困难，假设这种以太是可以预料的。引力之所以是一种神秘的力，正是因为它似乎不需要任何材料来传播。如果没有传播介质，那么对于 19 世纪物理学的机械唯物论而言，光波将被证明是一种与引力同样可疑的现象。后来的物理学表明，尽管以太这个菲涅耳理论的核心理论假设在预测方面有了很大改进，但以太并不存在。以太并不是关于光的行为的更恰当的描述所要求的。以太假设促进了菲涅耳理论的"非实在论"，这至少是当代科学理论的判断。但是，由过去在预测方面取得成功的理论是错误的（有时是彻底错误的）进行一种"悲观归纳"，可以肯定地认为，我们目前的"最佳估计"理论也面临着类似的命运。由于科学是可错的，我们也许会期望这样的故事会成倍增加，以表明长期来看，随着科学在预测能力和技术应用方面的进步，其理论假定的实在性会大不相同，以至于破坏了通向科学实在论对其主张之诠释的任何直接推断。

此外，科学实在论声称关于不可观察之物，我们的理论具有（近似的）真理性，而经验论认识论认为，观察对于知识是必不可少的，如何调和科学实在论声称拥有的这种知识与经验论认识论，科学实在论未置一词。在某种意义上，科学实在论是科学知识如何可能这个问题的一部分，而不是解决方案的一部分。

一些实在论者意识到，我们关于理论所涉及的不可观察之物的知识是成问题的，悲观归纳背后也有指称失败的记录。他们建议采用所谓的"结构实在论"观点来避免这两个问题。刻画一种能够成功预测的科学之特征的理论相继，并不意味着越来越接近于世界上诸如粒子和场等事物的真理。毋宁说，它们所接近的乃是实在的真正数学结构。这些哲学家引用牛顿力学的数学表述与后来量子力学和广义相对论的数学表述之间的相似性，作为这种超越观察的真理获取途径的明确例子。事实上，牛顿定律可以作为特例从量子理论和相对论中推导出来。（回想一下本章开篇的洛伦兹方程。）原因在于，这些理论都有一个核心的数学结构，比如一个平方反比方程。结构实在论拒绝就服从这些数学公式的事物的本性提出任何主张，这些数学公式为随着时间的推移提供越来越准确的预测和说明的理论提供了共同的结构。然而，他们认为，科学理论弄清楚的乃是实在的数学结构，即使在不可观察的范围内也是如此，"结构实在论"也因此得名。

作为一种可以替代科学实在论的选择，结构实在论避免了对于不可观察之物的一些有争议的知识承诺。但它也面临一些明显的问题：如何将一种理论的数学结构或形式与其内容以及关于特定事物的主张区分开来，这些主张通过事物的（结构）性质和关系来确认它们，就像理论通常所做的那样。如果没有数学形式与事实内容的明确区分，就很难看出结构实在论与科学实在论的区别。此外，必定会出现这样一个问题：与关于不可观察之物的知识相比，关于不可观察的结构的知识是否更容易获得，或者更容易与经验论认识论相协调。为了例示这两个反驳：我们如何能在不了解相关领域具体内容的情况下说出，牛顿力学、静电学和广义相对论都是正确的，即在它们的领域中运作的平方反比关系（理论的形式）趋近了实在？不仅如此，结构实在论需要为理论的数学形式提供一个独立的标准。如果理论有不止一种形式，或者还没有数学形式，或者被拒绝接受，而被取代的理论与近似为真的理论共享某种最简形式，那么这可能是一个困难。每一个可以用方程来表示的理论都会在某个抽象层面共享形式。结构实在论认为在什么层面，相继的理论中保留的形式揭示了不可观察的实在的本性？

　　还有另一种对科学实在论的替代方案，它更认同经验论，长期以来吸引了一些哲学家和科学家。它被称为"工具论"。这一标签命名了这样一种观点，即科学理论是有用的工具、启发式的策略、我们用来组织经验的工具，而不是关于世界真假与否的字面断言。这种科学哲学至少可以追溯到 18 世纪的英国经验论哲学家乔治·贝克莱，也被归因于宗教法庭的主要人物，他们试图调和伽利略关于地球绕太阳运转的异端主张与《圣经》和教皇的声明。根据这个故事的一些版本，这些有学问的教士认识到，伽利略的日心假说在预测方面至少与主张太阳和行星绕地球运转的托勒密理论同样强大；他们承认，用它来计算行星在夜空中的视位置可能更简单。但所谓的地球运动是观察不到的，我们并没有感觉到地球在运动。伽利略的理论要求我们忽视观察的证据，或者花大力气对此进行重新说明。因此，宗教法庭的这些官员们敦促伽利略宣称他改进的理论不是字面上为真，而是比传统理论更有用、更方便、更有效的天文预测工具。伽利略若能这样对待自己的理论，并且对他是否相信它为真保持沉默，他就能逃脱宗教法庭的惩罚。虽然伽利略起初宣布放弃了之前的信念，但他最终拒绝接受关于日心假说的工具论看法，在软禁中度过了余生。

后来的工具论哲学家和科学史家指出，教会的观点比伽利略的更合理。虽然贝克莱在这个问题上并不偏袒任何一方，但他从语言的本性出发证明实在论（以及对牛顿部分理论的实在论诠释）是不可理解的，使工具论更具吸引力。贝克莱进而坚称，科学理论的功能不是说明，而是径直将我们的经验以方便的包装组织起来。根据这种观点，理论术语并不是观察术语的缩写，而是更像助记符、缩略词、没有经验意义或字面意义的未加诠释的符号。科学的目标始终是不断提高这些工具的可靠性，而不必担心实在在被字面诠释时是否与之相符。

值得注意的是，自牛顿以来的物理科学史显示出科学家自身在实在论与工具论之间的周期性相继模式。在17世纪，机械论、微粒论和原子论占据主导地位，而到了18世纪，由于工具论处理牛顿神秘引力的便利方式，取代17世纪实在论的是占据主导地位的工具论科学进路。通过把牛顿的引力理论仅仅当作计算物体运动的有用工具，工具论科学进路可以忽视引力究竟是什么这个问题。到了19世纪，随着原子化学、电学和磁学的进展，关于不可观察之物的假设重新受到科学家的青睐。但在20世纪初，随着实在论者将量子力学诠释为对世界完全真实的描述所引发的问题开始增加，工具论科学进路再次变得不再流行。根据量子力学的标准理解，电子和光子似乎具有不相容的性质——既是波的，又是粒子的；在被我们观察到之前，两者似乎都没有物理位置。提供一种量子力学的诠释来解决这些诠释问题，对于它已经非常强大的预测能力没有贡献。这就是为什么最好是把量子力学当作组织我们在原子物理实验室的经验的有用工具，而不是当作一套独立于我们对世界的观察的关于世界的真实主张的原因。

　　工具论如何回应实在论者的主张，即只有实在论才能说明科学的成功呢？工具论者非常一致地做出了以下回应：任何对科学成功的说明，只要诉诸其理论主张的真理，要么能够提高我们对经验的预测能力，要么不能。如果不能，我们就可以忽略这种说明，并认为它声称要回答的问题没有经验意义。然而，如果这种说明能够增加我们科学工具在系统化和预测经验方面的用处，那么工具论就可以接受这种说明，认为它确证了理论是有用的工具，而不是对自然的描述。

　　一些哲学家在工具论与实在论之间寻求折中，这将使我们能够从表面上看待我们的理论，同时避免因为经验论而变得成问题的那些承诺。这些折中试图两者兼得：我们既同意科学家的看法，认为科学理论的确声称要对世界，尤其是对说明观察的不可观察的背后机制提出主张，我们也同意工具论者的看法，即认识这些主张是不可能的。但我们可能会说，科学的目标应该是把经验系统化。因此，只要科学理论能使我们控制和预测现象，我们就可以对科学理论是否为真、近似为真、为假、为方便的虚构或其他任何东西保持不可知论。我们能够而且应当接受它们，而当然不必相信它们（那将对它们的真理性采取一种立场）。科学应当满足于只是越来越精确地预测范围越来越广的经验。简而言之，科学家应当把工具论者建议的东西当作目标，而不必接受他们这样做的理由。科学当然是一种工具，只是我们不能判断它是否不仅仅是一种工具。无论如何，科学理论"在经验上是恰当的"。回想一下 17 世纪自然哲学家的话，根据这种观点，我们只要求科学能够"拯救现象"。

对理论科学之主张的实在论诠释与工具论认识论的这种结合被其创始人范·弗拉森称为"建构经验论"。很少有哲学家和科学家会认为，建构经验论是科学哲学中的一种持久稳定的平衡态。毕竟，如果科学对世界的描述要么（越来越接近）为真，要么（持续）为假，但我们永远无法判定是哪一种，那么把科学当作一种对实在的描述就不再是智识的事情了。一方面，如果我们说不出这些详尽和排他的选项中哪一个适用，那么正如工具论者所声称的那样，无论哪一个适用都可能是不相关的。另一方面，如果我们永远不去判断我们所能提出的最具预测能力和技术上最为成功的假说是否为真，那么我们是否能拥有科学知识这个认识论问题，就和怀疑论者关于我现在是否在做梦这个问题一样与科学无关。

实在论、工具论和建构经验论在处理理论实体和命名它们的术语的问题时，采用了相同的两个共同假设：我们可以将表达科学定律和理论的术语分为观察术语和非观察术语（或理论术语）；三者都同意，正是我们关于可观察之物的行为及其性质的知识，检验、确证和否证我们的理论。对于这三者来说，最后的认识论手段都是观察。然而，正如我们将在下面看到的，任何一个观察究竟是如何检验科学的任何部分的（无论是不是理论部分），都不是一件容易理解的事情。

逻辑实证主义者对关于科学理论的实在论—工具论争论并无耐心，因为这不是一个可以接受经验检验的争论。其他哲学家谴责它反映了对科学、真理和知识的深刻误解。阿瑟·法恩（Arthur Fine）认为，整个争论例如可以通过采用关于科学理论的自然本体论态度来避免。在日常生活中，我们将许多命题当作真的来处理，而没有仔细探究它们的真是让我们相信什么，即它们的本体论承诺。我们自然同意像"2 是唯一的偶素数"这样的陈述。但如果有人问我们，我们是否相信存在着一个由数字 2 命名的东西，而且该陈述的真要求它存在，许多人就会表示怀疑。如果问数是什么，如果不是一个具体存在的东西的话，很少有人会给出回答。那些回答数 2 是心灵中的一个观念的人很快就会相信，这一假说是不令人满意的。但这些都不会削弱我们对"2 是唯一的偶素数"这一陈述为真的信念。这一切都很自然。因此在科学中，我们也可以、而且确实应当承认我们所采用的那些理论的真理性，而不在科学实在论与反实在论的支持者之间的争论中选边站，也不去接受或拒绝最佳说明推理、非奇迹论证或悲观归纳的正当理由。特别是，对于科学的长期进步，牛顿力学和狭义相对论所说的质量是否意味着相同的东西，以及 17 世纪的微粒论是否被 20 世纪的原子理论所证实，自然本体论态度可以始终是不可知论的。在日常生活中，我们承认最佳说明可能不为真，但仍然是说明性的；即使实在论是对科学预测进展的最佳说明，我们也不必断言它是真的，也不必断言科学中相继的理论越来越接近真理。

　　实在论者和反实在论者如果怀疑自然本体论态度是否遗漏了重点，那是可以原谅的。作为一份关于科学家如何讨论他们的理论并选边站的报告，法恩的进路似乎并不特别。但哲学家会拒绝接受科学家在逻辑上不相容的主张之间保持绝对中立的做法。我们不能保持中立，要么把它的主张视为在声称关于世界的真理，要么把它们当作有用的工具，可以方便地把它们称为描述。一旦我们确定了真理和指称等术语的含义，实在论者和反实在论者就科学所争论的问题就是真实的和不可避免的。事实上，"2是唯一的偶素数"也是如此。数学家可能不会对数是什么感到不安，因为他们把这个问题留给了哲学。但这个问题仍然有待回答。我们如何知道不可观察的具体对象是否存在，也是如此。

小 结

通过将理论视为以演绎的方式组织起来的系统，对科学理论的公理化解释说明了一个理论的定律如何协同运作，以说明大量经验的或可观察的规律，其中的假设是由对从它们导出的概括的观察所确证的假说。把定律理解成由其推论所检验的假说，这种构想被称为"假设-演绎主义"，这是一种关于理论和经验如何结合在一起的业已确立的解释。

理论常常通过确认背后未被观察到的过程或机制来进行说明，正是这些过程或机制引发了检验理论的可观察现象。还原论是一种关于科学理论彼此之间关系的古老看法。还原论认为，随着科学对世界认识的加深，狭义的、不太准确的、更特殊的理论被揭示为广义的、更完备的、更准确的理论的特例，或可以由后者推导出来，从而得到说明。推导要求从广义理论的公理中逻辑地演绎出狭义理论的公理，而且在做出演绎之前往往要对狭义理论进行修正。还原论者试图通过诉诸这些理论间的关系来说明自牛顿革命以来科学的进步。数百年来，科学理论似乎在（通过纠正）说明理论失败的同时保留了理论的成功，从科学理论的公理角度来看，科学理论的这种还原很容易理解。

　　然而，关于理论的公理解释的假设-演绎主义（以及基于观察和实验的科学的一般认识论视角），在试图说明理论中确认不可观察之物（如细胞核、基因、分子、原子和夸克）的理论术语的不可或缺性时，面临着严重的困难。因为一方面，这些术语所命名的理论实体的存在没有直接证据；另一方面，如果没有它们，理论就无法发挥其说明功能。有些理论实体，比如引力，确实很麻烦，但与此同时，我们需要从科学中排除所有无法提供经验证据的神秘力量。认为有意义的语词最终必须由经验赋予其意义，这是一个吸引人的想法。然而，如何找到一种方式让理论语言通过这一检验，同时又能把不受控制的思辨的术语当作无意义的排除出去，这是任何对科学理论的解释都必须面对的挑战。

　　假设理论实体对于说明是必不可少且不受经验约束的，这一难题有时可以通过否认科学理论试图描述背后的实在（正是这些实在将观察概括加以说明和系统化）来解决。这一观点被称为工具论，它将理论视为一种启发性的手段，一种只用于预测的计算工具。而实在论则认为，我们应该把科学理论视为一套对不可观察现象的字面上为真或为假的描述，这种观点坚称，只有理论近似为真这一结论才能说明理论在预测方面的长期成功。工具论者反对这种说明。

研究问题

1. 辩护或批评："在理论无法用数学来表达的地方，还原是不可能的。"

2. 为什么有人会持这种观点："真正的知识需要为真。这意味着在科学中，我们不得不在科学说明与知识之间做出选择？"

3. "建构经验论"果真是工具论与实在论之间的一条可行的中间路线吗？

4. 评价以下对实在论的论证："随着技术的进步，昨天的理论实体变成了今天的可观察实体。如今，我们可以探测到细胞、基因和分子。未来，我们将能观察到光子、夸克等。这将证明实在论是正确的。"

5. 工具论能够提供一种关于科学成功的说明吗？如果能，它是什么？如果不能，为什么？

6. "结构实在论"是实在论的一个版本吗？它为抽象结构赋予了具体实在性吗？

阅读建议

Nagel 关于还原的后实证主义观点可见于 Curd and Cover 的选集，以及 Nickles 的导言 "Two Concepts of Intertheoretical Reduction"，还有 Kitcher 关于生物学还原的文章 "1953 and All That: A Tale of Two Sciences"。

实证主义还原概念中所反映的科学进步观在 W. Newton-Smith, *The Rationality of Science*，和 M. Spector, *Concepts of Reduction in Physical Science*，以及 A. Rosenberg, *The Structure of Biological Science* 中得到了考察。但关于这个问题已有许多论文，而且仍然层出不穷，特别是在 *Philosophy of Science* 和 *British Journal for Philosophy of Science* 杂志上。在 "Explanation,

Reduction, and Empiricism," reprinted in Balashov and Rosenberg 中，费耶阿本德对自满的进步图景进行了猛烈抨击，正如我们将在第 12 章看到的，这非常有影响力，尤其是与关于托马斯·库恩观点的一些诠释结合在一起时。费耶阿本德关于还原的另一篇论文载于 Curd and Cover 的选集。Kitcher, "Theories, Theorists, and Theoretical Change" 对通过替代的理论连续性做了复杂的讨论，特别谈到了燃素和氧。该文也重印于 Balashov and Rosenberg 的选集，并讨论了第 6 章提到的问题。

亨普尔的论文 "The Theoretician's Dilemma," in *Aspects of Scientific Explanation* 表述了如何将理论实体对于说明的不可或缺性与经验论要求命名这些实体的术语具有观察意义这两者调和起来的问题。*Aspects of Scientific Explanation* 中的其他一些论文，包括 "Empiricist Criteria of Significance: Problems and Changes"，反映了这些问题。这两篇论文都重印于 Lange 的选集。

关于实在论的最早也最强有力的后实证主义论证之一是 J. J. C. Smart, *Between Science and Philosophy*。范·弗拉森的 *The Scientific Image* 主张建构经验论。实在论者、反实在论者和工具论者之间的争论在 J. Leplin (ed.), *Scientific Realism* 中得到了很好的讨论，其中包括 R. Boyd and E. McMullin 捍卫实在论的论文，劳丹从科学史中"悲观归纳"出对实在论的否定的论文，对范·弗拉森"建构经验论"的陈述，以及 Arthur Fine, "The Natural Ontological Attitude" 对实在论和反实在论所引出的麻烦的论述。范·弗拉森的观点在 *The Scientific Image* 中得到了更充分的阐述。J. Leplin, *A Novel Argument for Scientific Realism* 是对实在论的最新辩护，反对范·弗拉森等人的观点。

P. Churchland and C. A. Hooker (eds.), *Images of Science: Essays on Realism and Empiricism* 是一部讨论"建构经验论"的论文集。劳丹反对实在论的论证在 "A Confutation of Convergent Realism," reprinted in Balashov and Rosenberg 中得到了有力的发展，该文集中还包括 Gutting, "Scientific Realism vs. Constructive Empiricism: A Dialogue" 对范·弗拉森观点和实在论的富有启发的讨论，以及 E. McMullin, "A Case for Scientific Realism" 对实在论所做的富含历史信息的辩护。Curd and Cover 的选集还重印了几篇关于实在论 / 反实在论争议的重要论文，其中包括 Grover Maxwell 的论文，以及范·弗拉森、劳丹和法恩的论文。Lange 的选集重印了 John Worral 的重要论文 "Structural Realism: The Best of Both Worlds"，以及范·弗拉森对建构经验论的阐述。Ladyman and Ross, *Everything Must Go* 中为一种激进的本体论结构实在论提供了持久的论证。P. Kyle Stanford, *Exceeding Our Grasp: Science, History, and the Problem of Unconceived Alternatives* 提出了反对实在论的新论证。

Nancy Cartwright and Keith Ward, *Rethinking Order: After the Laws of Nature* 就理论及其与世界的关系阐明了对实在论和工具论的根本替代方案。

证据对理论的亚决定性问题鼓励一些哲学家把多重不相容理论和由此驱动的说明的重要性当作科学的持久特征。这些科学哲学家的观点被称为多元论。多元论者认为，亚决定性表明，只有一种说明范式或理论传统成立的学科往往会受到社会和政治对替代方案的排斥的阻碍。他们指出，鼓励和批判性评价较多相互竞争的模型和理论的学科可以更有效地促进对其领域的理解，即使亚决定性会阻碍替代方案的显著缩窄。多元论者为科学客观性的争论做出了重要贡献，即使是在亚决定性的阴影下。他们表明，通过确认驱动不相容的模型、理论和说明的这些因素，一个意识到影响研究议程的社会力量的学科更有可能保持客观。对这种科学多元论的最有力的阐述可见于 Helen Longino, *Science as Social Knowledge: Values and Objectivity in Scientific Inquiry* 和 *The Fate of Knowledge*。

第 9 章
理论构建与模型构建

概　述

　　在许多学科中，科学家越来越将其研究成果描述为模型而不是理论。在一些学科中，通过建立一系列模型，预计将最终形成一个宏大的或至少更一般的理论。在另一些学科中，研究则以一个模型为目标，理论实际上是一组模型。此外，虽然科学理论被认为是一般的科学假说，科学家认为这些假说是自然定律的具有说明力和预测意义的良好候选者，但对于模型却不能一般地这样说。它们并不必然是科学家对定律的最佳猜测，甚至不一定是为了说明或预测任何实际的实验或其他可观察的过程。

　　这一切都表明，逻辑实证主义和后实证主义对理论是由定律和规律组成的公理系统的热衷，既不适合作为对科学家理论活动的描述，也不适合作为对科学家理论活动的理性重构。它也可能意味着，由科学理论的本性所引出的一些或所有哲学问题也许会被一种进路所规避，这种进路将模型作为科学研究的单位。本章将探讨其中一些议题。

在生物学这门学科中，似乎最多只存在一种理论，即达尔文的自然选择理论，以及关于从酶到种群的各个层次的生物组织现象的许多模型。这使我们可以用一些详细的例子来探讨生物学中理论与模型的关系。

理论与模型

后实证主义的理论观，即假说-演绎主义，把所有科学中的理论都视为假设的或未经证明的一组公理，定理就是从这些公理中导出的。公理，即理论中原始的基本定律，通常由不指涉观察的术语来表达，因此不能直接检验。通过逻辑导出的定理则是由观察术语表达的，使科学家能够直接检验定理，并且可以与公理系统地联系起来，并通过公理与公理中的理论术语联系起来，从而赋予理论术语以意义。在第8章，我们注意到这种公理进路的几个困难。一是很难从广义的、更基本的理论中导出狭义的理论，以及从后来的、更基本的理论中导出较早的理论；二是很难对理论术语的意义提供令人满意的解释。一旦经验论认为，理论术语的意义是通过与观察术语的间接联系（部分诠释）给出的，科学实在论问题就成为一个重要的问题。

然而，公理化是一个强有力的概念，似乎的确为理论的系统说明能力提供了一种解释。公理化显然不是科学家实际提出理论的方式，认为公理化给出了理论结构的大多数哲学家都没有假设任何这样的事情。他们把公理化视为对科学理论的理想或本性的一种理性重构，说明了科学理论是如何实现其功能的。但公理模型面临两个直接且相关的问题。

第一个问题是，在科学中实际出现的模型在公理解释中不起作用。然而，理论科学最典型的特征莫过于对模型作用的依赖。实证主义和后实证主义科学哲学家像数学家一样使用"模型"一词，意为对抽象公理系统的一种诠释，这与科学中"模型"一词的含义几乎毫无关系。例如原子的行星模型、气体的弹子球模型、遗传的孟德尔模型、凯恩斯主义的宏观经济模型。事实上，在科学研究的许多语境中，"模型"一词已经取代了"理论"一词。这在所谓的"特殊科学"中尤其如此，在这些科学中，模型已经取代了"如果其他情况都相同"的定律。显然，这个术语的使用常常暗示了"仅仅是一种理论"在非科学语境下所表达的那种试验性。但在某些科学领域，似乎只存在模型，要么模型构成了理论，要么根本不存在什么单独的东西被恰当地称为理论。公理进路必须对这个科学特征加以说明。

公理进路的第二个问题是，认为理论是用一种形式化的数学语言写成的一组公理化的句子。声称理论是一个公理系统会陷入困境，部分原因在于，正如我们上面所提到的，有许多不同方式将同一组陈述公理化。但更重要的是，一种特定的公理化本质上是语言的事情：它是用一种特定的语言来表述的，有着特定的词汇，定义的和未定义的术语，以及特定的句法或语法。现在我们问，要想将欧几里得几何学正确地公理化，是用希腊语及其非罗马字母，还是用19世纪的德语及其哥特字母——句尾的动词和名词做屈折变化，还是用英语，还是用汉语的象形文字？答案是，用任何语言都可以将欧几里得几何学公理化，部分原因在于它并不是用一种语言写成的一组句子，而是可以用不同语言以无限数量的不同公理化表示的一组命题。将一个理论与它在一种语言中的公理化相混淆，就像把数 2（一个抽象对象）与我们用来命名它

的 "dos"" Ⅱ ""zwei""10（二进制）"等具体写法相混淆。将一个理论和它的公理化相混淆，就像误把一个命题（同样是一个抽象对象）当作在一种语言中用来表达它的特定句子（一个具体对象）。"Es regnet"并不比"Il pleut"更是"下雨了"这个命题，"下雨了"也并不就是正确的表达方式。这三种写法都表达了关于天气的相同命题，而这个命题本身并不存在于任何语言中。同样，我们也不能把一个理论等同于它在任何特定语言中的公理化，即使这种语言是某种完美的、数学上强大的、逻辑上清晰的语言。如果我们不想这样做，公理解释至少是有困难的。

还有什么选择方案？让我们从科学家实际提出的现象模型开始，例如孟德尔的遗传传递模型。生物学家径直把孟德尔在19世纪60年代发现的两个规律（基因独立遗传"定律"和减数分裂中的基因分离"定律"）当成了孟德尔模型的组成部分。众所周知，这两个定律都有例外，和"特殊科学"中的其他定律一样，需要将其视为包含着隐式的或显式的"如果其他情况都相同"条款。但它们得到了充分的确证和实际应用，以至于生物学家愿意将其视为对孟德尔模型的定义。

这种做法在社会科学中也很常见。1936年，约翰·梅纳德·凯恩斯（John Maynard Keynes）出版了《就业、利息和货币通论》（*The General Theory of Employment, Interest and Money*）一书。这部著作饱受争议，在经济学这门越来越量化的学科中几乎没有包含方程。不到十年，许多经济学家就一致决定用三个线性方程（即所谓的凯恩斯主义模型）来表达该理论的核心内容。只要满足这些方程，一种经济学就是凯恩斯主义的，这些方程被视为一种经济学是凯恩斯主义的单个看必要、合起来充分的条件。

$$Y = C + I + g \left[\text{国民收入} = \text{消费} + \text{投资} + \text{政府支出} \right]$$

$$C = f(Y) \left[\text{消费是收入的函数} \right]$$

$$I = E(R) \left[\text{投资是“资本边际效率”的函数} \right]$$

在这个模型中，第一个方程根据定义为真；第二个方程是自明的，只有当函数 f 的值可以给出时才有意义；而第三个方程只有在完全竞争的资本市场中才会成立。因此，凯恩斯主义模型没有一个组成部分可以真的被理解成一种强大的偶然真理，这种真理被认为是某个自称是科学理论的逻辑系统的公理。

类似地，我们也可以表示牛顿系统的模型。牛顿系统是按照以下两个公式，即 $F = Gm_1m_2/d^2$——引力的平方反比律，$F = ma$——自由落体定律，以及直线运动的定律和作用力与反作用力相等的定律（或更基本的动量守恒定律）来行为的任何一组物体。同样，这四个特征定义了牛顿系统。现在，让我们考虑世界上什么样的事物排列满足这些定义？通过假设诸行星和太阳是一个牛顿系统，我们可以就无论多远的未来或过去非常精确地计算出所有行星的位置。因此，太阳系满足牛顿系统的定义。同样，我们也可以对太阳、地球和月球做出同样的假设来计算日食和月食。当然，我们可以为更多的东西这样做，如炮弹和地球，斜面和球体，摆，彗星，双星和星系，等等。事实上，如果假设气体分子满足牛顿系统的定义，那么我们也可以预测气体分子的性质。

上面给出的牛顿系统的定义并非我们所能给出的唯一定义。采用另一种定义可能更为可取，例如，如果另一种定义可以避免困扰教科书版本的牛顿理论的一些问题的话，特别是它在平方反比律中承诺，引力可以以无限的速度在真空中传播，而且任何东西都无法屏蔽它。极具创造力的诺贝尔奖获得者物理学家理查德·费曼（Richard Feynman）提出了牛顿理论的一种替代表述，他用一个公式取代了平方反比律，此公式表明，空间中一点上的引力是该点周围其他点上引力平均值的函数：$\Phi = \Phi_{平均} - Gm/2a$，其中 Φ 是任一给定点的引力势或引力，a 是周围球体半径，平均引力（$\Phi_{平均}$）就是在球体表面上计算的，G 就是上式中的常数，m 是位于引力作用点的物体的质量。事实上，费曼指出，人们可能更喜欢这个公式，而不是通常的公式，因为 $F = Gm_1m_2/d^2$ 表明引力在长距离上瞬间起作用，而这个大家不太熟悉的方程则根据可以选得任意近的其他点上的引力值给出了某一点上的引力值。但这两种定义都可以用来描述牛顿引力系统。

我们之所以把这些定义称为模型，是因为它们比其他定义更准确地"符合"一些自然过程；它们往往是刻意的简化，忽略了我们知道存在的因果变量，但与模型提到的变量相比，这些变量很小。此外，即使我们知道世间事物根本不符合它们，它们仍然可能是有用的计算工具，或者可以在教学上用来介绍某一学科。例如，太阳系的牛顿模型就是一种刻意的简化，它忽略了摩擦，像彗星、卫星和小行星这样的小物体，以及电场等。事实上，我们知道该模型的严格适用性已经被水星轨道等天文数据否证。我们知道该模型的因果变量实际上并不存在（不存在像牛顿引力这样超距作用的东西；毋宁说，空间是弯曲的）。然而，它仍然是为物理学学生介绍力学和把卫星发送到距离最近的行星上去的一个很好的模型。（尽管爱因斯坦的模型在大约 60 年前已经取代了牛顿模型，但 1969 年阿波罗 11 号的登月任务完全是用牛顿模型计算完成的。）此外，力学从伽利略和开普勒进展到牛顿和爱因斯坦乃是模型的相继，每一个模型都适用于更广泛的现象和 / 或更准确地预测现象的行为。

　　科学家提出的模型往往凭借定义为真。若非如此，那通常是因为科学家对其真假不感兴趣。有趣的倒是它对哪些系统为真，以及它在何种一般条件下不适用。例如，根据定义，理想气体就是按照理想气体定律来行为的气体。关于某个模型的经验问题或事实问题是，它是否足够准确地"适用"于某种东西，以至于在科学上是有用的，即能够说明和预测其行为。因此，牛顿模型足够好地适用于太阳系，或者被太阳系足够好地满足，这将是一个假说。一旦我们明确了什么是"足够好"或"被足够好地满足"，这就是一个通常被证明为真的假说。我们知道，无条件地声称太阳系是一个牛顿系统，严格说来是错误的。但除了太阳系满足爱因斯坦在广义相对论中提出的模型这一假说，它比任何其他关于太阳系的假说都更接近真理。那么理论呢？理论是一组假说，声称世界上特定的事物集合在不同程度上被反映某种相似性或统一性的一组模型所满足。这通常是一组越来越复杂的模型。例如，气体运动论是一组以理想气体定律 $PV = nRT$ 为出发点的模型。该模型把分子当作没有分子间力的弹子球来处理，并假设它们是数学点。该理论包括范德瓦尔斯后来的改进 $(P + a/V^2)(V - b) = rT$，其中 a 表示分子间力，b 反映分子占据的体积，两者都被理想气体定律所忽略。还有其他一些模型，比如克劳修斯模型和引入量子因素的模型。

理论和模型的语义与句法进路

　　根据这种进路，理论是一组模型（即一组形式定义，以及关于世界上何种事物满足这些定义的主张），这种理论进路的支持者将其分析称为对科学理论的"语义"解释，并将它与公理解释（他们称之为"句法"解释）进行对比。有两个相关的理由：（1）它要求按照逻辑规则从公理中导出经验概括，而逻辑规则是陈述理论的语言的句法；（2）逻辑规则所允许的推导作用于公理的纯形式特征——句法，而不是作用于其术语的含义。请注意，根据语义观点，虽然模型将由语言项来确认，但定义、假说和理论并不是语言项。它们将是可以用任何语言来表达的（抽象）命题，以使世界或世界的某个部分在某种程度上满足一个或多个模型，这些模型可以用任何便于这样做的语言无差别地表达出来。

但这肯定不是语义观点的主要优点。因为毕竟，最好是把公理解释理解成，主张理论是用把所有命题表达成公理或定理的任何语言写成的一组公理系统，或者主张理论是在报告这些命题时最好地平衡了表达的简单性和经济性的所有这种公理系统的集合。如果理论的语言特征或非语言特征是一个问题，那么对于哲学家来说，这是一个非常技术性的问题，对于我们理解科学理论应该没有什么影响。理论的语义进路相对于句法进路的优点肯定在别处。

语义进路的一个优点是，它将注意力集中于模型在科学中的作用和重要性上，而公理解释则不是这样。特别是，公理分析很难包容对这样一些模型的表述，我们从一开始就知道这些模型是错误但却有用的理想化。如果我们知道 $PV = nRT$ 不可能为真，那么不把 $PV = nRT$ 诠释为对理想气体的定义，而是诠释为从气体运动论的公理中推导出的一种关于真实物体的经验概括，是行不通的。我们不希望直接从公理系统中推导出这样的谬误，因为这样的推导意味着有一个或多个公理为假。我们希望在公理进路中为模型找到一个位置。

语义进路还有一个相关的优点经常被提及。在某些科学领域，有时会感到有关定律还没有公理化，或者公理化还不成熟，阻碍了尚在表述的思想的发展。因此，建议一门学科中的思维可以或者应当被合理地重构为一种公理化，这是不利的。有时有人声称，生物学中的进化论就与此类似——这一领域仍然不够稳定，无法被形式化为对其内容的一种规范表达。当我们试图将自然选择理论构造成一个公理系统时，进化生物学家常常认为其结果未能充分反映达尔文理论的丰富性及其后来的扩展。我们将在下一节详细讨论这些问题。

与此同时，特定的科学或子学科是否真的对其学科中的模型正在朝着哪些基本理论发展始终持不可知论态度？如果该学科中根本没有一组层次更高的一般定律来说明较低层次的规律及其例外情况，则它必定如此。回想一下公理进路的一种形而上学吸引力：它承诺公理化可以解释一种理论是如何通过揭示背后的机制来说明的。例如这样一个形而上学论题，即宇宙的组成和运作在底层是简单的，各种更为复杂和复合的事物都是底层简单性的结果。这一论题暗示，存在着一种关于因果定律层次的真实理论，每一个层次都基于一个更基本的层次，后者的定律数量更少，涉及更小范围的更简单的物体，这些更基本的定律蕴涵着不那么基本的定律。此时距离得出以下结论只有一步之遥：应当存在唯一正确的关于这种理论的公理化，它反映了实在的结构。最先提出公理解释的逻辑经验主义者将不会表达这种观点，因为他们希望避免有争议的形而上学争论。不那么讨厌形而上学的哲学家必定会认为，这种观点是采用理论句法模型的一个动机；而拒绝接受这种形而上学图像的哲学家则有一个伴随的理由来采用理论的语义进路。语义进路不承诺任何背后的简单性，也不承诺可以将不那么基本的理论（即模型组）还原为更基本的理论（即更基本的模型组）。如果大自然并不简单，那么科学的结构将以过多的模型组和缺乏公理系统来反映这一事实。它将鼓励关于理论性质及其对实在的主张的工具论。

请注意，工具论者可以拒绝参与这场关于理论是否描述实在的争论。因为工具论者必定对是否有一组定律来说明模型为什么管用这个问题漠不关心。事实上，就工具论而言，在科学的进步过程中，模型完全可以取代理论。如果理论不能提供比模型（理论说明了模型的成功）更大的经验恰当性，谁还需要理论呢？正因如此，有时人们认为，理论的语义进路比句法进路或公理进路更符合一种工具论科学哲学。不仅工具论者会赞同语义进路对实在论争论的漠不关心，而且将构建模型视为科学的基本任务，也可以使科学哲学家避免关于定律的本性和存在性、因果关系的"实在"性的问题，以及什么是因果的、律则的、自然的或物理的必然性的整个形而上学议题。

然而实在论者不能也不希望避免这些问题。他们认为，一系列模型在这些子学科中的成功，尤其是其不断提高的准确性都需要说明。当然，有些人可能会指出，进化生物学中的一组模型有可能提供很大的预测能力，并且实际提高精度，即使生物学中唯一的一般理论是在分子生物学层次发现的。例如事实可能表明，我们表述的生物学模型对于具有我们这种独特的认知和计算局限性以及实际兴趣的生物来说是适用的，但这些模型并不能真正反映实际定律在有机体组织和种群层次上的运作。这将是实在论者对存在有效模型的组织层次缺乏定律的说明。但实在论者不能采用这样一种策略来说明定律的缺乏，而定律可以说明模型在物理学或化学中的成功。

此外，实在论者会说，语义进路和公理解释都相信存在着与它所关注的模型迥然不同的理论。因为语义进路告诉我们，一组具有共同特征的模型被世间事物所满足，理论就是这样的实质性主张。理论是构成模型的一组定义加上以下主张：有一些事物充分地实现、满足、实例化和例证这些定义，使我们能以一定程度的准确性预测它们的（可观察的或不可观察的）行为。因此，将模型应用于实际过程是对这一实质性主张的真理性的固有承诺。但这样一种主张并不只是一种工具或有用的工具，使我们能够组织我们的经验。因此，和公理解释一样，语义进路致力于科学中一般主张的真理性。理论的语义进路有同样的理智义务来说明为什么理论为真或近似为真，或至少逐渐接近公理解释所给出的真理。

此外，理论的语义进路可能面临着与我们在上一章结尾留给公理解释的同样的问题。科学中的许多模型都是不可观察的理论体系的定义，比如原子的玻尔模型。因此，理论的语义进路面临着与公理解释相同的问题，即调和经验论与理论术语的不可或缺性或关于理论对象的承诺。将一个模型应用于世界要求我们将它与可以观察或经验的东西联系起来，即使观察到的是一张被我们诠释为表示亚原子碰撞、双星或 DNA 分子半保留复制的照片。无论理论（或模型）是按照实在论者的观点来说明数据，还是仅仅按照工具论者的观点来组织数据，如果不诉诸经验论认识论使之成问题的关于不可观察的事物、事件、过程或属性的主张，理论就做不到这些。但对于科学来说，最终的认知仲裁者是观察。然而，正如我们将在下面看到的，观察如何检验科学的某个部分，无论是不是理论部分，都不是一件容易理解的事情。

除了关于只涉及模型的无理论的科学能否公正地对待科学的描述性或表征性任务的这场争论之外，主张模型具有核心地位的支持者正确地指出，科学和科学家的目标远不只是给出唯一正确的世界描述或者若干正确的世界描述之一。科学家想要或需要的往往不是一种语言描述，而是一个物理模型，比如沃森和克里克的 DNA 双螺旋模型，这对于理解遗传学比语词描述更具启发性。有时物理学家更喜欢一种不能用任何语言连贯诠释或表达的数学模型。这似乎是量子力学中普遍存在的一种态度。他们的兴趣纯粹是预测性的，其模型从未被视为对实在的表征。在另一些情况下，科学家构建完全虚构的情况的模型，以便探索一种概念工具，然后将其应用于单独的说明中，或者仅仅是在考虑律则的或实际的可能性之前排除或确定逻辑可能性。独立于科学实在论者和反实在论者关心的形而上学和认识论问题，关于科学模型的本性还有很多要学习的东西，而争论双方都不否认这一点。

案例研究：达尔文的自然选择理论

在第 2 章和第 6 章，达尔文的自然选择理论已经不止一次因其哲学含义而被引用。在第 2 章，有人认为这个理论鼓励一些生物学家提出了一些迄今为止一直专属于哲学的问题：人的本性，甚至是一个神圣造物主的存在，他的设计反映在生物现象中。第 6章提出的问题是：达尔文将适应解释为纯粹因果过程的结果，这说明了自然界中的目的是如何可能的，还是表明生物学领域中并无真正的目标或目的，所有这些描述都是错误的和虚幻的。在对科学的革命性影响上，达尔文的成就有时被认为仅次于牛顿的成就。因此，并且由于该理论处于物理学之外，我们不妨用它来说明和检验前三章提出的关于理论和模型的主张。此外，该理论提出了一些涉及可检验性和确证性的哲学问题，第 10 章将做更一般的讨论。

在撰写《物种起源》时，达尔文并没有把自然选择理论阐述为一套关于背后机制的假设，由这些假设可以推导出关于可观察现象的各种概括。直到今天，生物学家、科学史家和科学哲学家仍在争论其理论的确切结构。一些生物学家和科学哲学家一直不愿从这部著作中，或者从它所产生的进化生物学这门子学科中，提取一套自然选择定律。这些哲学家和生物学家不愿通过提供一系列例子来阐述这个理论是如何工作的。这些例子是介绍这一理论的有效方法。

想想达尔文对以下事实的说明：为什么所有生活在今天的正常长颈鹿都有长长的脖子。和所有遗传性状一样，长颈鹿脖子的长度总是存在着变异。在遥远过去的某个时候，由于偶然的机会，在少数长颈鹿中出现了一种脖子特别长的变体。总是存在着独立于环境变化的、与环境变化无关的变异（突变或遗传重组），这是达尔文的伟大发现之一。这少数长脖子的长颈鹿比短脖子的长颈鹿在觅食方面表现更好，也比与长颈鹿竞争资源的其他哺乳动物表现更好，因此存活时间更长，有更多长脖子后代——因为长脖子在很大程度上是遗传的。由于受环境支持的长颈鹿种群数量有限，长脖子的长颈鹿在整个种群中的比例增加，因为长脖子的长颈鹿比短脖子的长颈鹿更能竞争有限的资源（只有长脖子的长颈鹿才能接触到足够高的树叶）。结果，长颈形态在整个长颈鹿种群中最终变得均一。

达尔文以如下方式提出了他的理论的更一般的版本。他从两个陈述开始：

1. 繁殖种群呈指数增长。

2. 任何区域支持任何繁殖种群的能力是有限的。

因此，他推论说：

3. 在相互竞争的种群中，始终存在着生存和繁殖的斗争。

同样，可以明显地看到：

4. 这些种群成员的适合性存在变异，其中一些变异是可遗
   传的。

因此，达尔文得出结论说：

5. 在生存和繁殖的斗争中，最适合的变体将受到青睐，因此，
6. 适应性进化将会发生。

我们可以把 1、2 和 4 这三个陈述看作公理，而把 3、5 和 6
看作定理。

达尔文将陈述 1 归功于 19 世纪经济学家托马斯·马尔萨斯
（Thomas Malthus），马尔萨斯认为人口是按几何比例增长的，而
粮食供应则是按算术比例增长的，因此"穷人将永远与我们同
在"。回想起来，从这一见解到达尔文理论的推理线索并不难找
到，尽管自然选择理论是一项更重要的成就。

陈述 4 表达了达尔文的独特发现，即在生物学领域，与比如说
化学领域不同，变异是常态。与化学元素相比较：在任何元素的
纯化样品中，所有特征都是相同的。这是因为在单个原子的层次，

同一元素的每一个原子都是相同的，偶尔的例外是同位素，同位素的不同之处在于与原子的化学反应无关的中子。然而，一个物种的每一个成员都与其他成员有所不同；由于 DNA 复制中的复制错误，即使同卵双胞胎也没有完全相同的 DNA 序列。达尔文认识到变异是"盲目的"，它从来不是源于任何需要或它对有机体的任何用处。他意识到，自然之中没有先见在驱动变异。达尔文将环境的作用称为"自然选择"。作为隐喻，"自然选择"是不恰当的，因为环境从不选择。它的作用是纯粹被动的。它起到过滤器的作用，消除相互竞争的繁殖谱系成员当中的不太适合者。达尔文认为，环境并不创造适应，甚至没有积极地塑造适应。环境只让那些足以经历另一轮过滤的最小程度地适合的变异通过，作为繁殖者。自然并不主动选择它所引起和选择的新的变异。

为了领会自然选择理论的一般性，我们不能把它表达为关于长颈鹿、哺乳动物、动物甚至有机体的理论。这是因为，作为一种关于可以时时处处成立（这是使之成为一套科学定律所需的东西）的进化机制的一般主张，它不能提到地球所特有的东西。我们需要把它表达为关于繁殖任何血统成员的主张。这样表述的理论不能被理解成一个仅仅是关于地球上动植物生命进化的主张。此外，地球上繁殖成员的谱系不仅包括动物和植物，还将包括基因、基因组（例如同一染色体上的各组基因）、单细胞无性生物体、家族、群体和种群，以及单个有机体——动物和植物。所有这些东西都在繁殖，表现出可遗传的性状和变异，因此将参与不同的进化过程，导致生物组织的不同层次的适应。正如长脖子是长颈鹿的一种适应，理论说明了它的分布；能在沸水中生存也是某些细菌的适应，它使理论能够说明这些细菌在世界各地的温泉中的持久性。事实上，生物学所揭示的每一种适应，无论多么复杂，其根源都是一个完全盲目的、纯粹被动的随机变异和环境过滤过程。

现在我们可以看到，为什么一些自然科学家和科学哲学家认为，作为一种没有给目的和目的论留出余地的纯粹因果的理论，达尔文的理论推翻了康德的格言，即"永远不会有能解释草叶的牛顿"。达尔文的盲目变异和自然选择机制及其在 20 世纪的拓展（用纯粹的物理学和化学方式说明遗传和变异）如果是正确的，那么就代表了对从牛顿开始的机械论科学程序的辩护。它表明，与牛顿理论相联系的对自然的纯机械看法可以一直延伸到生命科学，不给关于自然任何部分的目的论或目的观点留出余地。

请注意，与其他各组定律一样，自然选择理论提出了一些假说主张：如果遗传性状存在变异，且这些变异在适合性上有所不同，则将存在适应性的变化。就像气体运动论告诉我们，气体如果存在则将如何行为，而没有告诉我们气体是否存在，达尔文的一般理论也没有断言适应性的进化成立。为了得出这个结论，我们需要初始条件：断言某些东西会繁殖，其后代的性状是从父母那里继承来的，这些性状并不总是精确的复制，而是因父母而异，也因后代而异。当然，《物种起源》对达尔文在它 1859 年出版时已经研究了 30 年的许多动植物的谱系做出了这样的断言。和大多数其他生物学著作一样，它描述了这个特定星球上的大量进化，以及一种关于进化的一般理论，该理论可以通过宇宙中其他地方的东西来实现，这些东西看起来与我们所认识的动植物完全不同，只要它们在适合环境方面显示出可遗传的变异。

关于达尔文的理论，另一件需要注意的事情是，虽然自然选择的进化需要有可遗传变异的繁殖，但它没有说繁殖是如何发生的，也没有告诉我们有关遗传机制的任何信息。它预先假定存在遗传机制，但对作为地球上遗传传递机制的遗传学缄口不言。当然，它也必须对一代又一代不断表现出来的变异的来源保持沉默，环境通过过滤掉不太适合者来"选择"这些变异。20 世纪的许多生物学都致力于提供关于地球上的遗传变异如何发生的理论，这是用达尔文的自然选择理论来详细说明这个星球在过去 35 亿年进化的方向和速度所必需的。这个理论当然是分子遗传学和群体遗传学。

进化生物学中的模型与理论

与牛顿不同，达尔文并没有将其理论的核心特征称为定律，也没用一组普遍概括来表达他发现的盲目变异和环境过滤的过程。他在《物种起源》中经常使用"定律"一词，但并没有提到他所发现的进化适应力量的运作方式。此外，除了达尔文自己的方式，表述或表达他的理论还有其他许多方式。其中一些具有牛顿式公理化的经济性和简单性。问题在于，事实表明，这些表述或多或少都不足以把握被进化生物学家称为达尔文进化的某个过程。

在对自然选择理论的核心假设、公理或原始定律的这些表述中，最有吸引力的一个源于理查德·列万廷（Richard Lewontin）。他对该理论的表述有三个主张，对于适应的进化来说，是单个看必要、合起来充分的条件：

1. 任何复制或繁殖的东西的性状总是有变异的。
2. 变异的性状在适合性上有所不同。
3. 某些性状间的适合性差异是可遗传的。

　　请注意，这种表述对于变异的盲目性或决定适合性差异的环境的被动角色未置一词。即使对于该理论的这种表达是恰当的（它在几个不同的方面都有争议），它也太过抽象，无法用来说明进化的过程或结果，而且对其关键概念如性状、适合性、复制／繁殖、遗传力等的诠释在某些情况下会使理论错误，而在其他情况下则与进化无关。

　　当然，这正是人们对语义进路的期望，语义进路将理论视为由大量模型所组成，并非所有模型都适用于所有情况。列万廷所阐述的三个条件太过抽象，只可能是"图式"，即非常松散和开放的框架，需要填充才能有内容，但填充这些框架可以制造出模型，以语义理论所倡导的方式，将这些原则作为一种理论来说明或实现。它们可以被填充，然后与各种生物过程的细节一起利用，以说明它们是如何出现的，以及为什么会持续存在。

　　进化生物学的一些最著名的见解是由自然选择驱动的模型，但在这些模型中，自然选择的作用并不明显。几乎任何把当前动植物的分布解释成起平衡作用的选择力的局部或整体平衡之结果的模型，都说明了模型在进化生物学中的核心性。最明显的是两个简单的洛特卡－沃尔泰拉（Lotka-Volterra）方程，它们模拟了捕食者种群与猎物种群之间的循环关系：

$$dx/dt = x\,(a - by)$$
$$dy/dt = -\,y\,(g - dx)$$

　　其中 y 是猎物种群数量，x 是捕食者种群数量，dy/dt 和 dx/dt 是两个种群的增长率，a、b、g 和 d 是表示两个种群相互作用速率的参数。随着捕食者数量的增加，猎物将以由方程表示的一定的滞后减少。当猎物种群下降时，捕食者种群也会下降，同样有一个滞后，因此两个种群都围绕平衡值循环。应用这两个方程需要大量经验研究来估计滞后的长度和实际种群水平，这对于每一对捕食者和猎物来说都是不同的。当然，出于众所周知的原因，有时平衡会崩溃。这些是模型不起作用的领域。这些领域不会破坏模型在其他应用领域的说明作用或预测作用，生态学中也没有人像语义进路所暗示的那样，寻找接近这些模型的一组更一般的定律。

这类平衡模型有一个更著名的例子，它也是模型在进化生物学中的核心性的典型特征。"费舍尔性别比模型"说明了为什么几乎在所有有性生殖的物种中，雄性与雌性之比都接近1:1，即每一个体都可以期待一个而且只能期待一个伴侣。该模型将雌性主要有雄性后代或主要有雌性后代的倾向视为一种可遗传的形状。它使用列万廷的假设得出结论说，前一性状在雌性比例过高的环境中更适合，反之亦然。如果适合性是一个有更多后代的问题，那么在下一代，倾向于有更多雄性后代的雌性将更适合，并且会有更多的雄性，从而减少雌性过高的比例。这个过程一直持续到雄性比例过高，然后循环回来，总是保持雄性与雌性的数量大致相等。这个模型的作用是表明，看起来像是合宜的奇迹的一种业已确立的规律性，实际上是达尔文过程的一个自然结果。

当生物学家为理论指定不同的主题（有性物种与无性物种，植物与动物，基因与个体有机体与个体家族）以及遗传传递中不同的机制和变化率时，它们产生了不同的自然选择进化模型。这一理论的一般陈述过于抽象，在这一观点看来没有足够的内容，不能算作生物学家会认可的自然选择理论。但广泛的模型有足够的共同结构组成一个模型家族，正如语义理论所暗示的那样。

还有另一个强有力的理由可以表明达尔文理论的语义进路的

吸引力。它源于自然选择理论所面临的最古老同时也是最令人烦恼的问题。19 世纪的哲学家赫伯特·斯宾塞（Herbert Spencer）将达尔文主义称为"适者生存"的理论，意思是最适合者幸存下来，在繁殖上超过不太适合者，并通过重复产生进化。"适者生存"的标签已经贴上了。事实上，这并非不恰当，因为该理论的一个核心主张似乎可以表述为"自然选择原则"（principle of natural selection，PNS）：

> 给定两个竞争的种群 x 和 y，如果 x 比 y 更适合，那么从长远来看，x 将比 y 留下更多的后代。

"自然选择原则"并没有用列万廷的理论表述来表达，但不难看出，它或类似的东西是必需的。繁殖实体在适合性方面的遗传变异如果导致性状分布的变化，一定会导致繁殖率的变化。

但当我们问"比……更适合"是什么意思时，理论就出现了麻烦。如果"自然选择原则"是一个偶然的经验定律，那么我们必须排除的一点是，适合性的差异被定义为最终剩余后代数量的差异。因为这将使"自然选择原则"成为不提供说明信息的必然真理，即"如果最终 x 比 y 留下更多的后代，那么最终 x 将比 y 留下更多的后代"。逻辑上必然的真理不可能是科学定律，也不能说明任何偶然的经验事实。只有当事件（比如有更多的后代）能够提供自己的说明时，"自然选择原则"才能说明后代数量的差异，而这一点我们在第 2 章已经排除了。

我们当然可以拒绝定义适合性。相反，我们可以和关于理论实体的实在论者一起认为，"适合性"和"正电荷"或"原子质量"一样是一个理论术语。但这似乎难以置信，也不令人满意。毕竟，我们不借助于间接观察工具就知道，更高的长颈鹿和更快的斑马要更适合；我们知道什么是适合性……它是生物体解决环境带来的问题的能力：避开捕食者、保护猎物、保持足够温暖和干燥（除非是鱼）等。但是，生物体必须解决才能适应的问题为什么是这些呢？它们如何结合成整体的适合性？当生物体解决这些问题的能力有所不同时，我们如何比较它们的适合性？对这些问题最合理的回答似乎是：（1）如果解决了环境给生物体带来的问题，生物体生存和繁殖的机会就会增加；（2）我们可以通过测算生物体后代的数量来计算生物体在多大程度上解决了这些问题；（3）无论处理环境问题的方式有多么不同，只要两种生物体有相同数量的后代，那么这两种生物体都是同样适合的。这些回答唯一的错误之处是，它们表明用繁殖来定义"适合性"的诱惑是多么不可避免，从而将如果"自然选择原则"本身变成了一个定义。

对于这个结果，理论的语义进路的支持者并不难接受。语义理论可以接受"自然选择原则"是一个定义；理论由"自然选择原则"之类的定义以及关于满足这个定义的世界上不同事物的主张所组成。能够实现或例示一种进化过程的地球上（更不用说其他星系中的其他世界）的种种事物，无论是基因、有机体、群体还是文化，似乎都迫切需要一种达尔文主义的语义进路。该理论对提供遗传和地球上的进化所需的遗传性状变异的详细机制（核酸及其突变）未置一词，那可能是与我们可以预期在宇宙其他地方发现的机制大不相同的机制。这是将达尔文理论视为一组模型的另一个原因，这些模型可以通过许多不同的系统以许多不同的方式实现。

然而，自然选择理论的语义进路仍然存在一个问题。根据语义进路，科学理论实际上并不仅仅是以它的名字命名的一组模型。理论乃是这组模型加上一个断言，即世间事物足够好地实现、满足、例示和例证这些定义，使我们能以某种程度的准确性说明和预测它们的行为（可观察的或不可观察的）。如果没有这个进一步的断言，科学理论将与一个一般集合论没有什么不同。因此，即使是语义理论的支持者也必须认识到，断言一个理论就是对世界做出实质性的主张，尤其是说，同一个因果过程正在起作用，使所有这些不同的现象满足同一个定义。因此，和公理解释一样，语义进路最终相信本身迫切需要说明的某些一般主张的真理性。确定一组具有共同结构并适用于各种经验现象的模型，而不说明它们为什么这样，这是不够的。除非我们在研究结束时发现无法对基本的自然定律给出进一步的说明，否则必定有某种背后的机制或过程为实现同一组理论定义的所有不同事物共有，这种背后的机制说明了为什么我们用模型做出的预测可以得到确证。因此，在说明为什么理论为真或近似为真，或至少是连续地接近真理方面，理论的语义进路与公理解释具有相同的理智义务。也就是说，它也相信关于世间事物存在方式的某些实质性的一般定律的真理性，其中包括关于自然选择的定律。因此，它最终将不得不面对达尔文理论中以"适合性"为关键说明变量所带来的问题。

小　结

理论的公理进路难以包含模型在科学中的作用。工具论则不然，随着模型越来越成为科学理论化特征的核心，公理进路和实在论的问题越来越多。这里的问题最终取决于科学是否显示出一种在说明和预测上取得成功的模式，这种模式只能通过实在论和理论的真理性来说明，这些理论能对科学家提出的模型的成功加以组织和说明。

达尔文的自然选择理论为应用和评估本章所阐述的一些相互竞争的科学理论观念的恰当性提供了一个有用的"试验台"。有几个理由可以认为达尔文的理论与牛顿的理论非常不同，尽管它们在组织各自学科几乎所有方面的作用非常相似。一方面，很难陈述达尔文自然选择的任何定律，或者生物学中任何严格的定律；另一方面，自然选择理论的几乎所有说明性应用都是通过构建模型来进行的。由于生物系统的复杂性，大多数模型并没有明显地根据其预测上的成功来判断。

在生物学和特殊科学中，模型在促进科学理解方面的作用似乎比科学哲学家传统上描绘物理学理论的方式要微妙和多样得多。这为科学哲学开辟了广阔的研究领域。

研究问题

1. 是什么使强调模型的语义进路更适合工具论而不是实在论？
2. 辩护或批评："无论构建模型的动机是什么，所有模型最终都要根据它们在预测中的作用来判断。"
3. 物理学与生物学之所以在运用模型方面有所不同，仅仅因为物理学中似乎存在着一般理论吗？
4. 一位著名生物学家指出，在构建模型的过程中，实在论、一般性和精确性之间存在着不可避免的权衡。所有学科中的模型都是如此，还是只有生物学中的模型是这样？

5. 达尔文所揭示的变异和选择的因果机制是否可以用来说明
   并非只有生物学家感兴趣的那些现象（如解剖学）的目的
   性特征？例如，它能否把人的行为和社会直觉解释成变异
   和环境选择的结果，而不是个体或群体的有意识选择？

阅读建议

F. Suppe 在 *The Structure of Scientific Theories* 中，范·弗
拉森在 *The Scientific Image* 中，都详细阐述了理论的语义进
路。Ronald Giere 在 *Explaining Science* and *Science without
Laws* 中提出了一种基于模型的对科学的解释。P. Thompson,
The Structure of Biological Theories 和 E. Lloyd, *The Structure of
Evolutionary Theory* 讨论了它在生物学中的应用。

M. S. Morgan and M. Morrison, *Models as Mediators:
Perspectives on Natural and Social Science* 为模型及其在科学中
的作用提供了另一种解释，认为模型是不完全根据说明标准
和预测标准来判断的表征、工具、试验台。

阅读《物种起源》是无可替代的，但 Dawkins, *The Blind
Watchmaker* 接近于此。关于达尔文理论本性的一般介绍可见
于 E. Sober, *Philosophy of Biology*，和 *The Nature of Selection*，
以及 Daniel McShea and A. Rosenberg, *Philosophy of Biology: A
Contemporary Approach*，还有 K. Sterelny and P. Griffiths, *Sex
and Death*。

Lange 的选集重印了对生物学中缺乏严格定律的一个有力
论证，即 John Beatty, "The Evolutionary Contingency Thesis"。

第 10 章

归纳和概率

概　述

　　假设我们已经解决了实在论与工具论的争论，但观察和证据、数据的收集等到底是如何使我们在科学理论之间做出选择的，这个问题仍然存在。一方面，几个世纪以来的科学及其哲学一直视之为理所当然；另一方面，没有人能够完全说明它们是如何做到这一点的。在 20 世纪，说明证据究竟如何控制着理论，面临的挑战与日俱增。

　　对英国经验论历史的简要回顾为解释科学如何产生经验知识设定了议程，并且引入了大卫·休谟在 18 世纪提出的归纳问题。如果我们无法解决归纳问题，我们也许可以证明它是个伪问题。即使做不到这一点，科学家也无须放弃他们的工具，等待这个问题的解决。此外，他们可能坚称自己知道如何在没有哲学家帮助的情况下进行归纳。许多科学家坚持认为，我们真正需要的只是一个由与大卫·休谟同时代的托马斯·贝叶斯（Thomas Bayes）在 18 世纪推导出来的概率演算定理。一些哲学家会同意这种判断。因此，我们需要理解这个定理及其在实验和观察推理中的应用所引出的诠释问题。

归纳问题

正如我们在第 7 章指出的，科学革命始于哥白尼、第谷和开普勒的中欧，然后转移到伽利略的意大利，然后是笛卡尔的法国，最后来到牛顿的英国剑桥。科学革命也是一场哲学革命，理由我们已经指出过。在 17 世纪，科学是"自然哲学"，历史上这一时期的大哲学家或大科学家对这两者都有贡献。例如，牛顿写过大量科学哲学作品，笛卡尔也对物理学做出了贡献。但正是英国的经验论者自觉地尝试考察，这些科学家所拥护的知识理论能否证明牛顿、波义耳、哈维等实验科学家在那个时代用来大大扩展人类知识前沿的方法是正确的。

从 17 世纪末到 18 世纪末，约翰·洛克、乔治·贝克莱和大卫·休谟试图具体说明建立在感觉经验基础上的知识的本性、范围和合理性，并考虑它能否证明他们那个时代的科学发现是知识，并使之免受怀疑。正如康德指出的那样，他们的结论不尽相同。但没有什么能够动摇他们或大多数科学家对经验论作为正确认识论的信心。

洛克试图发展关于知识的经验论，认为不存在先验观念，并以反对笛卡尔这样的唯理论者而著称。"心灵中没有任何东西不首先出现于感官。"但洛克是一个坚定的科学实在论者，他坚信 17 世纪科学所揭示的那些理论实体。正如第 2 章所指出的，他支持物质是由不可觉察的原子或"微粒"组成的，并且区分了物质实体及其固有属性（"第一性质"）与实体在我们之中产生的颜色、质地、气味或味道等感觉性质（所谓的"第二性质"）。洛克认为，物质的真实性质就是牛顿力学说它具有的那些性质——质量、空间中的广延、速度，等等。事物的感觉性质则是事物在我们头脑中产生的观念。正是通过从感觉结果回推到物理原因，我们才获得了被科学系统化的关于世界的知识。

洛克的实在论和经验论不可避免地产生了怀疑论，而洛克并没有认识到这一点。正是其下一代哲学家乔治·贝克莱认识到，经验论使我们关于无法直接观察之物的信念变得可疑。如果洛克只能意识到感觉性质，而感觉性质依其本性只存在于心灵中，那他如何能够声称拥有关于物质存在或其特征的确定知识呢？我们不能将颜色或质地等感觉特征与它们的原因进行比较，以查明这些原因是不是无色的，因为我们无法接触到这些东西，因此无法比较它们。我们可以想象某种东西是无色的，但我们无法想象一个物体缺乏广延或质量，对于这样一个论证，贝克莱反驳说，感觉性质和非感觉性质在这方面是同等的：试想某个没有颜色的东西。如果你认为它是透明的，那么你一定添加了背景颜色，而这是欺骗。事物使我们经验到的其他所谓主观性质也是如此。

在贝克莱看来，没有经验论，我们就无法理解语言的意义。贝克莱基本上采用了我们在第 8 章概述的语言作为命名感觉性质的理论。如果语词是命名感觉观念的，那么实在论就成了错误的，它认为科学发现了关于我们不可能有感觉经验的事物的真理，然而命名这些事物的语词肯定毫无意义。贝克莱提出了一种强形式的工具论来取代实在论，并极力构建了一种对包括牛顿力学在内的 17、18 世纪科学的诠释，作为我们用来组织经验的一套启发式工具、计算规则和方便的虚构。贝克莱认为，这样做可以使科学免遭怀疑。他没有想到，对经验论与工具论之结合的另一种替代方案是唯理论与实在论。原因在于，到了 18 世纪，实验在科学中的作用已经牢固确立，以至于除了经验论，似乎没有其他选项可以作为科学的认识论。正如我们在第 1 章提到的，甚至连唯理论也只是认为，某些科学知识有一种非经验的理由。

休谟旨在将他所认为的科学研究的经验方法应用于哲学。像洛克和贝克莱一样，他试图表明，知识，尤其是科学知识，能够承受经验论的指责。休谟无法接受贝克莱的激进工具论，他试图说明为什么我们要采取一种对科学和日常信念的实在论诠释，而不是在实在论和工具论之间选边站。但休谟的经验论纲领使他面对一个问题，这个问题不同于实在论与经验论的冲突所引发的问题。这就是归纳问题：给定我们目前的感觉经验，我们如何能够证明，由这些经验和过去的记录经验推论出未来和我们所寻求的各种科学定律和理论是合理的？

休谟的论证通常被重构如下：为一个结论辩护有且只有两种方式：演绎论证，其中结论可以由前提从逻辑上推导出来；归纳论证，其中前提支持结论，但并不保证结论。演绎论证被通俗地称为前提"包含"结论的论证，而归纳论证则常常被称为从特殊到一般的论证，比如我们由观察到 100 只白天鹅推论出所有天鹅都是白的这一结论。现在，要想证明归纳论证，即从特殊到一般，或者从过去到未来的论证在未来是可靠的，我们只能通过使用演绎论证或归纳论证。得出这一结论的任何演绎论证的麻烦在于，至少有一个前提本身要求归纳的可靠性。例如以下演绎论证：

1. 如果一种做法在过去是可靠的，那么它在未来也将是可靠的。
2. 归纳论证在过去是可靠的。

因此，

3. 归纳论证在未来将是可靠的。

这个论证在演绎上是有效的，但它的第一个前提需要得到辩护，唯一令人满意的辩护就是归纳的可靠性，而这正是该论证所要确立的。因此，任何关于归纳可靠性的演绎论证都至少包含一个循环论证的前提。

于是，就只剩下用归纳论证来证明归纳的合理性了。但很明显，对归纳进行归纳论证并不能支持归纳的可靠性，因为这样的论证也是循环论证。正如我们以前所提到的，就像所有这样的循环论证一样，对于归纳可靠性的归纳论证就像通过承诺恪守偿还的承诺来支持偿还贷款的承诺一样。如果你作为一个承诺恪守者的可靠性是值得怀疑的，那么提供第二个承诺来确保第一个承诺是毫无意义的。250 年来，休谟的论证一直被视为对经验科学持怀疑态度的论证。它暗示，关于科学定律的所有结论，以及科学对未来事件的所有预测，说到底都是没有保证的，因为它们都依赖于归纳。它并不只是从具体推出一般，或者从过去推出未来。除了这两种形式，还有其他形式的论证明显是归纳的，包括类比论证，以及被用来推断整个科学中不可观察之物的存在性的最佳说明推理。所有扩展形式的论证，其中结论旨在提出超越前提的主张，都将是归纳的，并且面临休谟的挑战。许多扩展的推断采用或利用了演绎，但它们仍然是归纳的。例如，假说—演绎推理包括从假说中演绎出观察结果，但它们的直接检验仍然是归纳的。如果被确证，这些演绎结果就被认为确证了演绎出它们的假说。整个推理显然是归纳的：狭义的观察证据增强了一般假说的可信度，这一结论超出了证据的范围。

　　休谟的挑战是理论上的。他指出，作为一个在世界上行动的人，他满足于归纳论证是合理的；他认为该论证表明，我们尚未找到对归纳的正确辩护，而不是归纳不存在辩护。

　　休谟的归纳问题在提出之后的前150年里竟然遭到忽视。19世纪最伟大的经验论认识论者和科学哲学家密尔，虽然把归纳当作科学的核心方法，但却完全没有意识到归纳问题。根据密尔的说法，从较少的案例推论出一般定律正是科学的做法。密尔阐述了几条著名的实验设计规则，这些规则至今仍在指导科学家做出这样的推理。医学中现在司空见惯的双盲对照实验，在很大程度上要归功于密尔制定的规则和为这些规则提出的论证。

　　但密尔并没有意识到，归纳推理作为一个整体是否需要独立的辩护。密尔不无道理地认为，归纳推理建立在对自然齐一性的信念之上——未来将和过去一样。如果我们有理由相信这一原则，那么至少有一些归纳推理将是有保证的。但可以提出什么样的论证来证明自然的齐一性呢？一个具有事实结论（即未来将像过去一样）的演绎论证，其前提中必须包含一个至少同样强的事实主张，而这将需要辩护，以此类推，以至无穷。对自然齐一性的归纳论证将沿着以下思路进行：在最近的过去，其不久的未来就像更遥远的过去；在更遥远的过去，其不久的未来就像更遥远的过去，如此等等。因此，以后的未来将像最近的过去、更遥远的过去，以及非常遥远的过去。但这种论证形式本身是归纳的，因此是循环论证。我们通过归纳推理来确立归纳推理的可靠性。正如我们所看到的，这种可靠性就像通过向某人保证我会遵守诺言，来让他相信我会遵守诺言！

　　在逻辑实证主义者确信数学符号逻辑的原理是定义及其推论的时期，人们试图以类似的方式来解决休谟问题。卡尔纳普和亨普尔等哲学家试图基于定义及其含义，构建像数理逻辑定律那样可以得到辩护的归纳推理规则。就像为理性重构科学说明概念而提出的演绎—律则模型一样，他们旨在提供一种"确证理论"，将归纳推理的概念形式化并加以说明，并且解决休谟问题。这个策略是为了表明归纳论证其实是演绎论证，它采用特殊规则，在不保证其结论为真的情况下（与演绎逻辑的定律不同）为结论提供理由。这些规则将反映概率论的公理和定理，一组逻辑的真理或定义。为使这些规则能将归纳推理系统化，科学家用来描述运用规则的数据或证据的陈述，必须被赋予一种严格的逻辑结构和一套完全观察性的词汇。这并不能在相当程度上包含实际的科学推理模式。但除此之外，发展一种纯形式的或逻辑的概率论的整个过程只是表明，这个问题比休谟认识到的还要严重，我们将在第 11 章看到这一点。

　　另一些哲学家则试图表明归纳问题是一个伪问题，是语言迷惑我们理解力的一个经典例子。例如，一再有人指出，用归纳原则来构建对未来的预期不过是常识罢了，这也是大多数人所说的合理性。如果根据定义，使用归纳推理是以合理方式行事的必要条件，那么要求为其辩护是毫无意义的。或者至少，要求表明归纳是合理的，并不比要求表明合理的东西是合理的更有意义。因此，在构建关于不可观察之物的信念时，如果能正确地理解合理性是什么意思，就解决了归纳问题；或者更确切地说，表明它是一个伪问题，反映了语言的错误。什么错误？一个候选者是倾向于把演绎标准错误地应用于归纳，然后抱怨这些标准无法得到满足。有效性是正确的演绎论证的一个特征：这些论证总是保真的。由于归纳论证本质上并不保真，所以很容易将它们称为无效的，然后要求为它们辩护，但这是错误的。甚至会误把有效/无效的区分应用于这些论证，然后要求有效性被替代。

　　很少有科学哲学家会认真对待这种打发休谟问题的方式。他们坚持认为，他们并没有犯那些试图解决归纳问题的人所发现的幼稚错误。归纳问题显然表明，归纳推理一般来说是可靠的，但并非普遍有效。对这个问题的表述可以给以下想法以尊重，即归纳是合理的。使用归纳方法是不是一种可靠的生活方法，这个问题是完全可以理解的。合理的东西是否可靠，对于这个问题，我们都想给出肯定的回答。休谟实际上邀请我们以一种并非循环论证的方式这样做。

　　逻辑实证主义哲学家汉斯·莱辛巴赫（他更喜欢用"逻辑经验主义"这个标签）在回应休谟时，承认这种提出问题的方式。他试图表明，如果预测未来的某种方法管用，那么归纳必定管用。假设我们想确定德尔菲的神谕是不是一种准确的预测手段，这样做的唯一方式就是让神谕接受一系列检验：要求一系列预测并确定它们是否得到证实。如果得到证实，就可以把神谕当作准确的预测者。如果得不到证实，那么就不能依赖神谕在未来的准确性。但请注意，这种论证的形式是归纳的：如果某种方法（在过去）管用，那么只有归纳才能告诉我们它（在未来）管用。由此我们保证了对归纳的"辩护"。这一论证面临两个困难。首先，它最多证明，如果某种方法管用，那么归纳管用。但这与我们想要的结论相去甚远，即有某种方法的确事实上管用。其次，这个论证不会动摇神谕的信徒。神谕的信徒没有理由接受我们的论证。他们会问神谕归纳是否管用，并将接受神谕的声明。试图说服神谕的信徒们相信，归纳支持他们占卜未来的方法，不会对他们产生任何影响。如果某种方法管用，那么归纳管用，这个论证也是循环论证。

统计和概率来解围?

在某种程度上，归纳问题会导致一些科学家和哲学家对科学哲学失去耐心。为什么要为归纳的合理性操心呢？为什么不研究可能更容易解决的经验确证问题呢？我们也许可以承认科学的可错性，即不可能一劳永逸地确定科学定律的真或假。但我们仍然可以通过转向统计理论和概率的概念来说明，观察、数据和实验是如何检验科学理论的。

然而事实证明，这样做并不像它看起来那么简单。概率的概念和经验证据或归纳证据并不像我们希望的那样整齐地排列在一起。

一个问题是，某些数据提高了一个假说的概率，这一事实是否使这些数据成为该假说的正面证据。这听起来像是一个极易回答的问题，但事实并非如此。将 $p(h, b)$ 定义为给定背景信息 b 时假说 h 的概率，将 $p(h, e\&b)$ 定义为给定背景信息 b 和一些实验观察 e 时 h 的概率。假定我们接受以下原则：

e 是假说 h 的正面证据，当且仅当 $p(h, e\&b) > p(h, b)$。

于是，当数据增加了一个假说的概率时，它就构成了对该假说有利的证据。

在这种情况下，如果 e 提高了 h 的概率（给定检验 h 所需的背景信息），则 e 是算作 h 的证据的"新"数据。例如，已知在尸体上发现的枪不是男管家的枪（b），但新的证据是枪上有他的指纹（e），那么男管家是疑犯的概率（h）要高于这样一个假说，即在尸体上发现了枪但没有指纹证据的情况下认为男管家是疑犯。指纹提高了 h 的概率，所以指纹是男管家是疑犯的正面证据。

　　对于正面证据的这个定义，很容易构造反例来表明，要用某个观察陈述来确证一个假说，增加概率本身既非必要也非充分。以下是两个例子。

　　本书的出版增加了它被拍成凯拉·奈特莉（Keira Knightley）主演的大片的概率。毕竟，如果它从未出版过，则它被拍成电影的机会将比现在更小。但毫无疑问，本书的实际出版并不是本书会被拍成凯拉·奈特莉主演的大片这一假说的正面证据。当然，某个事实只是提高了一个假说的概率，就会构成该假说的正面证据，这绝不是清楚的。由以下反例可以得出一个类似的结论，该反例援引了对于探讨概率问题非常有用的彩票概念。例如一次有1 000张彩票的公平抽彩，安迪买了其中10张，贝蒂买了其中1张。h是假设贝蒂赢了抽彩。e是这样一个观察：除了安迪和贝蒂的彩票，所有彩票在抽奖前都已销毁。e肯定会使h的概率从0.001增加到0.1。但尚不清楚e是不是"h为真"的正面证据。事实上，似乎更合理的说法是，e是"h不为真"、安迪获胜的正面证据。因为安迪获胜的概率从0.01增加到了0.9。另一个抽彩案例表明，提高概率对于成为正面证据并不是必需的；事实上，一个正面证据可能会降低它所确证的假说的概率。假设在我们的抽彩中，安迪从周一售出的1 000张彩票中购买了999张。假设e是这样一个证据：到周二已经售出了1 001张彩票，安迪购买了其中的999张。这个e使安迪中彩的概率从0.999降低到0.998，但e仍然是安迪最终获胜的证据。

　　处理这两个反例的一种方法是，直接要求如果e使h的概率很高，比如高于0.5，那么e是h的正面证据。于是在第一个案例中，由于证据并没有将贝蒂获胜的概率提高到接近0.5，而在第二个案例中，证据也没有将安迪获胜的概率降低到0.999以下，所以这些案例在这样修改后并没有破坏正面证据的定义。但是当然，对于这种新的正面证据的定义，也就是使假说变得高度可能的证据，很容易构造一个反例。这里有一个著名的例子：h 是"安迪没有怀孕"这一假说，而 e 是"安迪吃维他麦早餐麦片"这一陈述。由于 h 的概率非常高，所以 p(h, e) 即给定 e 的情况下 h 的概率也非常高。然而，e 肯定不是 h 的证据。当然，我们忽略了定义中的背景信息 b。如果我们加上"男人不会怀孕"这个背景信息，那么 p(h, e&b) 即给定 e&b 的情况下 h 的概率将与 p(h, e) 相同，从而排除了反例。但如果 b 是"男人不会怀孕"这一陈述，e 是"安迪吃维他麦"这一陈述，h 是"安迪没有怀孕"这一陈述，那么 p(h, e&b) 将非常高，实际上作为概率大约接近 1。所以，即使 e 本身不是 h 的正面证据，e&b 却是，因为 b 是 h 的正面证据。当 e&b 是证据时，我们不能仅仅因为它是一个本身对 h 的概率没有影响的合取，就排除 e 作为正面证据，因为有时正面证据只有与其他数据结合时才能提高一个假说的概率。当然，我们想说，在这种情况下，可以消除 e 而不降低 h 的概率。e 在概率上是不相干的，这就是为什么它不是正面证据的原因。但为概率无关性提供石蕊试验并非易事。这可能与定义正面实例一样困难。无论如何，我们在这里介绍了用概率概念来阐述证据概念的困难。

　　一些科学哲学家坚持认为，概率论足以使我们理解数据是如何检验假说的，他们会对这些问题做出回应，认为它们反映了概率与我们常识性的证据概念之间的不匹配。我们的日常概念是定性的、不精确的，并非源于对其含义的认真研究。概率则是一个具有严格逻辑基础的定量的数学概念。它使我们能够做出日常概念无法做出的区分，并且说明这些区分。回想一下逻辑经验主义者，他们试图从理性上重构或阐述说明等概念，提供充分必要条件，以取代不精确和模糊的日常语言。同样，研究确证问题的许多当代学者也想用一种更精确的可量化的概率概念来取代日常的证据概念；在他们看来，上述反例只不过反映了这两个概念并不相同罢了。在我们关于数据如何检验理论的研究中，他们没有理由不用"概率"取代"证据"。其中一些哲学家更进一步认为，并不存在什么证据凭借自身就能确证或否证一个假说这回事。科学中的假说检验总是一种比较的事情：只有说假说 h_1 比假说 h_2 被证据更好或更差地确证，而不能说 h_1 在任何绝对的意义上被 e 确证。

这些哲学家认为，数学概率论是理解科学理论之确证的关键。这个数学理论非常简单。它只包含三个非常明显的假设：

1. 概率用从 0 到 1 的数来度量。
2. 必然真理（如"4 是偶数"）的概率是 1。
3. 若假说 h 和假说 j 不相容，则 p(h 或 j) = p(h) + p(j)。

用一副普通的扑克牌很容易说明这些公理。从一整副牌中抽出任何一张牌的概率在 0 到 1 之间。实际上它是 1/52。一张牌是红色或黑色的概率（只有两种可能性）是 1（这是确定的），如果抽出一张红桃 A 与抽出一张黑桃 J 是不相容的，那么抽出其中一张牌的概率是 1/52 + 1/52 即 1/26，约为 0.038461…。

由这些简单而直截了当的假设（加上一些定义）中，就能单凭逻辑演绎推导出数学概率论的其余部分。特别是，由概率论的这三条公理，我们可以推导出一个定理，该定理最早由 18 世纪的英国神学家和业余数学家托马斯·贝叶斯所证明，它在当代关于确证的讨论中越来越重要。在介绍这个定理之前，我们需要再定义一个概念，即在假设一个陈述为真的情况下，另一个陈述的条件概率。在数据描述 e 上，假说 h 的条件概率写做 p(h/e)，它被定义为"h 和 e 都为真的概率"与"只有 e 为真的概率"之比：

$$p(h/e) = \frac{df\ p(h\ 和\ e)}{p(e)}$$

粗略地说，"e 上 h 的条件概率"度量了 e 为真时"包含"了 h 也为真的概率。采用马丁·科德（Martin Curd）和扬·卡佛（Jan Cover）的解释思路，我们可以用一些图来阐明这个定义。假设我们往一块板上投飞镖，板上画了两个交叠的圆，形状为韦恩（Venn）图（图 10.1）。

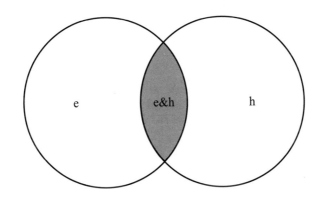

图 10.1　圆 e 和圆 h 的大小相同，它们之间占据了矩形的大部分，这表明飞镖击中其中一个圆（而不是另一个圆）的概率很大，大致相同。

如果一只飞镖落在圆 e 内，那么它也落在圆 h 内的概率是多少？即在它落在 e 内的条件下，它也落在 h 内的条件概率 p(h/e)。这取决于两个东西：圆 e 与圆 h 的交叠面积相对于 e 的面积，以及 e 的大小相对于 h 的大小。要想看清楚这一点，比较以下两张图。

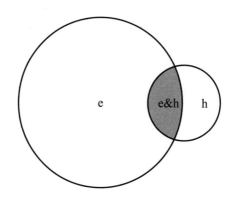

图 10.2　圆 e 比圆 h 大得多，因此飞镖击中 e 的概率比飞镖击中 h 的概率高得多。交叠的阴影部分 e&h 比 e 小得多，并且是 h 的一个相对较大的部分。因此 p(h/e) 很低，而且 p(e/h) 比 p(h/e) 高得多。

在图 10.2 中，与 h 的大小相比，e 非常大，所以落在 e 内的飞镖也落在 h 内的概率很低。但若有更多的 h 在 e 内，则它会更高。然而，落在 h 内的飞镖也落在 e 内的概率更高，并且随着 h 在 e 内部分的增加而增加。

再考虑图 10.3。这里 e 小 h 大。在这种情况下，落在 e 内的飞镖也落在 h 内的概率要高于先前的情况，而且 e 在 h 内的部分越多，概率就变得越高。

条件概率的定义包含了条件概率所依赖的这两个因素。分子是 e 与 h 合起来的概率，分母是 e 的概率。

现在，如果 h 是一个假说，e 是一个数据报告，那么贝叶斯定理使我们能够计算出 e 上 h 的条件概率 p(h/e)。换句话说，贝叶斯定理给了我们一个数学公式来计算证据 e 使假说 h 增加或减少多大可能性。公式如下：

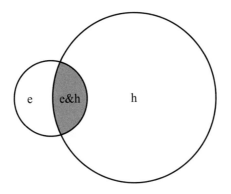

图 10.3　圆 h 比圆 e 大得多，因此飞镖击中 h 的概率比飞镖击中 e 的概率高得多。交叠的阴影部分 e&h 比 h 小得多，并且是 e 的一个相对较大的部分。因此 p(h/e) 很高，而且 p(e/h) 比 p(h/e) 低得多。

$$p(h/e) = \frac{p(e/h) \times p(h)}{p(e)}$$

贝叶斯定理告诉我们，一旦我们获得了某些数据 e，我们就可以计算出数据 e 如何改变了 h 的概率，提高了它还是降低了它，前提是我们已经有其他三个数：

　　p(e/h)——假设 h 为真，e 为真的概率［如上所述，不要与 p(h/e) 混淆，后者是指给定 e 时 h 为真的概率，这正是我们正在计算的值］。这个数反映了我们的假说在多大程度上使我们可以期待我们所收集的数据。如果数据正好是假说所预测的，那么 p(e/h) 当然会很高。如果数据与假说的预测相去甚远，那么 p(e/h) 会很低。

　　p(h)——假说的概率，独立于 e 描述的数据所提供的检验。如果 e 报告了新的实验数据，那么 p(h) 是在做实验之前科学家为 h 指定的概率。

p(e)——描述数据的陈述为真的概率，独立于 h 是否为真。如果 e 是以前的科学理论和证据（独立于 h）未使我们预期的一个令人惊讶的结果，那么 p(e) 将很低。

要想看到如何由概率公理和我们对条件概率的定义轻而易举地导出贝叶斯定理，让我们回到前面任何一幅镖板图。如果我们可以通过比较圆的相对大小以及它们的交叠部分与它们的大小之比来计算 p(e/h)，那么我们也可以用同样的方法计算 p(h/h)。当然，每一个条件概率的图将是不同的（如每幅图所示）。

通过绘制不同大小的圆 e 和圆 h 以及它们的交叠部分，我们很容易看到，击中圆 e 的飞镖也击中圆 h 的概率 p(h/e) 将正比于两圆的交叠部分与圆 e 的大小之比，反比于圆 e 的大小与圆 h 的大小之比。这正是贝叶斯定理所说的内容：它使 p(h/e) 等于 p(e/h)，即 e 和 h 的交叠部分与 e 的大小之比，乘以分数 p(h)/p(e)，即 h 的大小与 e 的大小之比。

有两个简单的例子可以帮助我们理解贝叶斯定理是如何运作的。考虑哈雷彗星观测位置的数据是如何检验牛顿定律的。给定先前的观测结果，假设在夜空的特定位置观测到哈雷彗星的概率 p(e) 为 0.8。这考虑到了望远镜的缺陷和大气的不规则性，所有这些因素最终使天文学家对恒星和行星拍摄了许多照片，并且对其位置进行平均，以估算它们在天空中的预期位置。p(e/h) 也很高，哈雷彗星在夜空中的预期位置非常接近理论预测的位置。设 p(e/h) 为 0.95。假定在获得关于哈雷彗星的新数据 e 之前，牛顿定律为真的概率是 0.8。于是，如果哈雷彗星出现在预期位置，那么 p(h/e) = (0.95...) × (0.8)/(0.8) = 0.95。因此，e 所描述的证据已经将牛顿定律的概率从 0.8 提高到 0.95。

　　但是现在，假定我们获得了关于水星近日点的进动的新数据，这些数据表明，水星围绕太阳的椭圆轨道本身在摆动，因此水星距离太阳最近的点一直在移动。假定（实际情况的确如此）这个值比牛顿定律（以及应用牛顿定律的辅助假说）的预期值高得多，所以 p(e/h) 很低，比如为 0.3。由于牛顿定律并没有使我们预期这个数据，所以 e 的先验概率必定很低，于是设 p(e) 很低，比如为 0.2；给定牛顿定律加上辅助假说，这种意外数据的先验概率也会很低，比如 p(e/h) 为 0.1。如果牛顿定律加上辅助假说成立的概率 p(h) 为 0.95，那么贝叶斯定理告诉我们，对于水星进动的新数据 e，p(h/e) = (0.1) × (0.95)/(0.2) = 0.475，比 0.95 有显著下降。当然，鉴于牛顿定律之前在揭示海王星和天王星的存在性方面所取得的成功，最初会把下降的原因归于辅助假说。贝叶斯定理甚至可以告诉我们为什么。虽然本例中的数值是虚构的，但辅助假说最终得到了证实，关于水星近日点进动的远大于预期的数据动摇了牛顿理论，并且（正如对贝叶斯定理的另一个应用所显示的那样）增加了爱因斯坦相对论成立的概率。

　　许多哲学家和统计学家都认为，科学家用来检验假说的推理可以重构为按照贝叶斯定理进行的推断。这些理论家被称为贝叶斯主义者，他们试图表明，对科学理论的接受和拒斥的历史遵从贝叶斯定理，从而表明理论检验一直是有牢固基础的。当数据很难获得，有时不可靠，或者只与受检验的假说间接相关时，另一些哲学家和统计理论家则试图应用贝叶斯定理来确定科学假说的概率。例如，他们试图将贝叶斯定理应用于有关当前生物物种基因的多核苷酸序列差异的数据，以确定关于进化事件（比如祖先物种彼此之间的分裂）的各种假说的概率。

贝叶斯定理到底能有多大帮助？

贝叶斯主义到底能提供多少对经验检验本性的理解呢？它能否调和科学的经验论认识论与它对说明可观察之物的不可观察的事件和过程的承诺？它能解决休谟的归纳问题吗？为了回答这些问题，我们必须首先理解所有这些 p 所表示的概率是什么，以及它们来自何处。我们需要理解 p(h)，即某个假说为真的概率。至少有两个问题需要回答：首先是一个"形而上学"问题：关于世界的什么事实（如果有的话）使一个真的或正确的假说 h 有了某个特定的概率值 p(h)？其次是一个认识论问题，即证明我们对这个概率值的估计是合理的。第一个问题也可以理解为概率陈述的意义问题，第二个问题则可以理解为这些概率陈述如何证明关于一般理论和未来可能性的归纳结论是合理的。

在科学哲学中，早在贝叶斯主义出现之前，概率陈述的意义就已经是一个棘手的问题。一些传统的概率诠释没有恰当地诠释贝叶斯定理的应用。这种诠释的一个例子是对出现在轮盘赌或 21 点等靠碰运气取胜的公平游戏中的概率的诠释。在公平的轮盘赌游戏中，球落入任一洞中的机会是 1/37 或 1/38，因为球可以落入 37 个洞（在欧洲是 38 个洞）中。假设它是一个公平的轮盘，那么"球将落入 8 号洞"这一假说的概率就是 1/37 或 1/38，而且我们先验地知道这一点，无须经验，因为我们先验地知道存在着多少可能性，而且每一种可能性都有相同的概率。（再次假设轮盘是公平的，这点知识我们无论如何都不可能先验获得！）但在涉及可以解释有限量的数据的假说时，可能性的数量没有限制，也没有理由认为每一种可能性都有相同的概率。例如，一个关于人类细胞核中染色体数目的假说的概率，将不可能通过数一数可能性并用 1

除以可能性的数目来先验地确定。

　　另一种概率诠释涉及经验观察，例如掷硬币。为了确定一枚硬币正面朝上的频率，我们可以将它投掷若干次，并将它正面朝上的次数除以投掷次数。这个频率是对正面朝上概率的较好估计吗？当投掷硬币的次数很多时，它将是较好估计。我们为有限次的投掷硬币计算的频率将收敛到一个值，而且无论我们继续投掷多少次，它都将保持在该值附近。这个值如果存在，我们可以称之为正面朝上的长期相对频率。我们把它当作对硬币朝上的概率的一种量度。但正面朝上的长期相对频率等于正面朝上的概率吗？这听起来像是一个愚蠢的问题，直到你追问，长期相对频率（比如说 0.5）与下一次掷出正面朝上的机会有什么联系。请注意，0.5 的长期相对频率与接连掷出 10 次、100 次或 100 万次正面朝上是相容的，只要投掷的总次数非常大，以至于 100 万与投掷的总次数相比是一个很小的数。如果这是正确的，那么长期相对频率与任何有限次的接连正面朝上或反面朝上都是相容的，当然也与硬币在下一次投掷时反面朝上完全相容。现在，假设我们想知道下次投掷硬币时正面朝上的概率是多少。如果硬币在下一次投掷时正面朝上的概率是这次特定投掷的一种属性，那么它与正面朝上的长期相对频率（这与接下来 234 382 次投掷都是反面朝上完全相容）是不同的。我们需要某个原理将长期投掷与下一次投掷联系起来。使我们从长期相对频率得出下一次掷出正面朝上的概率的这样一个原理是假定，硬币在任何有限次的投掷中与它们在长期投掷中的表现一样。但这个原理是错误的。将长期相对频率与下一次事件的概率联系起来的一个更好的原理是这样的：如果你知道长期相对频率，那么你就知道如何就硬币的哪一面朝上进行打赌，如果你打赌"正面朝上的次数更多"不会发生，你就会赢。但请注意，这是一个关于你作为赌徒应该做什么的结论，而不是关于硬币实际上会做什么的结论。我们将回到这个观点。

长期相对频率能否为没有历史记录的假说提供概率值呢？很难看出如何做到这一点。将一个新的假说比作一个即将被投掷的闪闪发光的新便士。长期相对频率的数据使我们有理由将 0.5 的概率归于新便士正面朝上的可能性。是否存在与新假说相关的关于先前假说的历史记录呢？只有按照比较新便士与旧便士的方式，将它与正确种类的类似假说进行比较。但假说不像便士。与便士不同，假说之间的差异或相似性是我们无法量化的。即使我们能够确认过去科学史上提出的类似假说的真或假的历史记录，我们也会遇到以下问题：（1）证明从有限的实际序列推断出长期相对频率是正当的，（2）证明从长期相对频率推断出下一个案例（即新的假说）是正当的。回想一下，在投掷硬币的情况下，唯一的联系似乎是，相对频率是我们如何对下一次投掷下注的最佳指南。也许理论检验所援引的是赌徒的那种概率，所以它后来被称为"主观概率"。被称为"主观"，是因为它反映了关于赌徒的事实，以及赌徒对过去和未来的看法；被称为"概率"，是因为赌徒的赌注应当遵从概率公理。

认为在科学检验中相关的概率是主观概率，即赌徒的赔率，这是贝叶斯主义者的独特标志。贝叶斯主义者认为，我们计算 $p(h/e)$ 时需要的三个概率中至少有两个只是赔率的问题，并且在某些弱约束下，它们可以取任何值。你我也许会认为，最好的赔率是那些能够反映我们以前对实际频率的经验或我们对长期相对频率的估计的概率，但这并非贝叶斯主义的一部分。贝叶斯认为，从长远来看，它们从什么值开始并不重要，贝叶斯定理将无情地引导科学家找到最受证据支持的（可用）假说。这些引人注目的主张需要说明和辩护。

计算 p(e/h) 的值是对 h 为真时 e 成立的概率给出一个数值。这通常很容易做到。如果 h 告诉我们期望 e 或接近 e 的数据,那么 p(e/h) 将会很高。问题在于,使用贝叶斯定理还要求我们计算输入值,即所谓的"先验概率"p(h) 和 p(e)。p(h) 特别成问题:毕竟,如果 h 是一个从未有人想到的新理论,那么对于它为真的概率问题为什么要有一个特定的正确答案呢? 为 p(e) 即我们的数据描述正确的概率赋一个值,可能涉及许多辅助假说,以至于即使有一个正确的数值,也很难看出我们如何才能弄清楚它是什么。贝叶斯主义者断言,这些都不是问题。p(h) 和 p(e) 这两个值〔以及p(e/h)〕都只是信念度,而信念度不过是科学家在其信念是否正确的问题上会接受或拒绝多大的赔率罢了。一个人接受的赔率越高,信念度就越强。这里,贝叶斯主义者借鉴了经济学家和其他发展了不确定条件下理性选择理论的人的成果。衡量信念度的方法是与信徒就其信念的真理性进行打赌。在其他条件相同的情况下,如果你是理性的,而且你愿意以 4:1 的赔率打赌 h 为真,那么你对 h为真的信念度就是 0.8。如果你愿意以 5:1 的赔率打赌,那么你的信念度就略低于 0.9。概率与信念度是等同的。要用这种方法来衡量你信念的强度,其他必须满足的事情是:(1)你有足够的钱,这样才能承受得起失败的风险,不至于被获胜的前景所淹没;(2)你为你的信念指定的信念度服从逻辑规则和以上三个概率定律。贝叶斯主义者说,只要你的信念度即概率指定服从这两个假设,你给它们指定的初始值或"先验概率"就可以是完全任意的,但这并不重要。用贝叶斯主义者的行话来说,随着越来越多的数据进入,先验概率将被"淹没"。也就是说,当我们用贝叶斯定理来"更新"先验概率时,即把新的 p(e) 代入到 p(e/h) 和 p(h/e) 的最新值中时，p(h/e) 的值陆续将收敛到正确的值上，无论这三个变量的初始值是什么！在应用贝叶斯定理之前，先验概率只不过是对个体科学家纯粹主观信任度的度量。为了回答我们关于"概率报告关于世界的什么事实"这个形而上学问题，先验概率并没有报告关于世界的事实，或者至少没有报告独立于我们信念的关于世界的事实。为了回答"是什么为我们的概率估计辩护"这个认识论问题，在涉及先验概率时，除了我们的估计服从概率公理，不再需要有或可能有其他辩护了。

关于先验概率 p(h) 或 p(e) 是什么，没有正确或错误的答案，只要这些概率的值服从概率规则和打赌的逻辑一致性就行。逻辑一致性仅仅意味着，一个人自行下注，也就是自己设置信任度，使赌场无法在任何情况下都使你输钱。

概率论的另一个定理表明，当新证据出现时，如果我们坚持不懈地用贝叶斯定理来"更新"我们的先验概率，那么所有科学家指定的 p(h) 值将收敛到一个值上，无论每个科学家最初从哪里开始指定先验概率。因此，不仅先验概率是任意的，而且这种任意是无关紧要的！一些科学家可能会根据假设的简单性或经济性，或与已经证明的假说的相似性，或表达假说的方程的对称性等因素来指定先验概率。另一些科学家则会根据迷信、审美偏好、数字崇拜或抽签来指定先验概率。这无关紧要，只要它们都通过贝叶斯定理以新的证据为限制条件。

科学家实际上为他们指定先验概率的方法提供了很好的理由，这并不是对科学检验的这种解释的反驳。贝叶斯主义并没有谴责这些理由，它充其量只是对这些理由保持沉默罢了。但如果像假说的简单性或其形式的对称性这样的特征事实上增加了它的先验概率，这将是因为，具有这些特征的假说经由贝叶斯定理获得了比正在与它竞争的缺乏这些特征的其他假说更高的后验概率。更重要的是，虽然有些科学家诉诸经济性、简单性、对称性、不变性或假说的其他形式特征，但试图通过声称这些特征增加了假说的客观概率来支持这些科学家的推理，会碰到这样的问题：对科学检验似乎有意义的唯一一种概率就是贝叶斯主观概率。此外，一些贝叶斯主义者认为，概率甚至可以处理一些传统的确证问题。

贝叶斯主义，也许还有其他关于证据如何确证理论的解释所面临的主要问题之一，是"旧证据的问题"。在科学中，一个理论在假说提出之前很久就被已知数据强有力地确证，这并不罕见。事实上，正如我们将在第 14 章看到的，这是科学革命发生时的一个重要特征：牛顿的理论得到了强有力的确证，因为它能说明伽利略理论和开普勒理论所基于的数据。爱因斯坦的广义相对论说明了先前已经认识到但非常出乎意料的数据，比如光速的不变性和水星近日点的进动。在这两种情况下，p(e) = 1，p(e/h) 非常高。把这些值代入贝叶斯定理，可以得到：

$$p(h/e) = \frac{1 \times p(h)}{1} = p(h)$$

换句话说，根据贝叶斯定理，旧证据并没有提高假说的后验概率，这里是指牛顿定律或狭义相对论。贝叶斯主义者曾经竭尽全力处理这个问题。一种策略是"孤注一掷"，声称旧证据实际上并没有确证新假说。这种进路与对那些着眼于现有证据而设计的假说的坚定反驳联手协作。通过有意的"曲线拟合"来构造假说的科学家受到了正确的批评，他们的假说常常因为是特设的而不具备说明力。这种策略的麻烦在于，它与其说解决了旧证据的原始贝叶斯问题，不如说将其与另一个问题结合起来，即如何区分两种情况：在一种情况下，旧证据确证了牛顿理论和爱因斯坦理论，而在另一种情况下，旧证据并没有确证假说，因为假说适应了旧证据。解决旧证据问题的另一种进路是用赋予 p(e) 一个不同于 1 的值的某种规则来补充贝叶斯定理。例如，我们可能试图赋予 p(e) 一个在过去实际观察到 e 之前可能有的值，或者试图通过从当前的科学信念中删除 e 以及 e 使之成为可能的任何东西来重新安排这些科学信念，然后再回去给 p(e) 赋一个可能小于 1 的值。这一策略显然极难采用。任何科学家都不大可能有意识地这样想。

反对贝叶斯主义的许多哲学家和科学家之所以这样做，并非因为用贝叶斯主义来解释科学检验的实际特征的纲领所面临的困难。他们的问题在于这一进路对主观主义的信奉。贝叶斯主义者声称，无论科学家主观上给假说指定什么样的先验概率，它们的主观概率都会收敛于一个值，这种说法并不足以说服反对者。首先，p(h) 的值不会收敛，除非我们从一组完备的假说开始，这些假说是穷尽的和排他的竞争者。科学中似乎从来没有这样的情况。其次，反对者声称，没有理由认为所有科学家通过贝叶斯条件收敛的值就是 p(h) 的正确值。这一反驳当然假设存在着客观正确的概率这样一种东西，因此是循环论证。但它确实表明，贝叶斯主义并不像一些哲学家希望的那样是休谟归纳问题的解决方案。

对概率的其他诠释也是如此。如果事件序列揭示了收敛于某个概率值并永远保持在它附近的长期相对频率，那么我们至少可以依赖它们来打赌。但说长期相对频率将收敛于某个值，仅仅是断言自然是齐一的，未来将和过去一样，因此又回到了休谟问题。类似地，假设在时间和空间上齐一运作的概率倾向也是循环论证。一般来说，概率只有在归纳被证明合理的情况下才有用，而不是反过来。

贝叶斯主义还面临一个更严重的问题。这也是我们在讨论如何调和经验论与理论科学中的说明时所遇到的问题。由于经验论主张知识要通过观察来辩护，所以一般来说，它必须为描述观察的陈述赋予最高的概率，而给对理论实体提出主张的陈述赋予较低的概率。由于理论说明观察，我们可以将理论与观察之间的关系表示为（t 和 t → h），其中 t 是理论，t → h 反映了理论 t 的理论主张与观察概括 h（h 描述了理论使我们期望的数据）之间的说明关系。t 与 h 之间的关系可以是逻辑演绎的，或者可以是某种更复杂的关系。但 p(h) 绝不能低于 p(t 和 t → h)，因为后者的前件是关于不可观察之物的陈述，其唯一的观察结果是 h。对证据上的贝叶斯条件永远不会使我们更倾向于（t 和 t → h）而不是单独的 h。这就是说，贝叶斯主义无法解释科学家为什么会接受理论，而不是仅仅给从中得出的观察概括赋予很高的主观概率。

当然，如果一个理论的说明力是赋予它很高先验概率的理由，那么从贝叶斯的角度来看，科学家接受理论是合理的。但是，要赋予说明力在加强信念度方面的这样一种角色，需要对说明做出一种解释，而且不仅仅是某种解释。例如，它无法应对 D-N 模型，因为这种对说明的解释的主要优点是，它表明至少可以以很高的概率预期待说明现象。换句话说，它把说明力建立在增强概率的基础上，因此不能替代概率作为我们理论信心的来源。主张我们的理论之所以在很大程度上是说明性的，是因为理论超越了观察，深入到其背后的机制，这是贝叶斯主义者无法做到的。

小　结

经验论是一种认识论，它试图理解观察在科学知识辩护中的作用。自 17 世纪以来（如果不是以前的话），霍布斯、洛克、贝克莱、休谟和密尔等英语世界哲学家的传统从科学的成功中找到了灵感，并寻求哲学论证来支持科学在经验问题上的特殊权威。在此过程中，这些哲学家及其后继者制定了科学哲学的议程，揭示了理论与证据之间看似简单而直接的关系是多么复杂。

但经验论者在评估科学方法和它主张的认识论依据时从未不加批判。我们在前几章看到了一些与理论术语和科学实在论的含义相关的问题。这里我们探讨了经验论作为官方科学认识论所面临的另一个问题：归纳问题，它可以追溯到休谟，应当被纳入经验论者和唯理论者的问题议程中。

在 20 世纪，英国经验论的后继者逻辑实证主义者（其中一些人更喜欢被称为逻辑经验主义者），试图将其前辈的经验论认识论与逻辑、概率论和统计推理的进展结合起来，以完成洛克、贝克莱和休谟发起的计划。特别是，哲学家求助于贝叶斯定理（这是休谟提出其归纳问题时所提供的一个成果），以帮助理解证据如何支持科学中的假说。但我们已经看到，诉诸概率并非没有问题。事实上，它在可能解决任何问题的同时也引出了自己的问题。我们将在下一章碰到更多这样的问题。经验论在阐明科学的认识论方面所面临的问题持续增加，即使看似合理的替代方案在减少。

研究问题

1. 批判性地讨论："许多科学家不关心任何认识论就能成功地从事科学。认为科学有一种'官方的'认识论，而经验论就是这种东西，这是坚持错误。"

2. 为什么把洛克称为现代科学实在论之父、把贝克莱称为工具论的创始人是正确的？如果把实在论当作通向科学成功的最佳说明的一种推断，贝克莱会如何回应这种论证？

3. 在普通的证据概念（例如在法庭上使用的证据）和科学家在检验一般理论时使用的证据概念之间应该有什么关系？

4. 捍卫这样一种主张："概率"一词在科学中存在若干种不同的但却相容的含义。其中某个含义比其他含义更基本吗？

5. 你需要给贝叶斯定理添加什么来解决归纳问题？

阅读建议

Gregory Johnson, *Argument and Inference* 这部新近的著作阐述了归纳逻辑（以及演绎推理），并为学生提供了练习。一个更经典的文本是 Ian Hacking, *Introduction to Probability and Inductive Logic*。

经验论常常被认为正式开始于约翰·洛克的《人类理解论》(*Essay on Human Understanding*)。乔治·贝克莱的《人类知识原理》(*Principles of Human Knowledge*) 简练而有力。最后三分之一对比洛克的实在论发展了一种明确工具论的科学观。贝克莱主张唯心论，认为只有被感知的东西才存在，而我们感知的东西只有观念，因此只有观念存在。他的论证依赖于逻辑实证主义者最初接受的那种语言理论：每个术语的意义都是由它所命名的感觉观念给出的。关于贝克莱的工作，休谟在《人类理解研究》(*Enquiry Concerning Human Understanding*)中写道："它不接受反驳，也不具有说服力。"在这部作品中，休谟发展了第二章讨论的因果关系理论、从贝克莱到逻辑实证主义者的经验论者所共有的语言理论，以及归纳问题。重印于 Balashov and Rosenberg 的选集的罗素著名论文"On Induction"，使休谟的论证成为 20 世纪分析哲学的核心。

密尔的《逻辑体系》(*A System of Logic*)在 19 世纪继承了经验论传统，并为实验科学提出了一种仍在广泛使用的经典准则——密尔的归纳法。物理学家恩斯特·马赫（Ernst Mach）的《感觉的分析》(*The Analysis of Sensation*)接受了贝克莱的看法，攻击理论缺乏经验基础，反对路德维希·玻尔兹曼（Ludwig Boltzmann）的原子理论。这部著作对爱因斯坦影响很大。在 20 世纪上半叶，逻辑经验主义者发展了一系列重要的确证理论：R. Carnap, *The Continuum of Inductive Methods*, H. Reichenbach, *Experience and Prediction*。他们年轻的同事和学生与这些理论及其问题做了角力。

W. Salmon, *Foundations of Scientific Inference* 出色地介绍了确证理论从休谟到实证主义及其后继者的历史。D. C. Stove, *Hume, Probability, and Induction* 试图从概率上解决归纳问题。

L. Savage, *Foundations of Statistics* 和 R. Jeffrey, *The Logic of Decision* 对贝叶斯主义做了严格表述。P. Horwich,

Probability and Evidence 在哲学上做了精致的表述。Salmon, *Foundations of Scientific Inference* 介绍了贝叶斯主义。在重印于 Balashov and Rosenberg 的 "Bayes' Theorem and the History of Science" 中，Salmon 为将贝叶斯定理应用于科学史案例辩护。Richard Swinburne, *Bayes' Theorem* 收录了几篇关于贝叶斯定理及其结果的最新论文。Salmon 关于贝叶斯定理和科学变革的重要论文重印于 Lange 的选集以及 Curd and Cover 的选集中。

旧证据问题及其他问题使 C. Glymour, *Theory and Evidence* 对贝叶斯主义提出了异议。他关于这个主题的一篇论文 "Explanation, Tests, Unity and Necessity" 重印于 Lange 的选集，"Why I Am Not a Bayesian" 重印于 Curd and Cover 的选集。

长期以来，科学哲学家黛博拉·梅奥（Debora Mayo）一直反对用贝叶斯方法来检验假说，并支持假说需要经过"严格检验"这一说法。参见 Mayo, *Error and the Growth of Experimental Knowledge*。

P. Achinstein, *The Concept of Evidence* 收录的几篇论文反映了从证据推出理论的复杂性，以及证据概念与概率概念的关系。

B. Skyrms, *From Zeno to Arbitrage: Essays on Quantity, Coherence, and Induction* 是最近对归纳问题的高级处理。

第 11 章

确证、证伪、亚决定性

概　述

　　20 世纪的哲学家对休谟的归纳问题并不满意，他们创造了几个更基本的概念问题，有待为许多当代科学所特有的一般定律和理论提供基础的经验论认识论来克服。其中包括亨普尔的归纳悖论和古德曼的"新归纳之谜"。两者都显示出假说检验在理论上有多么根深蒂固。

　　至少有一位重要的 20 世纪哲学家卡尔·波普尔自认为有办法解决归纳问题。事实上，他认为为理论建立证据的整个问题代表了对于科学是什么以及科学是如何进行的深刻误解。具有讽刺意味的是，他对理论检验进路的研究不仅没有解决这个问题，而且对经验论提出了艰巨的挑战，以至于造就了一场运动，根本否认科学受制于经验，甚至威胁到整个科学的客观性。

假说检验的认识论问题

让我们和所有科学家一起假定，要么可以解决归纳问题，要么它根本不是问题（就像许多哲学家所认为的那样）。让我们承认，我们可以通过经验获得关于未来和定律的知识。不要忘了，这是经验论者的主张。它并非关于是什么产生了我们对未来和定律的信念的主张。每个人都会承认，这样做的是经验。不再有人认为关于世界如何运作的知识是与生俱来的。经验论是一个关于辩护的论题，而不仅仅是关于因果关系。经验既产生了那些被认为是知识的信念，也为这些信念做了辩护。

一个科学定律，甚至是一个完全关于可观察之物的定律，也超出了现有数据的范围，因为它提出的主张如果为真，那么时时处处都为真，而不仅仅在提出科学定律的科学家的经验中为真。这当然使科学成为可错的：科学定律，我们目前最好的估计—假说，可能会被证明是错误的（事实上通常如此）。但正是通过实验我们发现了这一点，通过实验我们对它进行了改进，大概越来越接近我们试图发现的自然定律。

陈述科学家积累的证据与证据检验的假说之间的逻辑关系似乎很简单。但科学哲学家发现，检验假说绝不是一件容易理解的事情。从一开始人们就认识到，"所有 A 都是 B"（例如，"所有铜样品都是电导体"）形式的一般假说都无法得到最终确证，因为该假说是关于无限数量 A 的，而经验只能提供关于其中有限数量 A 的证据。有限数量的观察，甚至是非常大数量的观察，可能只是关于潜在无限数量的铜样本之假说的无穷小数量的证据。经验证据至多只能在某种程度上支持一个假说。但正如我们将会看到的，它也可以在同等程度上支持其他许多假说。此外，正如我们所看到的，一方面，科学家往往会正确地接受一个假说，认为它基于极少数实验或观察，表达了时时处处为真的严格的自然定律。正面证据与它所确证的假说之间的关系显然很复杂。另一方面，这样的假说似乎至少可以被证伪。毕竟，为了表明"所有 A 都是 B"为假，只需找到一个不是 B 的 A。一只黑天鹅就能反驳所有天鹅都是白的这一说法。理解证伪的逻辑尤为重要，因为科学是可错的。科学的进步是通过对假说进行越来越严格的检验，直到假设被证伪，从而可以被纠正、改进或让位于更好的假说。科学越来越接近真理，关键是依靠证伪检验和科学家对检验的反应。我们是否可以说，一般假说虽然不可能被完全确证，但可以被完全或"严格"证伪？然而事实表明，一般假说并不是严格可证伪的，对于我们理解科学来说，这是一个首要事实。

严格的可证伪性是不可能的，因为只从一般定律中推不出任何东西。从"所有天鹅都是白的"中推不出有任何白天鹅，因为它根本不意味着有任何天鹅。回想一下，牛顿第一定律可能空洞地为真：由于引力无处不在，所以宇宙中没有任何物体能够不受力的影响。为了检验那个关于天鹅的概括，我们需要独立地确定至少有一只天鹅，然后检查它的颜色。声称存在一只天鹅，我们可以只通过观察它来确定它的实际颜色，这是"辅助假说"或"辅助假设"。检验哪怕是最简单的假说也需要"辅助假设"，它这是对检验假说的条件的进一步陈述。例如，要检验"所有天鹅都是白的"，我们需要确定"这只鸟是一只天鹅"，而这需要除了天鹅的颜色之外，还假设另一些关于天鹅的概括为真。如果我们面前的灰鸟是一只灰鹅，而不是灰天鹅呢？没有单一的证伪检验能够告诉我们，错误在于被检验的假说，还是我们发现证伪证据所需的辅助假设。

　　为了更清楚地看到这个问题，考虑一个对 PV = nRT 的检验。为了检验理想气体定律，我们测量三个变量中的两个，即气体容器的体积和温度，然后用该定律来计算预测的压强，并将预测的气体压强与其实际值进行比较。如果预测值与观测值相同，则证据支持该假说。如果不相同，则该假说大概就被证伪了。但在这个对理想气体定律的检验中，我们需要测量气体的体积和温度。测量它的温度需要温度计，而使用温度计需要我们接受关于温度计如何测量热的一个或多个相当复杂的假说，例如关于封闭玻璃管中的汞在受热时均匀膨胀的科学定律。但这是另一个一般假说，我们需要援引这个辅助假说来检验理想气体定律。如果气体压强的预测值与观测值不同，那么问题可能是我们的温度计有缺陷，或者我们关于封闭管中汞的膨胀与温度变化之间关系的假说是错误的。为了表明温度计是有缺陷的，例如玻璃管是破裂的，还要假设另一个一般假说：玻璃管破裂的温度计无法准确地测量温度。

　　在许多检验案例中，辅助假说是一门学科最基本的概括之一，就像酸使蓝色石蕊试纸变红，没有人会对此严重质疑。但不能否认，它们具有出错的逻辑可能性，这意味着在假设辅助假设为真的情况下检验的任何假说，原则上可以通过放弃辅助假设并视之为假来免于被证伪。有时，假说的确可以免于被证伪。以下是一个典型的例子，在这个例子中，检验的证伪被正确地归因于辅助假设的错误，而不是受检验的理论。在 19 世纪，随着望远镜观测的改进，根据牛顿力学导出的对木星和土星在夜空中位置的预测被证伪。但天文学家并没有指责牛顿运动定律被证伪，而是质疑了辅助假说，即除了已知行星的那些力，没有其他力作用于土星和木星。通过计算需要多少额外的引力，以及从哪个方向，才能使牛顿定律与看似证伪它们的数据相一致，天文学家相继发现了海王星和天王星。

在逻辑上，科学定律既不能完全由现有证据所确立，也不能被有限的证据最终证伪。这并不意味着科学家因为不利证据而放弃假说，或因为实验结果而接受假说是没有道理的。它的意思是，确证和否证要比仅仅导出待检验假说的正面或负面实例更复杂。事实上，正面实例的概念本身就很难理解。

例如"所有天鹅都是白的"这一假说。假设我们有一只白天鹅和一只黑靴子。什么是我们假说的正面实例呢？我们想说，只有这只白色的鸟才是正面实例，黑色的靴子与我们的假说无关。但从逻辑上讲，我们没有权利得出这个结论，因为逻辑告诉我们，"所有 A 都是 B"当且仅当"所有非 B 都是非 A"。要了解这一点，请考虑"所有 A 都是 B"的例外是什么。那将是，有一个不是 B 的 A。但这也将是"所有非 B 都是非 A"的唯一例外。因此，这两种形式的陈述在逻辑上是等价的。因此，所有天鹅都是白的，当且仅当所有非白色的东西都是非天鹅。这两个句子是对同一陈述的逻辑上等价的表述。由于黑靴子是非白色的非天鹅，所以它是"所有非白色的东西都是非天鹅"这一假说的正面实例；黑靴子是"所有天鹅都是白的"这一假说的正面实例。在许多人看来，这里似乎出了严重的问题。评估天鹅假说当然不是通过检查靴子！这个结果至少表明，一个假说的"正面实例"这一看似简单的概念并不那么简单。

这个难题是卡尔·亨普尔提出来的，被称为"确证悖论"。有两种宽泛的策略来处理这个悖论。亨普尔所偏爱的方法是径直承认黑靴子确证了"所有天鹅都是白的"这一假说，我们之所以觉得黑靴子无法确证这一假说，是因为这种态度在逻辑上不够精细，我们可以不去理会。另一种方法是认为，如果"所有天鹅都是白的"是一条定律，则它必须表达天鹅与白色之间的某种必然联系。请记住，这说明的是定律所支持的东西，即这样一个反事实：如果我的黑靴子是天鹅，则它将是白色的。如果"所有天鹅都是白的"是对物理必然性或自然必然性的一种表达，那么它就不会在逻辑上等价于"所有非白色的东西都是非天鹅"，因为这一陈述显然缺乏任何自然必然性或物理必然性。现在，黑靴子是一种非白色的非天鹅，它可能支持后面这个一般陈述，但由于它并不等同于定律（因为它没有律则必然性），所以黑靴子不会是天鹅假说的一个正面实例。这回避了这个问题，但代价是迫使我们认真对待律则必然性或物理必然性的本性，而经验论者，尤其是像亨普尔这样的逻辑实证主义者，则不愿意这样做。

这里值得注意的是，贝叶斯归纳进路的支持者认为，确证悖论对于贝叶斯主义来说不是问题。毕竟，以"所有天鹅都是白的"为条件的"一只靴子是黑的"的先验条件概率，要低于以"所有天鹅都是白的"为条件的"我们看到的下一只天鹅是白的"的先验条件概率。当我们把这两个先验概率代入贝叶斯定理时，如果看到一只白天鹅和看到一只黑靴子的先验概率相等，那么"所有天鹅都是白的"的概率就会被以"所有天鹅都是白的"为条件的看到一只白天鹅的条件概率大大提高。

但现在考虑另一个问题。假设"所有翡翠都是绿色的"。绿翡翠无疑是这一假说的一个正面实例。现在，将术语"绿蓝"（grue）定义为"当时间 t 早于公元 2100 年时为绿色，或时间 t 晚于公元 2100 年时为蓝色"。于是，在公元 2100 年以后，无云的天空将是绿蓝的，任何已经观察到的翡翠也是绿蓝的。考虑假说"所有翡翠都是绿蓝的"。结果是，迄今为止观察到的每一个支持"所有翡翠都是绿色"的正面实例，显然也是"所有翡翠都是绿蓝的"的正面实例，尽管这两个假说在它们关于公元 2100 年以后发现的翡翠的主张中是不相容的。但断言这两个假说被同样好地确证是荒谬的。"所有翡翠都是绿蓝的"这一假说不仅没有比"所有翡翠都是绿色的"得到更好的确证，而且根本没有证据支持。但这意味着，迄今为止发现的所有绿翡翠根本不是"所有翡翠都是绿蓝的"的"正面实例"，否则它将是一个得到良好支持的假说，因为存在许多绿翡翠，而没有非绿色翡翠。但如果绿翡翠不是"绿蓝"假说的正面实例，我们就需要给出为什么它们不是正面实例的理由。

　　人们倾向于把谓词"绿蓝"作为一个人为的、不命名任何真实属性的欺骗性术语加以拒斥来回答这个问题。"绿蓝"是由绿色和蓝色这两种"真实属性"构造出来的，而科学假说必须只使用事物的真实属性。因此，"绿蓝"假说并不是一个真正的科学假说，也没有正面实例。不幸的是，这个论证遭到了强有力的回应。将"蓝绿"（bleen）定义为"当时间 t 早于公元 2100 年时为蓝色，或时间 t 晚于公元 2100 年时为绿色"。我们现在可以把"所有翡翠都是绿色的"这一假说表述为"所有翡翠在时间 t 早于公元 2100 年时为绿蓝的，或时间 t 晚于公元 2100 年时为蓝绿的"。因此，从科学语言的角度来看，"绿蓝"是一个可理解的概念。此外，考虑把"绿色"定义为"时间 t 早于公元 2100 年时为绿蓝的，或时间 t 晚于公元 2100 年时为蓝绿的"。是什么阻止我们说，绿色是由"绿蓝"和"蓝绿"构造出来的、人为的、衍生的术语呢？

　　我们所寻求的是"绿色"与"绿蓝"之间的区别，它使得"绿色"在科学定律中是可接受的，而"绿蓝"是不可接受的。在纳尔逊·古德曼（Nelson Goodman）提出"绿蓝"问题之后，哲学家为科学定律中可接受的那些谓词创造了"可投射"一词。那么，是什么使"绿色"变得可投射呢？"绿色"是可投射的，不可能因为"所有翡翠都是绿色的"是一个得到良好支持的定律。因为我们的问题是要表明，为什么"所有翡翠都是绿蓝的"并不是一个得到良好支持的定律，即使它具有与"所有翡翠都是绿色的"相同数量的正面实例。

一个谓词是可投射的，一个一般陈述是支持反事实的，一个规则是有说明力的，一个谓词是命名真实属性的，一个普遍定律是由它的正面实例支持的。事实表明，所有这些概念的联系要比我们设想的紧密得多。

"绿蓝"难题被称为"新归纳之谜"，它在确证理论中一直是一个悬而未决的问题。自它被发明之后的几十年里，哲学家为这个问题提供了许多解决方案，没有一个取得优势。但是，与逻辑实证主义者或其经验论前辈所认识到的相比，这项研究使人们对科学确证的各个方面有了更深入的理解。所有科学哲学家都同意的一件事是，新归纳之谜表明确证概念是多么复杂，即使对可观察之物的简单概括也是如此。

归纳作为伪问题：波普尔的策略

卡尔·波普尔爵士是 20 世纪最有影响的科学哲学家之一，他在科学家特别是社会科学家当中，可能比在哲学家当中更有影响力。波普尔认为休谟的归纳问题是一个伪问题，或至少是一个不应阻止科学家或那些试图理解科学方法的人的问题。回想一下，归纳问题是，正面实例似乎不会增加我们对一个假说的信心，而新归纳之谜是，我们甚至无法很好地解释正面实例是什么。

根据波普尔的说法，这些对于科学来说不是问题，因为科学不是也不应该是积累正面实例来确证假说。波普尔认为，事实上，科学家寻求否定的证据来反驳而不是寻求肯定的证据来支持科学假说，从方法上讲，他们这样做是正确的。归纳问题表明，我们不应试图通过积累证据来确证假说。相反，好的科学方法和好的科学家只试图构造实质性的猜想，对经验做出强有力的断言，然后再尽其所能去证伪这些断言。在此之后，科学家应该继续构造新的假说，并试图证伪它们，永无止境。

波普尔对这一方法论规定的论证（以及描述性地声明科学家实际就是这样做的）始于这样一个观察：在科学中，我们寻求普遍概括，而就逻辑形式而言，"所有 F 都是 G"永远无法被完全确证、确立或证实，因为（归纳）证据总是不完备的。然而在逻辑上，它们只需一个反例就能被证伪。当然，正如我们所看到的，从逻辑上讲，由于检验任何一般假设时都需要辅助假说的作用，所以证伪并不比证实更容易。如果波普尔起初不承认这一事实，他肯定会承认严格的证伪是不可能的。他声称，科学家的确而且应当试图构造假说或他所谓的"猜想"，并使之遭到证伪，他有时所谓的"反驳"必须被理解为需要某种不同于严格证伪的东西。

回想第 3 章中一个句子表达多个命题的例子。根据重点的不同，"为什么 R 女士杀了 R 先生"这句话可以表达三个截然不同的问题。现在考虑以下这句话，"所有铜都在 1 083 摄氏度熔化"。如果我们把铜定义为"在 1 083 摄氏度熔化的导电的黄绿色金属"，那么由于这些词的含义，"所有铜都在 1 083 摄氏度熔化"这一假说当然是不可证伪的。现在，假定你用同样的方法定义铜，只不过从定义中去掉关于其熔点的条款，然后检验假说。这大概会消除由意义本身所导致的不可证伪性。现在假定，你的温度计显示，许多被你认作铜的样品熔化的温度要么远低于、要么远高于 1 083

摄氏度，在每一种情况下，你都为这个实验结果找了借口：温度计有缺陷，或者样品中有杂质，或者它根本不是铜而是某种类似的黄绿色金属，或者它是被黄绿色的光照亮的铝，或者你读温度计时患有视觉障碍，或者……省略号是指可以编造无穷多的借口，以使一个假说不被证伪。波普尔认为，将假说视为不可证伪的这样一种策略是不科学的。科学方法要求我们设想一些我们认为会导致我们放弃假说的情况，并在这些情况下对它们进行检验。此外，波普尔认为，最好的科学的典型特征是构造高风险的假说并声称它们很容易检验，然后检验它们，当它们失败时（最终必定如此）再构造新的风险假说。因此，如上所述，他在《猜想与反驳》中将科学方法称为"猜想与反驳"。和其他科学哲学家一样，包括波普尔声称在最基本的哲学问题上意见不一致的逻辑实证主义者，波普尔对科学的"猜想"部分并没有说太多。科学哲学家大体上认为，不存在发现的逻辑，也不存在提出新的重大科学假说的诀窍。但波普尔确实认为，科学家应该提出"有风险的"假说，很容易想象否证的证据来反驳它。他认为，实验的任务就是寻求这种否证。

　　也许最好是认为，波普尔关于可证伪性的主张是关于科学家对其假说态度的描述，和 / 或关于优秀科学家的态度应当是什么的规定性主张，而不是关于独立于其检验态度的陈述或命题的主张。正是在此基础上，他把证伪的可能性当作科学与伪科学的"划界"标准，将弗洛伊德的心理动力学理论和马克思的辩证唯物主义视为不科学。尽管这两个"理论"的支持者都自命不凡，但这两个"理论"都不能算作科学，因为作为"真正的信徒"，他们的支持者永远不会赞成其反例要求提出新的猜想。因此，波普尔认为，他们的信念根本不能被认为是科学理论，甚至不是遭到否定的理论。波普尔还一度将达尔文的自然选择理论视为不可证伪的，部分原因在于，生物学家倾向于用繁殖率来定义适合性，从而将"自然选择原则"（见第 9 章）变成一个定义。即使进化论者小心翼翼地避免犯这个错误，波普尔仍然认为，适应性假说的预测内容是如此之弱，以至于理论不可能被证伪。

由于否定达尔文的理论几乎不可能可信，波普尔承认，虽然严格来说它不是一个科学理论，但它仍然是一个有价值的形而上学研究纲领。当然，马克思主义和弗洛伊德主义的理论家也能提出同样的主张。更令人遗憾的是，受宗教启发的自然选择理论反对者非常喜欢用波普尔的理论来掩盖自己：他们提出，要么基督教形而上学必须与达尔文形而上学在科学课堂上享有同等的时间，要么后者应与前者一起被驱逐。值得注意的是，《物种起源》的第 6 章"理论的困难"记录了达尔文面临的波普尔提出的挑战，即确认可能证伪其理论的情况。

随后，一些理论被经济理论家认为是伪科学。这很可能是由于波普尔对他们的个人影响，或者是由于他的其他作品攻击了马克思主义政治经济学和政治哲学。许多社会科学家为此与波普尔联合了起来。经济理论家对波普尔的拥护在两个方面尤其具有讽刺意味。首先，他们自己的做法与波普尔的格言完全不符。一个多世纪以来，经济理论家（包括其中的波普尔主义者）一直完全相信经济主体是理性偏好最大化者这一概括，无论行为、认知和社会心理学家建立了多少证据来否证这一概括。其次，在 20 世纪的最后 20 年里，这种对消费者和生产者的经济理性的承诺尽管遭到大量反驳，但最终取得了成功。博弈论尤其是进化博弈论的发展，证明经济学家拒绝放弃理性假设，尽管有所谓的证伪。

这段历史表明，至少在涉及经济学时，波普尔的主张似乎作为描述被证伪，并作为规定被错误地建议。牛顿力学的历史对波普尔的规定给出了同样的裁定。在这段历史中，长期以来，科学家能够将较窄的理论归结为较宽的理论，同时提高较窄理论的预测精度，或者准确地显示这些较窄理论的错误所在，认为它们只是大致正确。牛顿力学的历史也是数据的历史，迫使我们在对关于初始条件的辅助假说进行"特设性"调整与证伪牛顿力学之间做出选择，其中看似"正确"的选择是保留理论。当然，有的时候（事实上是经常），正确的选择是把理论当作被证伪的而拒斥，并且构造一个新的假说。问题在于判定科学家处于何种情况下。波普尔一成不变的方法"反驳当前的理论并猜测新的假说"并不总能提供正确的答案。

物理学的历史似乎也为波普尔的以下主张提供了反例，即科学从不寻求也不应寻求一个理论的确证证据。特别是，科学家对"新颖"的预测印象深刻，在这种情况下，一个理论被用来预测迄今为止完全未被发现的过程或现象，有时甚至被用来预测其定量方面。这样的实验不仅被视为失败的证伪尝试，而且被视为进行正面确证的检验。

回想一下物理学家和经验论者对牛顿神秘引力的看法。20世纪初，爱因斯坦提出了"广义相对论"，它对运动的解释去除了这种引力。爱因斯坦说，引力在理论上根本不存在（他的一些论证是方法论的或哲学的）。相反，爱因斯坦的理论认为，空间是"弯曲的"，在像恒星这样的大质量物体周围弯曲得更厉害。这一理论的一个推论是，光线的路径在这些大质量物体附近应当弯曲。牛顿理论不会让我们预期这样的结果，因为光没有质量，因此不受引力的影响。回想一下引力的平方反比律，在这个定律中，物体的质量会影响它们之间的引力。1919年，为了验证爱因斯坦的理论，一支英国远征队被派往南美一个预计会发生日全食的地方。通过比较日食前一天晚上恒星在天空中的视位置及其在日食期间的视位置（由于月亮在同一天区阻挡了太阳的正常亮度，所以恒星可见），这支英国小组报告了对爱因斯坦假说的确证。这一检验和其他检验的结果当然是用爱因斯坦的理论来取代牛顿的理论。

许多科学家认为，远征队的这个实验结果是对广义相对论的有力确证。波普尔虽然赞扬爱因斯坦预测的风险性，从而使它有可能被证伪，但当然必须坚持这些科学家是错误的。这个检验最多证伪了牛顿的理论，而爱因斯坦的理论则没有得到确证。许多科学家拒绝这一说法的一个原因是，在随后的 80 年里，随着新的、更精确的设备被用来测量爱因斯坦理论的这一预测和其他预测，它对众所周知现象的推论被确证到越来越多的小数位，更重要的是，它对人们从未注意到甚至从未想到的现象的新预测得到了确证。尽管如此，波普尔还是可以说，科学家认为这个理论有待确证是错误的。毕竟，即使该理论的预测确实比牛顿理论更准确，它们也不会百分之百地与数据相符合，通过将这种差异归咎于观测误差或仪器缺陷来为这种差异找借口，只是保持理论不被证伪的一种特设性方法。波普尔不能主张的一点是，物理学过去的可错性表明，爱因斯坦的广义相对论充其量也是一种近似，并不完全为真。波普尔不能这样主张，因为这是一个归纳论证，波普尔同意休谟的观点，认为这种论证是没有根据的。

波普尔对那些被反复检验的理论能说些什么？这些理论的预测被确证到越来越多的小数位，这些理论做出了新颖的、引人注目的预测，与新数据一致（我们不能说"被新数据确证"）？波普尔通过援引一个新概念即"佐证"（corroboration）来回答这个问题。理论永远无法被确证，但它们可以被证据佐证。佐证与确证有何不同？它是假说的一个定量性质，它衡量了假说的内容和可检验性、简单性，以及它们以前在实验中成功地经受住证伪它们的尝试的记录。就目前的目的而言，佐证与确证的区别的细节并不重要，只不过佐证不可能是理论与现有数据之间的关系，这些现有数据要么（1）对理论的未来检验做出任何预测，要么（2）给我们正面的理由以相信理论为真，甚至比其他理论更接近真理。原因是显而易见的。如果佐证具有这两个性质中的任何一个，则它至少在部分程度上是归纳问题的解决方案，而这正是波普尔开始时放弃的东西。

如果假说和理论是人们可以相信为真的东西，那么让它们比其他东西更可信必定是有意义的。在无穷多可能的假说中，包括所有那些从未被想到也永远不会被想到的假说，我们实际接受的理论很可能不如其他理论得到那么好的支持，甚至不是近似为真，也没有比先前的理论更接近真理。这种可能性也许是把越来越多的确证斥为仅仅是目光短浅的思辨的一个理由。但这种态度很难让科学家认真对待。因为在他们实际熟悉的相互竞争的假说之间，认为没有一个假说比任何其他假说更合理，这种想法似乎并没有吸引力。当然，一个关于理论的工具论者不会有这个问题。根据工具论的观点，理论不是被相信或不信，而是应该在方便的时候使用，否则就不用。工具论者尽可以使用波普尔拒绝归纳和倾向于证伪，但具有讽刺意味的是，波普尔是一个关于科学理论的实在论者。

亚决定性

检验关于不可观察的事物、状态、事件和过程的主张显然是一件复杂的事情。事实上，人们越是考虑观察如何确证假说，以及问题有多复杂，就越能感到观察对理论具有某种不可避免的、相当令人不安的"亚决定性"（underdetermination）。

正如我们反复提到的，现代科学的"官方认识论"是经验论，即认为我们的知识通过经验——观察、数据和实验来辩护。科学的客观性被认为依赖于经验在选择假说过程中所起的作用。但如果最简单的假说只有与其他假说相结合才能面对经验，那么一个负面检验可能源于一个伴随假设的错误，一个正面检验可能反映了检验中涉及的两个或更多个假说的错误相互抵消。此外，如果任何科学检验总是需要两个或更多个假说，那么当一个检验预测被证伪时，总是存在两种或更多种方法来"纠正"被检验的假说。当被检验的假说不是像"所有天鹅都是白的"这样的单一陈述，而是像气体运动论那样高度理论性的陈述体系时，理论家可以根据证伪性的检验对理论进行一个或多个修改，其中任何一个修改都将使理论与数据相协调。但大量可能的变化带来了某种程度的任意性，这似乎与我们的科学图景不同。我们先考虑一个假说，它构成了一个理论，描述了不可观察之物的行为及其性质。这样一个假说可以与证伪性的经验相协调，方法是对假说做出改变，而这些改变本身只能通过同样的过程来检验，即在证伪的情况下允许进一步做出大量改变。因此，不可能确定一种改变比另一种改变更正确或更合理。两个科学家从同一理论开始，对其进行同样的否证检验，并根据同一组进一步的检验来反复"改进"他们的理论，则他们几乎肯定会得到完全不同的理论，但这两者与他们的检验所产生的数据同样一致。如果检验理论的是经验数据而且仅仅是经验数据，如果经验数据没有指出被否证的理论需要改变的地方，那么随着时间的推移，科学中的理论应该不断激增。但事实并非如此，尤其是在物理科学中。我们还会回到这一点及其含义。

随着科学变得越来越理论化，经验上等价但逻辑上不相容的理论的问题变得尤其严重。范·弗拉森的一个著名例子说明了这一点。回想范·弗拉森的观点"建构经验论"，它敦促我们对理论的理论"部分"的真理主张持不可知论态度。他的一个论证基于以下可能性：比较一下牛顿力学即我们在第 7 章讨论的四个定律，它们在物理学中能够说明很多东西。在这四个定律的基础上，再加上一个公理，即宇宙和宇宙中的一切事物正以每小时 100 千米的速度沿一个矢量运动，该矢量的方向由一条从地球延伸到北极星的线给出。这两种理论将在说明和预测方面同样强大；任何经验方法都无法区分它们之间的区别。它们在经验上是等价的。这意味着我们在它们之间的选择被观察亚决定了。

假设有人反对这个例子，理由是不存在绝对空间中的运动这种东西，爱因斯坦的狭义相对论以及 18 世纪以来的莱布尼茨和贝克莱等哲学家已经很好地确立了这一点。既然有经验证据来证伪这一假设，我们不能给牛顿定律增加东西来产生一种经验上等价的理论。这一论证线索有几个问题。首先，如果它依赖于对绝对空间中某一方向的运动这一假设的严格证伪，那么它就会导致循环论证。其次，我们只是在回溯时才知道，附加假设实际上是错误的。由于我们无法知道哪些是理论中错误的部分，它们相对于在给定时间（而不是以后）可获得的证据在经验上是等价的，因此我们不能用这一反驳来否认在事实面前亚决定的可能性。最后，范·弗拉森构造的例子旨在说明一种在过去和将来都可以成立的可能性。

现在想象一下当关于每一个主题的所有数据都齐备时那个"研究的终点"。还可能存在两种截然不同的、同样简单、优雅且令人满意的理论，它们与所有数据都同样相容，但彼此之间不相容吗？鉴于即使所有证据都齐备，也存在经验上的空白，所以答案似乎是，不能排除这种可能性。由于它们是关于一切事物的不同理论，所以我们的两个"世界体系"必定在某个地方不一致，它们必定不相容，因此不能都是真的。我们既不能对其中一个是否正确持不可知论，也不能认为两者全都正确。然而，观察似乎并不足以在这些理论之间做出决定。

当代宇宙学的争论可以说明我们在这里思考的可能性。更糟糕的是，它们可能是例证其现实性。超弦的"万物理论"有几种版本，它们结合了量子力学和广义相对论，在这两者之间或许不可能进行经验选择，因为这样做所需的观察至少需要和宇宙中同样多的能量。此外，还有一些非弦理论的替代方案，即所谓的量子环引力理论，它们目前在经验上也是等价的，而且据我们所知，它们在经验上可能永远是等价的。

如果在实际的或仅仅是假设的"研究的终点"，有可能存在不止一种经验上恰当、与所有证据同样相容、在说明领域上同样普遍、在预测能力上同样精确的理论，那么经验论显然就陷入了严重的麻烦。作为整体理论，它们不可能都为真，因为它们会在理论上产生分歧。然而，由于经验上等价，没有数据能在它们之间做出选择。如果存在一个关于何者为真的事实，那么它将无法根据任何经验论认识论来获得。

即使我们找到一种方法来排除不相容的、经验上等价的、同样强大的总体理论，我们也仍然面临着一个严重的问题，即观察对科学家所采用的实际理论的亚决定性。然而，科学并没有显示这种经验性的亚决定性会使人预期的那种理论激增。亚决定性所导致的那种难以解决的、无法解决的理论争议几乎从来也不是现实的。有人可能会说，这一事实反映了想象力的缺乏，即科学家未能构想、思考或探索经验上恰当的其他理论。（事实上，有人可能会认为这是反实在论者对以下主张的一个反驳，即如果没有实在论，科学的成功将是一个奇迹。[见第 8 章] 与其假设我们的理论成功证明了科学收敛于真理，不如认为它只是证明了科学家在探索足够多的经验上等价的理论方面缺乏想象力。）

我们越是思考这种亚决定性为什么不显示出来，以下想法就变得越成问题，即科学理论是由客观方法辩护的，这些方法使经验成为知识认证的最终上诉法庭。除了观察和实验的检验之外，还有什么东西可以解释大多数自然科学所特有的理论共识呢？当然，理论家之间存在分歧，有时是非常大的分歧，但随着时间的推移，这些分歧得到了解决，几乎使所有人都满意。如果由于亚决定性一直存在的可能性，这种理论上的共识不能通过"官方"方法来实现，那么如何来实现呢？

除了观察的检验，还可以根据其他标准来评判理论：简单性、经济性、说明上的统一性、预测的精确性，以及与其他已有理论的一致性。在理论选择上，我们不仅限于对我们可以检验的观察推导出预测。当观察否证了一系列假说时，有一些方法上的指南使我们能够设计新的实验和检验，从而使我们能够更精确地指向我们原始假说中的某个组成部分。关于简单性、说明上的统一性、预测的精确性、可允许的实验误差量，以及与其他已有理论的一致性的考虑，在这里也同样适用。理论选择是一个不断运用同一些思考工具的过程，以评估经验观察对于做出理论选择的意义。

理论选择听起来似乎毕竟受制于经验观察，尽管后者是由经验探究的宽泛规则所指导的。但这些规则的依据是什么？有两个显而易见的答案，都不令人满意。第一个是，我们为了消除亚决定性的威胁而给观察补充的方法论原则，可以通过某种先验的考虑给出来。像康德这样的唯理论者认为，存在着理论选择的标准，可以保证牛顿理论的真理性不受怀疑论的影响。显然，这种防止亚决定性之威胁的保证来源不会被经验论容忍，但另一个选项看起来却是循环论证。

假设经验论者认为，除观察之外的理论选择标准本身已经被观察和实验证实。但那样一来，这些标准会因为只是援引观察而自觉有错，尽管援引有些间接。一个理论与其他已有理论的一致性确证了那个理论，仅仅是因为观察已经确立了被判断为与它一致的理论。理论的简单性和经济性本身正是我们观察到的自然所反映的和其他得到充分证实的理论所具有的特性，如果它们与我们的观察和实验发生冲突，我们随时准备放弃它们。和反对亚决定性之威胁的论证一样，我们在理论选择中使用的方法论规则的经验论辩护也是循环的。

尤其是在过去 400 年里，排除了科学在面对亚决定性时表现出来的共识的唯理论和经验论来源之后，科学哲学家面临着一个严重的问题。

有一个替代的来源，几乎所有科学哲学家都非常不愿意接受，即认为理论发展在认识论上是由非实验的、非观察的考虑（比如先验的哲学承诺、宗教教义、政治意识形态、审美趣味、心理倾向、社会力量或思想时尚）所指导的。我们所知道的这些因素会走向共识，但未必是那种反映出越来越接近真理或客观知识的共识。事实上，这些非知识的、非科学的力量和因素被认为会扭曲理解，使人远离真理和知识。

事实仍然是，对经验论的坚定承诺，加上对科学理论化之不可或缺性的相当程度的共识，强烈暗示理论与观察之间可能存在很大的间隙，但亚决定性所鼓励的那种任意性的明显缺乏是需要说明的。如果我们要保持我们对科学作为卓越知识的地位的承诺，那么我们最好也能用这个说明来为科学的客观性做辩护。下一章将会表明，这一结果的前景疑云密布。

小　结

在本章，我们从看似很小的问题、可爱的悖论、关于白天鹅和黑靴子的聪明哲学难题，以及似乎与改变颜色有关的有趣属性开始，但这些问题最终给经验论带来了非常严重的麻烦。

像波普尔那样试图完全缩短关于证据如何支持理论的考察，并用它如何证伪理论这个问题来取代它，使事情变得更糟。因为它们似乎会导致亚决定性的持续可能性，以及真正控制研究的可能不是观察、实验和数据这一整体威胁。换句话说，经验论面临的一系列问题已经变得越来越难以对付。当我们考虑到经验论的这些问题实际上已经浮出水面，并且被寻求更加牢固的认识论基础的经验论者认真对待时，情况尤其如此。

正如我们所看到的，考虑到辅助假说在理论检验中的作用，没有一个单一的科学主张能够凭借自身满足检验的经验。只有在导出某些观察预测所需的也许是大量的其他假说相伴随的情况下，它才能做到这一点。但这意味着，不符合预期的否证检验不能表明这些假说中的某一个为假，而对一个以上的假说进行调整可能等价于使整套假说与观察相调和。

随着一个理论之规模的增长，它会包含越来越多的不同现象，面对着难以驾驭的数据，为了保持或改进它，可能的替代性调整也会增加。在从未真正达到的"研究的终点"（当所有数据都齐备时），世界上是否可能存在两种截然不同的整体理论，两者在证据支持、简单性、经济性、对称性、优雅性、数学表达或理论选择的任何其他所需方面都是同等的？对这个问题的肯定回答也许会为工具论的理论解释提供有力支持。因为显然，不存在可供研究的关于事物的事实可以在这两种理论之间进行选择。

　　然而奇怪的是，亚决定性仅仅是一种可能性。事实上，它几乎从未发生过。这暗示有两个选项。第一个选项被大多数科学哲学家接受，即观察确实支配着理论选择（否则理论与模型之间的竞争会比现在更激烈），只不过我们还没有将它完全弄清楚。第二个选项更为激进，受到了一代历史学家、科学社会学家和少数哲学家的青睐，他们既拒绝接受逻辑经验主义的详细教导，也拒绝接受它为科学客观性辩护的雄心壮志。根据这一选项，观察亚决定了理论，但理论被其他一些非认识的事实所固定，如偏见、信仰、先入之见，以及对名誉或至少是安全和强权政治的渴望。这种激进的观点，即科学和其他社会过程一样是一个过程，而不是客观进步，是接下来两章的主题。

研究问题

1. 辩护或批评："当我们看到一个正面实例时，我们都知道它。没有人需要担心确证悖论。区分'绿色'等可投射谓词与'绿蓝'等不可投射谓词也是如此。"

2. "在科学中，我们总是很清楚哪个陈述被一个否证的预测证伪，它从来不是关于仪器的主张。'糟糕的木匠总是责怪

自己的工具’是实验科学中一句可靠的格言。”以上说法错
在哪里？

3. 为什么我们不能总是声称两个同样得到充分确证的、看似
不相容的整体理论彼此之间仅仅是变相的术语变体？

4. 究竟为什么亚决定性是经验论的真正威胁？

5. 亚决定性是对科学客观性的实际威胁吗？

阅读建议

Aspects of Scientific Explanation 中收录的亨普尔关于确证
理论的论文首次提出的确证悖论尤为重要，N. Goodman, *Fact,
Fiction and Forecast* 也是如此，其中引入了新归纳之谜，以及
古德曼对反事实的开创性处理。亨普尔和古德曼的论文收录
于 Lange 的选集中。Peter Achinstein, "The Grue Paradox" 最初
刊登于 Balashov and Rosenberg 的选集，是对古德曼新谜题的
出色阐述，也是一个新颖的解决方案。

Popper, "Science: Conjectures and Refutations" 以及他对归
纳问题的批评重印于 Curd and Cover 的选集。

20 世纪初，法国哲学家皮埃尔·迪昂（Pierre Duhem）在
《物理学理论的目的与结构》（*The Aim and Structure of Physical
Theory*）一书中承认了亚决定性的可能性，后来成为 Quine,
Word and Object 的核心。第 14 章详细讨论了 Quine 的工作。在
随后的半个世纪里，亚决定性的问题一直受到严格考察。迪
昂的一篇论文重印于 Curd and Cover 的选集。这种批评的一个
重要例子见 J. Leplin and L. Laudan, "Empirical Equivalence and

Underdetermination ", 以及 C. Hoefer and A. Rosenberg, "Empirical
Equivalence, Underdetermination and Systems of the World", 他们
回应了他们对亚决定性的否认。Laudan, "Demystifying Under-
determination" 重印于 Curd and Cover 的选集。

Stanford, *Exceeding Our Grasp* 是最近对亚决定性问题的出
色讨论。

第 12 章

科学史的挑战

概　述

　　如果观察证据亚决定了理论，我们至少需要说明是什么决定了刻画科学史的理论的承继。此外，出于哲学的目的，我们还需要为这些在观察上未受支持的理论在认识论上是理性和合理的理论这一主张辩护。显然，经验论本身不能做到这一点，因为它的辩护资源仅限于观察。

　　托马斯·库恩是一位重要的科学史家和科学哲学家，他很早就在科学史中寻找说明理论选择的这些非观察因素，并考虑它们如何为理论选择辩护。他的著作《科学革命的结构》（*The Structure of Scientific Revolution*）试图探索科学变革的特征，即理论如何相互承继，以思考一个理论取代另一个理论可以被什么东西说明和辩护。逻辑实证主义者认为，理论是在观察的基础上选择的，是通过还原而彼此承继的，这保留了早期理论中正确的东西，从而将科学史解释为进步。库恩的研究挑战了这两种观点。

　　通过引入心理学、社会学和历史的思考，库恩重塑了科

学哲学的格局，并使之认真对待以下观点：科学并非对真理
的无私追求，并非在明确的观察检验的指导下，朝着更接近
真理的方向不断累积。

　　库恩令人震惊的结论表明，科学与绘画或音乐等活动一
样具有创造性，这促使许多人认为，科学并不比其他人类活
动客观上更进步、正确或近似为真。根据这一观点，科学史
是变化的历史，而不是进步的历史。我们现在对事物本性的
了解并不比亚里士多德时代更接近真理。这些令人惊讶的结
论是对当代科学哲学的巨大挑战。

　　一些哲学家对库恩的工作做出了回应，他们明确地试图
表明，科学的历史是理性进步的历史。本章最后探讨了这些哲
学家中最有影响力的一位即伊姆雷·拉卡托斯（Imre Lakatos）
的进路。

历史在科学哲学中的作用？

　　在前几章，我们追溯了哲学对科学知识的传统分析所面临的
问题，认为这些问题源于试图对我们的观察进行说明，而这些观
察本身又受我们观察的"控制"。经验论是科学的主导"意识形
态"，它向我们保证，使科学说明可信的东西，以及确保科学能够
自我纠正、预测能力能够不断增长的东西，是观察、实验和检验
在科学理论的确证中所扮演的角色。

　　我们已经看到，科学哲学无法使这一角色变得精确。科学哲
学不仅不能为我们关于理论实体存在的知识提供无可争议的经验
论辩护，甚至无法向我们保证，命名这些实体的术语是有意义的。

更糟糕的是，数据与该数据可能检验的假说之间最简单的证据关系，似乎同样难以用科学和科学哲学似乎要求的那种精确性来表达。人们可能认为，这不是科学家的问题，而只是科学哲学家的问题。毕竟，我们知道理论术语之所以必不可少，是因为理论实体存在着，我们需要在说明和预测中援引它们。我们知道，科学假说经受实证检验的能力正是使之成为知识的东西。从形式上将这些事实表述出来也许是一项有趣的哲学练习，但它无须阻止科学家继续工作。

这将是一种对事情的肤浅看法。首先，不要求我们对科学的理解达到科学本身对世界的理解所要求的那种详细和精确，这是一种双重标准。科学经验论要求我们用经验来检验我们的想法；如果这些想法是模糊和不精确的，我们就做不到这一点。我们对科学本性的看法也必须如此。其次，如果我们不能对诸如理论实体的存在和科学检验的本性等明显而直接的问题提供精确而详细的解释，这将是我们对科学的理解可能存在严重错误的征兆。关于如何才是科学的，欠发达学科寻求科学哲学的指导，所以这一点特别重要。

对科学哲学关于理论及其检验的基本问题的回答的不满，当然促使科学哲学家开始重新思考逻辑经验主义最基本的前提。这种重新考察始于一个无可争议的主张，即科学哲学应当提供一幅关于科学本性的图景，反映我们对科学的历史及其实际特征的了解。这听起来也许没有争议，直到我们回想起传统科学哲学是多么依赖于形式逻辑的考虑，再加上来自物理学的一系列狭窄例子。

库恩的《科学革命的结构》是从科学史角度重新审视科学本性的最早也最有影响力的文献之一。这部薄薄的著作旨在让科学哲学与科学史上的重要事件面对面。但它最终完全破坏了哲学对理解关于科学的任何事物的信心。在 20 世纪下半叶关于科学的思考中，它成为被引用最多的作品。这是如何发生的呢？

　　库恩关于牛顿之前科学史的研究向他暗示，关于世界的主张（我们现在可能认为是前科学或不科学的神话）被有学识的人接受，他们的目的是理解世界，理由和我们接受当代物理理论一样。如果这些理由支持了一种使它成为科学的信念，那么这些神话也是科学。或者换句话说，我们最新的科学信念也可能是神话，就像它们取代的前科学和非科学的信念一样。库恩认为，第一种选择要更好。采用这一视角，历史悠久的科学史就成了一种重要的数据来源，可以揭示使科学成为客观知识的方法。第二种选择是，当代科学只不过是一系列神话"世界观"中的最新继承者，在大多数科学哲学家（库恩并不总是如此）看来，它和之前的科学都并非"客观为真"。问题在于，在科学哲学之外，库恩对科学本性的解释被广泛认为支持了第二种选择，在程度上至少和第一种选择一样大。

　　库恩表面上谈论的主题是科学变革，即在科学革命时期，最广泛的理论如何相互取代。其中最重要的是从亚里士多德物理学转向牛顿力学，从燃素化学转向拉瓦锡的氧化还原学说，从非进化生物学转向达尔文主义，从牛顿力学转向相对论和量子力学。科学的革命性变革时期与库恩所说的"常规科学"时期交替出现，在常规科学时期，科学家面临的方向、方法、工具和问题都由既定理论确定。但库恩认为，"理论"一词并不能恰当描述常规科学纲领的理智核心。于是，他创造了"范式"一词，这个词已被广泛使用，以至于很少有人意识到它在一部学术史和科学哲学著作中的起源。

　　范例不仅仅是包含在教科书章节中的方程、定律或陈述。牛顿力学的范式不仅是牛顿的运动定律，而且也是宇宙作为决定论时钟的模型或图像，在这一模型或图像中，事物的基本性质是其位置和动量，它们的所有其他行为最终都能从中导出。牛顿范式还包括一套标准的仪器或实验室设备，其行为由牛顿定律来说明、预测和确证，与之伴随的还有某种解题策略。牛顿范式包括一种方法论、一种科学哲学，乃至一套完整的形而上学。在后来的作品中，库恩更强调范例如仪器、实践、障碍等的作用，而不是对其内容的任何口头表达。范例比任何东西都更能定义范式。

范式驱动着常规科学，而常规科学与经验论科学哲学家对它的解释有很大不同。库恩认为，常规科学不是被数据、观察和实验牵着走，而是常规科学通过确定什么东西可以算作实验，以及观察什么时候需要被校正以算作数据，来决定科学进步的方向。在常规科学期间，研究的重点是通过把范式应用于对数据的说明和预测来回推知识的前沿。它不能说明的东西就处于其预期领域之外。在其范围内，它无法预测的东西则源于普通的旧的实验误差，或是源于没有完全理解范式的科学家对范式规则笨拙的误用。

在常规科学的支持下，有三类经验研究蓬勃发展：更精确地重新确定业已确立的观察主张；确立本身没有意义或重要性但能证明范式的事实；用实验来解决范式引起我们注意的问题。如果未能实现这三个目标中的任何一个，问题只能归咎于尝试这些目标的科学家，而不能归咎于所采用的范式。这些类型的研究都不能按照经验检验理论的经验论模型来理解。

在理论优先于数据（从而破坏了经验论）方面，常规科学取得成功的极好例子可见于牛顿力学以及海王星和天王星的故事。牛顿力学在 18 世纪取得的一大成功是使天文学家能够计算出哈雷彗星的轨道，从而预测哈雷彗星的出现和再现。在19世纪，望远镜的明显改进使天文学家能够收集土星轨道的数据，这些数据表明，土星轨道与牛顿理论预测的值不同。但这一明显证伪性的观察否定了"一套"假说，其中包括牛顿定律，关于望远镜如何工作的大量辅助假说，以及必须进行哪些修正才能从观察中导出数据，还有关于力作用于土星的已知行星的数量和质量的假设。证伪性的观察初看上去似乎亚决定了这套假说中的哪一部分应该放弃。但事实上，牛顿范式对于物理学常规科学的中心地位并没有使问题被亚决定。相反，支配性的范式规定，土星数据应被视为一个"谜题"，也就是说，这个问题的"正确"答案有待物理学家和天文学家去发现。一个物理学家未能在范式内解决问题，只会使这位物理学家失去信誉，而不会让人怀疑物理学的范式！错误的不可能是理论，而必须是仪器、天文学家或关于行星数量和质量的假设。事实上，当时的情况正是如此。如果接受牛顿范式的力，以及牛顿范式证明的仪器的可靠性，那么只能假设存在一颗或多颗额外的行星（由于太小、太远或两者兼而有之而未被观测到），这些行星的牛顿将使土星以新数据表明的方式运动。将望远镜对准施加这些力的方向，天文学家最终首先发现了海王星，然后发现了天王星，从而解决了牛顿范式设定的谜题。虽然经验论者会将这一结果描述为对牛顿理论的重要经验确证，但库恩的追随者会坚持认为范式从未受到怀疑，因此既不需要也不会确保从谜题的解决方案中获得额外的经验支持。

常规科学的典型特征是教科书，尽管教科书的作者各不相同，但它们传播的材料基本相同，有相同的演示、实验和类似的实验室手册。常规科学的教科书通常在每章后面都有同样的习题。解决这些谜题实际上教会了科学家如何将他们随后的研究议程视为一组谜题。当然，正如库恩所说，有些学科是"前范式"的，比如教科书还缺乏统一性。与许多社会科学（但不是经济学）一样，这些学科的教科书的缺乏共同特性表明缺乏共识。库恩没有告诉我们，前范式科学中的竞争如何让位于单个赢家，而后者又决定了常规科学的发展。但他坚持认为，范式不会像经验论的实验方法所暗示的那样取得胜利。库恩提出的理由是一种在认识论上很激进的关于科学观察本性的主张。

回想一下观察术语和理论术语之间的区别，它们对经验论的计划非常重要。根据经验论，观察术语被用来描述在认识论上控制理论的数据。经验论者的问题是，观察似乎不足以为关于不可观察的事件、物体和过程的说明性理论进行辩护，科学用这些理论来说明我们在实验室和世界中经验到的可观察的规律。经验论的这个问题对库恩来说不是问题，因为他否认存在一套描述观察的词汇在竞争的理论之间是中立的。根据库恩的说法，范式的影响不仅扩展到理论、哲学、方法论和仪器，还扩展到实验台和田野笔记，对观察做出规定，而不是被动地接收它们。

库恩引用了心理学实验中关于视错觉、格式塔转换、预期效应的证据，以及许多观察语词的未被注意的理论承诺，我们轻率地假设这些语词未被关于世界的预设所污染。让我们考虑一些例子。库恩的例子是一张红色的黑桃杰克和一张黑色的红心杰克，大多数人不会注意到，因为他们习惯于黑色的黑桃和红色的红心。自库恩第一次提出这点以来，其他例子已经成为常识。在缪勒-莱尔（Müller-Lyer）错觉中，两条长度相等的线，一条线两端的箭头指向外，另一条线两端的箭头指向内，在西方人看来是不等长的，但这种错觉并不能愚弄那些没有直线经验的"未开化社会"的人。内克尔（Necker）立方体是对一个透明立方体的简单二维描绘，那些没有透视经验的人不会这么看待它，我们在感知中所能实现的前后切换或反转表明，"观看"在认知上并不是无辜的。当伽利略首次将月球描述为"有坑"时，他的观察已经预设了一个最低限度的理论说明，即月球景观是如何由其他物体的撞击所产生的。

得出这一结论的并不仅仅是库恩。20世纪50年代，经验论的一些反对者开始持有这种关于观察的看法。他们认为，我们用来描述观察的术语，无论是日常语言还是科学新词，都以反映先前"理论"的方式预先假设了对经验世界的划分或分类：我们用来对事物进行分类的范畴，甚至是表面上与理论无涉的范畴，比如颜色、形状、质地、声音、味道，更不用说尺寸、硬度、冷暖、导电性、透明度等，都渗透着诠释。也就是说，观察是理论负载（theory-laden）的。我们不是看到一杯牛奶，而是把"它"看成一杯牛奶，而"它"并不是我们可以用理论中性词汇单独描述的某种东西。即使是"白色""液体""玻璃""湿""冷"这样的语词，或者我们试图描述我们感觉材料的语词，都与"磁""电""放射性"一样受理论约束。

自从库恩的著作问世以来，这种关于理论/观察的区分至少是不清楚的、也许是没有根据的主张，已经成为非经验论科学哲学的关键。它对关于科学知识的本性、范围和辩护的争论的影响怎么强调都不为过。特别是，它使人们更难理解科学检验的本性，而科学检验是科学与其他一切事物最显著的区别。库恩认识到这一后果，正是他处理这一问题的方式使《科学革命的结构》如此有影响力。

新范式与科学革命

当一种范式取代另一种范式时，就会发生革命。随着常规科学的发展，它的谜题屈从于对范式的应用，或者用库恩的话说，屈从于对范式的"阐明"。少数谜题仍然很难对付，它们是范式无法说明的出乎预料的现象，是范式引导我们预期但并未出现的现象，是超出误差边缘的数据偏离，或是与其他范式的重大不相容。在每一种情况下，在常规科学之内对这些反常都有合理的说明；而且经常有足够多的进一步工作，将反常变成一个得到解决的谜题。当这些反常之一长时间得不到解决而其他反常都被解决时，革命就会发生，从而引发危机。随着越来越多的科学家越来越重视这个问题，整个学科的研究纲领开始聚焦于这个未解决的反常。起初，少数特别是年轻的科学家不曾在占支配地位的范式上大量投入，他们可能会为反常所带来的问题寻求激进的解决方案。这通常发生在一个范式变得如此成功以至于几乎没有什么有趣的谜题需要解决的时候。越来越多的年轻科学家，尤其是有志于成名的科学家，决定更加重视剩下的未解谜题。有时，某位科学家会认为，可以合理地视为实验误差的东西其实是某种全新的东西，可能会潜在地破坏范式。如果最终结果是一个新的范式，那么回顾起来，这位科学家所做的事情会被称为一个新发现。当伦琴第一次产生 X 射线时，他将结果视为照相底版的污染。一旦得到范式转换的允许，同样的底版就成了一个重要现象的证据。如果最终结果没有被纳入范式转换，它就会被视为误差，比如聚合水，或者在更糟糕的情况下，它可能会被视为欺诈，比如冷聚变。

在发展新范式的过程中，革命者并没有以最明显的理性方式行事；捍卫占支配地位的范式、反对其进路的（通常是年长的）反对派也没有以理性方式行事。在这些危机时期，当一个学科的争论开始过度聚焦于反常时，双方都不能说是以非理性的方式行事。旧范式的捍卫者拥有过去科学的所有成功来支持他们的承诺，新范式的支持者则最多只能解决与以前进路相悖的反常。

请注意，在新旧范式之间的竞争时期，它们之间的任何矛盾都无法通过观察或实验来解决。这有几个原因。首先，在涉及预测的准确性时，竞争的范式之间常常几乎没有或根本没有差异。托勒密的地心天文学（及其本轮）在预测上与哥白尼的日心天文学一样强大，在数学上也并非更难处理。其次，"观测"数据已经渗透了理论。它并不构成一个公正的终审法庭。对于库恩来说，最终不存在证据法庭能在相互竞争的范式之间做出裁决，判定哪一个是更合理的选择，更接近真理，构成了科学进步。在这里，库恩学说的根本影响变得清晰了。

只有当另一个范式出现，并且至少可以将反常作为一个谜题来吸收（并且承诺能够说明先前范式已经容纳的大部分谜题）时，一个持续未解决且在范式上具有重要意义的反常才会导致科学革命。在没有替代范式的情况下，某个科学学科将继续支持它所接受的范式。但是，范式对科学家的控制被削弱了，一些科学家开始寻找新的机制、新的研究规则、新的设备和新的理论来说明新奇事物与该学科的相关性。通常，在这种"危机情况"下，常规科学会取得胜利；反常最终会成为一个谜题，否则它会作为长远未来的一个问题被搁置一边。当一个与其前身根本不一致的新的范式出现时，革命就发生了。有时，新的范式是由没有意识到它们与支配范式不相容的科学家提出的。例如，麦克斯韦认为他的电磁理论与牛顿力学的绝对空间是相容的，而事实上爱因斯坦表明，电动力学要求时空关系的相对性。但新的范式必须与其前身完全不同，因为它可以把在前一范式看来越来越令人尴尬的难以应对的反常仅仅当作一个谜题。范式是如此包罗万象，范式之间的差异是如此根本，以至于库恩写道，接受不同范式的科学家在某种程度上处于不同的世界，比如亚里士多德的世界与牛顿的世界，牛顿的世界与量子领域。用库恩的话说，范式彼此之间是"不可公度"的。库恩这个词来自几何学，它指这样一个事实，例如，圆的半径不是其周长的"有理"分数，而是通过无理数 π 与之相联系。当我们计算 π 的值时，结果永远不会除尽，而总是留下一个"余数"。同样，库恩认为范式是不可公度的：当一个范式被用来说明另一个范式时，它总是留下一个剩余部分。但数学的不可公度性是一个隐喻。在科学领域，这个剩余部分是什么呢？

库恩认为，尽管一个新的范式可以解决其前身的反常，但它可能留下其前身能够成功处理或不需要处理的无法说明的现象。放弃旧范式而支持新范式是一种权衡，说明上的损失是以收益上的代价而产生的。例如，牛顿力学无法说明它所要求的神秘的"超距作用"，即引力跨越无限距离瞬间施加其效应；这种令人不安的承诺是亚里士多德物理学不必说明的。实际上，"超距作用"，即引力是如何可能的，成了一个反常，在 250 年左右的时间里，它在部分程度上最终推翻了牛顿力学。但说明上的损失并非不可公度性的全部。因为即使有一些说明上的损失，新范式在说明范围上仍然可能有净收益。库恩暗示，不可公度性是某种比这更强的东西。他似乎认为，范式在不可互译的意义上是不可公度的，就像一种语言中的诗歌常常不可译一样。这种彻底的不可公度性支持了进一步的主张，即范式不会彼此改进，因此科学并非沿着不断逼近真理的方向积累。因此，科学史与艺术史、文学史、宗教史、政治史或文化史并非不同；它讲述的是变化，而不是长期的

"进步"。

　　库恩向我们提出挑战，要把 17 世纪的燃素化学翻译成拉瓦锡的氧化还原理论。如果没有剩余部分，这就不可能做到。你也许倾向于说，燃素化学是完全错误的，需要用一种新的范式来取而代之。这是库恩谴责的对科学本性的一种非历史的进路。毕竟，燃素化学是当时最好的科学，它在解谜题、组织仪器和获得实验支持方面有着长期的成功记录。在燃素理论全盛时期之前，许多科学家都将自己的天才倾注于炼金术。艾萨克·牛顿对如何将铅转变为金的研究是如此投入，以至于他可能由于多次实验而死于铅中毒。我们是否要说，他的力学是物理学中一个超级天才最伟大的科学成就，而他的炼金术则是一个疯子的伪科学恶作剧呢？我们要么谴责一个世纪的科学工作是非理性的迷信，要么设计一种科学哲学，将炼金术和燃素化学当作一种有大写字母 S 的科学。如果燃素理论是好的科学，并且不能被纳入它的后继者，那么很难看到科学史如何能够成为一种累积进步的历史。它似乎更多是取代而不是还原。

　　我们还记得，还原是经验论者对理论彼此之间关系的分析，既有共时的，比如把化学还原成物理学；也有历时的，比如把 17 世纪牛顿力学的发现还原成 20 世纪的狭义相对论。

　　但这种还原真的是以经验论所假定的方式成立的吗？库恩明确否认这一点。理由是不可公度性。将一个理论的定律还原为一个更基本的理论的定律，要求这两个理论的术语具有相同的含义。例如，在牛顿的理论和爱因斯坦的狭义相对论中，空间、时间和质量的概念应该是相同的，如果按照还原的要求，后者只是更一般的情况，而前者则是特例。从狭义相对论的定律导出牛顿力学定律看起来很简单。我们只需要光速 c（像引力一样）以无限的速度传播。

我们曾在第 8 章用洛伦兹的长度收缩方程解释了这种还原。存在着一个类似的方程，似乎反映了把牛顿质量还原为相对论质量：

$$质量_{相对于观察者静止} = 质量_{相对于观察者运动} \sqrt{1 - \frac{v^2}{c^2}}$$

当速度小于光速时，该平方根接近于 1。如果速度接近于零，则静止质量会像牛顿所要求的那样接近于运动中的质量。

从牛顿到爱因斯坦之所以需要这个错误但简化的假设，是因为狭义相对论包括洛伦兹方程，它告诉我们，一个物体的质量随着它相对于观察者的参照系的速度与光速的比率而变化。然而，牛顿的理论告诉我们，质量是守恒的，与相对速度或绝对速度无关，也与光速无关。

虽然这两种理论有相同的词和相同的符号 m，但它们说的是相同的概念吗？绝对不是。在牛顿力学中，质量是物质的一种绝对的、内在的"单子"（monadic）性质，既不能被创造也不能被毁灭；它不是物体与其他事物共享的一种关系性质，比如"大于"。在爱因斯坦的理论中，质量是光速大小、物体和用来度量物体速度的位置或"参考系"之间的一种复杂的"伪装"关系；它可以转换成能量（$E = mc^2$）。"质量"一词在这两种理论之间的含义变化反映了世界观的彻底转变，是一种经典的"范式转换"。一旦我们作为科学史家和科学哲学家看到这两种理论中关键术语含义之间的差异，发现它们没有共同的词汇（无论是观察性的还是理论性的），它们之间的不可公度性就变得更加清楚了。但物理学家倾向于说："瞧这里，我们在教科书中讲授狭义相对论的方法是首先讲授牛顿理论，然后通过洛伦兹变换表明它是一个特例。它毕竟是还原的一个案例。爱因斯坦站在牛顿肩上，狭义相对论反映了科学从特殊情况到更一般情况的累积进步。"

　　对此，库恩有两点答复。首先，被还原的不是牛顿的理论，而是我们在牛顿之后的爱因斯坦范式的束缚下想象的牛顿理论。要证明不是这样，就需要一种翻译，它不可避免地将不相容的性质归于质量。其次，对于常规科学的成功至关重要的是，一旦它启动并运行，它就重写了以前科学的历史，使之看起来只是科学长期持续通向积累一切知识的又一步而已。常规科学的成功需要规训科学家不要持续挑战范式，而要阐明范式来解谜题。没有这门学科，科学就不会表现出常规科学所显示的积累模式。实施这一点的一个方法是重写教科书，使之尽可能地表明，在今天的范式之前发生的事情是导向它的不可避免的进步史的一部分。因此，以前的范式是不可见的，经验论者对科学史真正教导的东西视而不见。对于经验论者来说，理解科学来自当时的教科书及其"盆栽的"历史。

　　库恩认为，我们必须认真对待科学革命实际上是世界观的改变这一观念。从亚里士多德到牛顿的关键转变并不是"引力"的发现。它在一定程度上是一个看似微小的变化，即从认为静止与运动的区别是零速度与非零速度的区别，到认为区别是零加速度与非零加速度的区别。亚里士多德主义者认为，物体在他们所谓的"冲力"影响下以恒定的速度运动；牛顿主义者则认为，物体在不受（净）力的作用下处于静止。亚里士多德主义者认为，摆动的摆锤在与约束力抗争；牛顿主义者则认为，摆处于平衡和静止。牛顿理论没有办法表达"冲力"概念，就像牛顿理论没有办法表达爱因斯坦理论中的质量一样。更广泛地说，亚里士多德主义科学认为宇宙是一个万物都有目的、功能和作用的宇宙，而牛顿力学则禁止所有这种"目的论"的、有目标导向的过程，而支持无意识粒子的相互作用，这些粒子在任一时刻的位置和动量与自然定律一起决定了它们在所有其他时刻的位置和动量。

由于新范式实际上是世界观的改变，至少从象征意义上说是科学家生活的世界的改变，所以对于已经成名的科学家来说，这往往是一个太大的转变。这些固守旧范式的科学家不仅会抵制转向新范式，而且将无法实现这种转变；此外，他们的拒绝将可以得到合理辩护。或者无论如何，反对他们观点的论证将是循环论证，因为它们将假设一个他们不会接受的新范式。在某种程度上，由于第 11 章讨论的亚决定性问题，我们已经认识到，证伪一个理论很困难。由于范式所包含的不仅仅是理论，所以当不仅可以调整辅助假说，而且可以调整构成范式的大量知识承诺时，容纳一些人所谓的证伪性的经验要相对容易。此外，我们还记得，没有中立的基础可以对竞争的范式进行比较。即使证据对理论的亚决定性不是问题，经验论者承认不同理论所基于的观察发现也是缺失的。当忠诚从一种范式转移到另一种范式时，这个过程更像是一种宗教皈依，而不是由相关证据支持的理性信念转变。旧范式随着其支持者的离世而消退，留下新范式的支持者来支配这个领域。

库恩认为，在科学中可以发现进步，但和进化中的进步一样，它总是一种越来越局域的适应。达尔文的自然选择理论告诉我们，随着世代的推移，性状的随机变异被环境不断过滤，从而在一个物种中产生越来越多的适应性变异。但环境在改变，对一种环境的适应，比如北极地区的白色皮毛，就是对另一种环境的不适应，比如温带森林的白色皮毛。科学也是如此。在常规科学时期，随着越来越多的谜题被解决，进步出现了。但科学的革命时期就像环境的变化，完全重构了范式必须解决的适应性问题。在这方面，科学显示出与其他知识学科相同类型的进步。这并不令人惊讶，因为许多人从《科学革命的结构》中得出的一个教益是，科学与其他学科非常相似，不能宣称有认识上的优越性。相反，我们应以我们广泛看待文学、音乐、艺术和文化中时尚变化的方式来看待范式的相继。或者我们应该像看待其他规范性意识形态或政治运动一样看待竞争的范式。当我们评估这些文化单元的优点时，接近真理的进步很少是议题。科学也是如此。在其著作的最后一页，库恩写道："说得更确切一些，我们可能不得不抛弃这样一种或显或隐的想法：范式的改变使科学家以及向其学习的人越来越接近真理。"（《科学革命的结构》，第一版，第 13 章，第 170 页）

科学研究纲领是理性的吗？

毫不奇怪，许多科学哲学家和科学家对库恩这样否认科学进步、累积性和合理性的科学解释感到不满。事实上，库恩本人在后来的著作中似乎拒绝了这里提出的占支配地位的对《科学革命的结构》的激进诠释。

在寻求对科学的变化进行解释、使之具有合理性的科学哲学家当中，最明显的一个是卡尔·波普尔的门徒伊姆雷·拉卡托斯。概述拉卡托斯的解释，即他所谓的"科学研究纲领方法论"，既可以例示一些科学哲学家对库恩的反应，也可以例示他们如何错过了库恩对科学进步的激进批评的力量。

拉卡托斯认为，科学理论是更大认知单元即研究纲领的组成部分。研究纲领有点像库恩的范式。但与范式不同的是，研究纲领由陈述、命题和公式组成，并不包括人工制品、实验装置或独特的测量设备、相关的哲学论点和其他非描述性条目。首先，研究纲领的硬核是一套关于世界的假设，这些假设是纲领的组成部分，若不完全放弃纲领是不可能放弃的。例如，牛顿研究纲领的硬核包括引力的平方反比律，而达尔文主义的硬核则包括像第 6 章中谈到的"自然选择原则"那样的东西。其次，硬核周围是拉卡托斯所谓的"保护带"，这是理论的一组进一步的主张，起辅助假说的作用。一方面，需要这些理论将硬核成分应用于说明和预测，但另一方面，可以改变理论，以免认为硬核成分被证据所证伪。达尔文本人相当错误的遗传理论就是一个很好的例子：放弃它不会损害进化生物学的研究纲领。孟德尔的理论被添加到保护带，对硬核产生了重要影响。研究纲领的另外两个成分是正面和负面的启发法，其中包括指导保护带变化和禁止修改硬核的方法论规则。牛顿力学的正面启发法将包括以充分理由律表示的指令："凡事皆有因：寻找它！"负面的启发法将否认"超距作用"之类没有时空接触的因果关系（引力除外）。

　　研究纲领可以是进步的或退化的。如果随着时间的推移，它的理论使科学家能够利用它做出新的预测，或至少容纳已经知道但最初没有用来表述纲领硬核的数据，那么它是进步的。拉卡托斯受到波普尔的影响，认识到当科学家通过改变保护带（正面的和负面的启发法）对纲领预测的证伪做出反应时，新的预测就会出现。如果这些改变使他们能够导出新的预期，然后实现，那么研究纲领就被证明是进步的。海王星和天王星的发现是牛顿研究纲领中新预测的经典例子。对仅保留硬核而没有新的被证实预测的证伪的反应被认为是特设性的。

　　当一个纲领不再产生新的预测，和 / 或持续援引保护带或其他地方的特设性改变时，它被称为退化的。拉卡托斯认为，科学变革的合理性在于：只要一个研究纲领保持进步，科学家们就会坚持对它的（用库恩的术语来说）阐明。一旦它停止存在足够长的时间，科学家就开始挑战原始硬核的部分或全部组分，从而创造一个新的研究纲领，它与退化纲领的差异在于有一个不同的硬核。学科由一系列研究纲领所刻画：每一个这样的纲领都从进步变成退化，并由一个新的更恰当的纲领所取代，从而容纳其前身的新预测。在拉卡托斯看来，这就是跨研究纲领的进步，而不仅仅是库恩对科学变革的解释所暗示的不同范式的相继。如果一门学科体现了拉卡托斯的研究纲领模型及其内在发展和继承，则该学科就是一门按照信念改变的理性标准进行的科学。按照这个标准，自然科学似乎不会受到指责，而社会科学的许多研究纲领，包括被波普尔称为伪科学的那些纲领，如弗洛伊德的心理动力学理论，则可能是退化的。

拉卡托斯真的提供了对理性科学变革的解释吗？库恩的追随者会认为，与库恩对科学变革的解释的不同之处实际上只是表面上的，只不过拉卡托斯避重就轻地对库恩的论证提出了质疑。拉卡托斯既没有也不可能给我们一个石蕊试验，来检验什么时候坚持退化的研究纲领变得不合理，更不用说提供一种标准，使科学家能够根据进步性对纲领进行分级了。对于库恩这样的科学史家来说，很容易确认研究纲领长期退化，同时保持科学家的信心，然后又开始进步。如果没有这样的石蕊试验，坚持一个退化的研究纲领可能不会像库恩所说的那样被认为是非理性的。我们甚至可以把从亚里士多德到爱因斯坦的传统视为物理学中单一的进步研究纲领，或者至少是一个值得理性支持的纲领，尽管它在牛顿神秘引力的短暂全盛时期处于退化期。

拉卡托斯的理论面临着一个问题，即计算新的预测，以决定相继的或竞争的研究纲领实际上是不是进步。当然，拉卡托斯的追随者可以尝试处理这些问题。按照拉卡托斯的说法，对科学进步的石蕊试验是新的预测。但为什么会这样？我们可以立即排除一个明显有吸引力的答案：科学的目标是改进技术应用，而新的预测是实现这一目标的最佳手段。很明显，许多科学家，例如宇宙学家和古生物学家，并不认同这个技术应用目标。事实上，其中一些人（例如生物学家）几乎从不寻求新的预测。当然，认为科学作为一种机制包含着与个体科学家的目标相区别的目标，这并非不合理，但需要为我们确实归于它的目标给出一个理由。此外，即使技术应用是科学的目标，也绝不意味着全神贯注于新的预测就是实现它的唯一或最好的手段。

正如已指出的，许多实际的科学史表明，研究纲领（在一段时间内可能退化，无法提供新的预测）最终通过新的预测而比暂时进步的竞争对手做得更好。在此期间，它们表明，新预测的作用实际上并不像拉卡托斯的方法论所要求的那样对科学家起决定性作用。例如光的波动说和微粒说的变迁。光的微粒说在 19 世纪由于菲涅耳的实验而严重退化。菲涅耳认为，如果光是由相互干涉和增强的波组成的，那么旋转圆盘的中心应该有一个亮斑，如果光是由微粒组成的，就没有这样的光斑。从未有人做过实验来看看是否存在这样一个亮斑。对菲涅耳新预言的确证是其波动说的进步性和微粒说的退化性的惊人证据。然而 100 年后，微粒说的主张以光子的形式得到了证实。

当然，拉卡托斯对科学变革的解释可以容纳这段历史，将合理性赋予那些在微粒说处于退化时期坚持研究纲领的人。但这是问题的一部分。他的解释做到这一点太容易了。无论科学家是否坚持一个研究纲领，仍然可以将它当作理性的来辩护。另一个问题是，菲涅尔做出他的新预测并不是因为寻求任何技术回报，实际上，这没有任何重要性。

那么，为什么菲涅耳要寻求这种新的预测？为什么它在将近一个世纪的时间里会使微粒说的研究纲领黯然失色？下面是我们难以接受的另一个有吸引力的答案：科学寻求具有更多经验内容的理论，理论做出新预测并得到证实的那些研究纲领比未能这样做的那些研究纲领具有更多的经验内容。这一主张首先必须被理解为不是关于一般的新预测，而是对可观察现象的新预测。否则，我们谈论的就不是经验内容，而是其他东西（理论内容，不管是什么）。这需要在观察性的科学词汇与理论性的科学词汇之间进行一种有争议的区分，而库恩会拒绝这一点。它还需要一种方法来比较理论的经验内容。但正如我们将在下一章看到的，区分一种理论的经验内容与它的逻辑、句法、数学或其他类型的非经验形式绝非易事。更糟糕的是，如果像前一章中表明的那样，理论选择被观察亚决定，那么很明显，在一个具有相同经验内容的学科中，可能存在着竞争的或就此而言相继的研究纲领，或至少是理论。然而，一旦学科从库恩所说的"前范式阶段"出现，我们就从未看到这些研究纲领或理论在科学史上的激增。那么，一定是其他因素决定了理论选择。当然，可以说这就是我们参与这个故事的地方。因为在第 11 章的最后，我们根据观察显然不足以做到这一点这个事实，寻找理论、研究纲领或范式选择的实际历史的决定因素。

假定我们通过阐明一种认识论理论，一种对什么是知识的解释，使新的预测成为一种（也许是唯一）可靠的正确信念指标，把新的预测当作科学进步的手段。那么当然，就科学寻求知识而言，被证实的预测将是获得知识的手段，科学学科对新预测的依附将被证明是合理的。库恩的支持者会问，为什么我们要接受这种认识论呢？库恩会说，这种认识论并不是科学之前的"第一哲学"，可以代替对其合理性和认识论进步的判断。它是范式的一部分。如果是这样，那么毫无异议地接受它只会避重就轻地反对其他认识论。但如果哲学不可能没有范式，就像库恩所认为的那样，那么在用相互竞争的认识论来评估科学的合理性之前，就没有中立的观点来评判这些认识论。当然，库恩会拒绝把范式划分为硬核、保护带和启发法，每一个都可以单独确认和改变，而不会影响其他部分。事实上，库恩认为，预测新东西的核心地位，特别是在牛顿科学中，就像整个逻辑实证主义哲学，二者都是用来为牛顿范式辩护的手段。

拉卡托斯的科学研究纲领方法论不会提供我们所寻求的保证，即尽管有库恩的历史证据，科学毕竟是累积的、进步的，甚至是理性的。因此，在本章中，在第 11 章结尾所做的关于归纳合理性的赌注被提得更高。在那一章的结尾，我们面临的问题是，科学理论的相继没有得到充分的辩护，或者说没有用它们与观察证据的关系来说明，而观察证据被广泛认为是对它们的证实。现在我们面临的前景是，除了不受数据的控制，控制科学进程的东西甚至可能不是理性的。

小　结

库恩认为，科学思想和行动的单元是范式，而不是理论。具体指明范式是什么可能很困难，因为它不仅包括教科书对理论的陈述，还包括典型的问题解法、标准设备、方法论，甚至还有哲学。物理学中的亚里士多德范式、托勒密范式和牛顿范式都是科学史上的重要范式。拉瓦锡之前的化学和达尔文之前的生物学都是"前范式"学科，还不是真正的"科学"，因为没有范式就没有"常规科学"来积累阐明范式的信息。范式控制着与检验假说相关的数据。库恩和经验论的其他反对者一样认为，不存在观察词汇，不存在经验的最终上诉法庭。经验已经渗透着理论。

当一个谜题无法解决时，危机就会出现，并开始被视作反常。当反常开始占据学科前沿人士的大部分注意力时，革命的时机就成熟了。革命由一个解决了反常的新范式组成，但未必同时保留了先前范式的所得。旧范式所说明的东西，新范式可能无法说明，甚至无法识别。因此，科学变革即范式的相继未必是朝着不断接近真理的方向的进步。

观察并不控制探究，探究是由科学家控制的：科学家阐明范式，巩固其学科，确保自己的地位。除了在科学史上的那些关键时刻，事情变得不稳定，一场革命接踵而至——我们应该把这场革命更多地理解为宫廷政变的性质，而不是被一个可以在理性上证明更好或更正确的理论所推翻。

库恩的《科学革命的结构》是1970年之后的10年间人文学科引用最多的一部著作。这并不奇怪。除了朝着科学史将科学哲学重新定位之外，它还为那些人文主义者和其他人提供了强有力的弹药，他们渴望终止他们所认为的科学的帝国主义或霸权主义的自负。

研究问题

1. 库恩认为，常规科学要想成功，必须是独断的。为什么库恩要提出这个主张，它是否构成了科学的道德缺陷？

2. 辩护或批评："科学史是一门可错的学科所犯错误的历史。我们可以从科学所取得的进步提供给我们的观点出发，找出从亚里士多德到牛顿相继的范式的缺陷。"

3. 库恩对科学变革本性的研究进路是否要求他至少有一个不依赖范式的有利位置？

4. 自然选择的生物进化与科学变革之间有什么区别？

5. 库恩将如何回应以下指控，即他对科学的解释使科学看起来只是另一种宗教？

6. 将拉卡托斯的科学研究纲领方法论应用于某一门社会科学，识别硬核、保护带、正面和反面的启发法。不要推断说，如果你已经找到了这些东西，该研究纲领就必定是"科学的"。为什么？

阅读建议

除了《科学革命的结构》，库恩还写了重要的科学史著作，包括《哥白尼革命》(*The Copernican Revolution*)、《黑体理论和量子不连续性》(*Black-Body Theory and the Quantum Discontinuity*)。在《必要的张力》(*The Essential Tension*)一书中，库恩回应了对《科学革命的结构》的一些诠释。理解库恩本人后来对这本书的思考的另一个有价值的来源是《结构之后的道路》(*The Road since Structure*)，其中包含一篇由 Conant and Haugeland 编辑的自传体访谈。强烈推荐 Thomas Nickles 编辑的科学哲学家论库恩的论文选集 *Thomas Kuhn*。

A. Bird, *Thomas Kuhn* 对库恩的观点和影响做了可靠的介绍。K. B. Wray, *Kuhn's Evolutionary Social Epistemology* 做了更高级的讨论。

《科学革命的结构》的摘录连同麦克马林（McMullin）、朗吉诺（Longino）和劳丹的重要批评性论文重印于 Curd and Cover 的选集。拉卡托斯在 "Falsification and the Methodology of Scientific Research Programs" 中发展了他对科学变革的解释，Lakatos and Musgrave, *Criticism and the Growth of Knowledge* 包括讨论库恩著作的几篇重要论文。Larry Laudan, *Progress and Its Problems* 是后库恩时代对科学变革的另一个重要解释，它对拉卡托斯的解释所面临的问题高度谨慎。

第 14 章结尾的参考文献也涉及后来关于历史与科学社会学之间关系的争论。

第 13 章

科学哲学中的自然主义

概　述

　　像库恩这样的观点的许多哲学基础，都可见于一位同样有影响力的哲学家蒯因（W. V. O. Quine），可以说，他从"内部"攻击了逻辑实证主义。作为实证主义者的学生，蒯因是最早发现其科学哲学背后的认识论无法满足其自身对客观知识的要求，并且是基于一系列不可支持的区分的人之一。通过质疑起源于洛克、贝克莱和休谟的哲学传统的基础，蒯因使科学哲学家不可能忽视库恩和那些用他的见解来揭示科学作为"不可批评者"的地位的社会学家、心理学家和历史学家的争议性主张。但更重要的是，这使哲学家可以不再利用科学来构建他们的形而上学、认识论和他们自己的科学哲学。

蒯因与第一哲学的屈服

　　《科学革命的结构》发表于 1962 年。它的学说在科学哲学之外的影响之大是怎么说都不为过的。形形色色的历史学家、心理学家、社会学家、持不同观点的哲学家、科学家、政治家和人文主义者都试图以库恩的学说为手段，破坏逻辑实证主义关于科学是受经验控制的客观知识的主张。与此同时，在科学哲学内部，始于20世纪50年代初的发展加强了库恩对逻辑实证主义（如果不是对科学本身的话）的影响。这些发展在很大程度上归功于哲学家蒯因的工作，他的思想提供了一些哲学基础，常常被认为支持了库恩的历史结论。

蒯因最有影响的两部作品是他在20世纪50年代初写的一篇论文《经验论的两个教条》，以及10年后写的一本书《语词和对象》（*Word and Object*）。这两部作品共同构成了对康德以前经验论者和唯理论者共同持有的认识论假设的正面攻击。这些攻击是有效的，因为它们"内在"于共有的哲学传统。它们表明，这两种认识论的批判性假设都违反了经验论者和唯理论者设定的论证标准。蒯因论文攻击的第一个教条是康德引入的分析陈述与综合陈述之间的区分，休谟在康德之前（以不同的标签）也采用了这一区分。回想第2章，分析陈述依其定义为真，而综合陈述则根据关于世界的事实为真。第二个教条是陈述的经验内容与逻辑形式之间的区分。继休谟这样的经验论者之后，实证主义者接受了这一区分，要求有意义的陈述有经验内容，假定经验内容有意义。在《语词和对象》中，蒯因阐述了他反对这两个教条的论证，并着手建立另一种"自然主义的"认识论和形而上学，以避免这两个教条所造成的科学问题。蒯因认为，笛卡尔以来科学哲学家面临的许多认识论和形而上学问题，都是不加批判地采用这两个"教条"的结果。蒯因的工作终结了逻辑实证主义的研究纲领。他的思想对库恩产生了重大影响，并与库恩的著作一起，为后世确立了科学哲学的议程。鉴于对科学哲学产生的影响，值得详细阐述蒯因的进路以及对唯理论和经验论的替代方案。

科学哲学的传统目标是为科学对客观知识的主张辩护，并说明其经验成功的记录。科学哲学的说明性方案是确定使科学能够获得知识的独特方法；辩护方案在于表明这种方法是正确的，提供其逻辑基础（包括归纳和演绎）和认识论基础，无论是经验论、唯理论还是第三种选项。这些正在进行的方案遇到了传统哲学问题。特别是，观察知识对理论知识的亚决定性使说明性任务和辩护性任务变得更加困难。如果观察亚决定了理论，那么发现实际的推理规则，即科学实际上采用的方法，是一件复杂的事情，需要的不仅仅是空洞的逻辑理论。哲学将不得不把专属于说明性任务的领域（如果它有这样的领域的话），拱手让于心理学家、历史学家和其他有能力探索使科学家从假说到数据再返回理论的认知过程的人。更激进的是亚决定性对辩护程序的影响。数据对理论的亚决定性意味着，没有任何单一假说能被任何数量的观察所支持或否证。如果数据完全支持理论，那么它的单元会比单个假说更大。因此，经验论的科学哲学家不得不接受关于辩护的"整体论"：经验支持的单元是整个理论，无论是直接接受检验的假说、支持受检验假说的理论的每一个其他部分，还是检验所需的所有辅助假说。

更激进的是，辩护与说明之间的传统哲学鸿沟开始受到哲学家自己的挑战。正如我们在第 1 章提到的，说明引用了原因，但因果主张是偶然的而不是必然的真理。世界本来可以以其他方式安排，自然定律也可能不同。因此，我们需要进行事实探究而不是逻辑分析来解释原因并提供说明。然而，辩护是事物之间的一种逻辑关系，而不是因果关系。使你相信某个事物的东西并不因此构成证据，支持你同样正当的信念。观察一个事物可能会让你相信某个事物，但它不会证明这种信念是正当的，除非它们之间有正确的逻辑关系。寻求根由的哲学家很自然地研究了这些逻辑关系：是什么使逻辑规则（演绎的或归纳的）成为为从前提（即证据）中导出结论做出辩护的正确规则？对这个问题的传统哲学回答是，它们是不可能是其他样子的必然真理。

经验论者很难认同这个回答，因为他们认为知识是由经验来辩护的，但经验无法证明必然性。因此，为推理辩护的逻辑原则本身就可能没有根据。200 多年来，经验论者对这个问题的解决方案一直是把所有必然真理，无论逻辑上的还是数学上的，都视为凭借定义为真，即视为关于语词含义、我们用来交流的约定的报告。因此，这些陈述凭借规定为真。逻辑规则告诉我们，所有形如以下的推理之所以为真，是因为它们反映了"如果""那么""因此"等词的含义。

> 如果 p，那么 q，
>
> p，
>
> 因此
>
> q

类似地，所有数学真理，从 2 + 2 = 4 到毕达哥拉斯定理到费马大定理（不存在大于 2 的正整数 n，使得 $x^n + y^n = z^n$），都只是从本身就是定义的前提中逻辑演绎出来的。

但 20 世纪的数学基础研究表明，数学并不只是由定义及其推论所组成。当哥德尔证明没有一套数学陈述可以既完备（使我们能够导出所有算术真理）又一致（不包括矛盾）时，经验论者声称的必然真理都是定义这一说法被推翻了。我们曾在第 2 章指出过这一结果。从数学到逻辑的回响是不可避免的。经验论需要一种新的必然真理理论，或者需要否认存在任何必然真理理论。这就为整体论和亚决定性的重新进入打开了大门。

一个必然真理，无论是平凡为真，如"所有单身汉都未婚"，还是不太明显地为真，如"三角形的内角和等于 180 度"，都不能被经验所否证。但整体论告诉我们，对于我们认为是关于世界的偶然真理的陈述，比如"电子的自旋角动量是量子化的"，或者"光速在所有参考系中都相同"，也可以这样说。科学家们总是宁愿在别处做出调整，而不是放弃这些陈述。如果整体论是正确的，那么只要修改我们关于世界的信念体系的其他部分，我们就可以永远保持这些陈述为真。但那样一来，必然真理和我们不愿放弃的偶然真理之间有什么区别呢？必然真理凭借表达它们的语词的意义为真，而偶然真理则凭借关于世界的事实为真。但如果两个陈述都是不可修改的，我们如何能判断一个陈述是否因为意义而免于修改，另一个陈述是否因为关于世界的信念而免于修改呢？请注意，这是经验论对一个经验论论题（或如蒯因所说是一个"教条"）的挑战：我们可以区分凭借意义为真和凭借事实为真。

什么是意义？回想一下第 8 章概述的经验论理论，它认为意义最终是感觉经验的问题：一个词的意义是由定义给出的，定义采用了命名感觉性质如颜色、形状、气味、质地等的一些基本语词。这种语言理论与我们的前哲学信念是一致的，即语词命名心灵中的意象或观念。但正如我们所看到的，它无法理解理论科学中许多术语的意义。此外，我们很难分辨出关于感觉的真理与报道关于世界的事实的句子之间的区别：假设我们把"咸"定义为"咸是一个人在标准条件下从海水中品尝到的味道"。这句话与"咸是一个人在标准条件下从溶解的氯化钠中品尝到的味道"

有什么区别？我们不能说前者凭意义为真，因为我们试图通过对比这两个句子来经验阐明的正是它的意义。我们不能说"氯化钠"是一个理论术语，因为"海水"同样不是我们可以仅仅通过目测来固定在透明液体样品上的一个标签。我们必须给这两个句子添加"标准条件"条款，因为如果没有它们，这两个句子就都为假（在这两种情况下，麻木的舌头都不会尝出咸）。但加上这一条款之后，根据我们的经验，两者都可以保持为真。简而言之，语词的意义不是由我们与之相联系的感觉材料给出的。或者，如果它是由感觉经验给出的，这种关系也非常复杂。蒯因得出的结论是，"意义"是可疑的，任何自尊的经验论哲学家都不应希望用它们来交易。在科学哲学中得到更广泛支持的结论是"关于意义的整体论"，这一学说类似于整体论的认识论论题，并且像数据检验理论那样相互支持。

如果不存在意义，或者不存在与世界真理不同的意义真理（如果理论与整个数据相遇，理论术语的意义取决于它们在理论中的位置或作用），那么我们不仅对亚决定性没有哲学说明，对不可公度性也没有哲学基础。或者至少，如果我们在一个方面不再追随蒯因，就会如此。虽然蒯因拒绝接受经验论的意义和证据理论，但他并没有放弃他对在评判相互竞争的科学理论方面具有特殊作用的观察语言的承诺。

鉴于观察的持续作用，我们可能无法逐句比较理论，也无法将相互竞争的理论转化为关于我们将在彼此同意的情况下观察到什么的陈述。但我们将能基于理论对观察加以系统化和预测的全面能力，在理论之间做出理性选择。对于蒯因及其追随者来说，结果是一种保留了科学的客观性主张的实用主义。

然而，蒯因对经验论的意义和证据理论的批判通向了一种关于数学、所有经验科学甚至哲学的更激进的整体论。如果我们无法区分凭借意义而为真的陈述和凭借世界事实而为真的陈述，那么形式科学（如数学）和经验科学（如物理学或生物学）之间就没有实质上的区别！传统上，数学及其分支——几何、代数和逻辑被认为是必然真理。在认识论中，在我们对这些必然性的认识上，经验论者和唯理论者有所不同。经验论者认为它们是没有内容的意义真理；这就是为什么它们是必然的原因，因为它们反映了我们关于如何使用数学概念的决定。唯理论者认为，这些真理不是空洞的或平凡的伪装定义及其推论，而是经验无法辩护的真理。唯理论最终无法令人满意地解释我们是如何获得这样的知识的，并因此而黯然失色，至少作为一种可行的数学哲学和科学哲学的基础是如此。但由于经验论无法在凭借意义为真与凭借世界事实为真之间做出一种有充分经验根据的区分，它对我们如何认识必然真理的解释就崩溃了。蒯因的结论是，我们认为真的所有陈述都是同一种类，必然真理与偶然真理之间并无根本区分。因此，数学真理乃是我们科学假说中最核心和相对而言最不可修改的东西。这的确是整体论。

适用于数学的东西也同样适用于哲学，包括形而上学、认识论、逻辑和科学方法论的研究。在蒯因看来，这些哲学部门中的理论也与科学中的理论主张没有什么不同。关于知识的性质、范围和辩护的理论，对蒯因来说将成为心理学的一个部门；形而上学即对自然基本范畴的研究将被证明与物理学和其他科学是连续的，它最好的理论（当与我们从其余科学中所知道的东西结合在一起时）将通过说明和预测观察的能力，为整个世界提供最恰当的解释。方法论和逻辑也是与其他科学一起进行而不是作为独立基础的探究。这些方法和逻辑原则得到了很好的支持，反映在对成功科学的追求上。这与我们在第 2 章遇到的"经验恰当性"概念相关。在哲学和科学中，蒯因的理论选择标准是经验的恰当性。

工具论者从先前哲学理论的特权地位为他们的学说辩护，坚持严格的经验论。蒯因否认存在着某个知识体系，比如一种哲学或认识论，它比科学更可信，并可能为科学提供基础。虽然他认为科学应该以经验恰当性为目标，但他这样做是因为这是科学为自己设定的恰当性标准；此外，与工具论者不同，而与科学家相似，蒯因不仅从字面上接受科学关于不可观察之物的理论主张，并且视之为我们最有根据的信念，因为在被我们称为科学的一组信念中，这些信念是最核心、最稳固、相对来说最不可修改的。事实上，对于蒯因及其追随者来说，科学是哲学的指南，就像哲学是科学的指南一样。科学与哲学的区别在于一般性和抽象性的程度，而不在于必然真理与事实偶然真理的区别。

自然主义、多重可实现性和随附性

由此产生的科学哲学被称为"自然主义"。在许多哲学家当中，自然主义成为经验论的继承者，在很大程度上是由于蒯因的影响。"自然主义"这个标签后来被许多科学哲学家采用，尽管他们的哲学有所不同。

正如蒯因所捍卫的那样，自然主义的主要信条是：首先，拒绝把哲学当作科学的基础、科学方法的仲裁者或科学的本性和限度的决定因素；其次，科学与解决哲学问题密切相关；再次，物理学作为人类知识中最稳固和最有根据的部分特别可信；最后，某些科学理论对于促进我们的哲学理解特别重要，特别是达尔文的自然选择理论。

　　自然主义者从物理学的首要性推断出，世界上只有一种东西，物理上的物质或场，或两者兼而有之，这取决于物理学最终如何解决宇宙由什么基本东西组成这个问题。这反过来又可以说使自然主义者承诺至少某种最低限度的科学实在论，因为把物理学当作字面真理来看待需要人们相信，它所报告的不可观察之物及其关系是实际存在的，至少近似地如物理学所描述的那样。

　　自然主义者将致力于否认"二元论"，即心灵是一种与身体分离的、迥异的东西（因此宇宙中有两种基本的东西，"二元论"便源于此）。然而，面对笛卡尔和他之前反对这种可能性的论证，这立即给自然主义者提出了一个问题，即表明心灵的状态、事件和过程如何可以是物理的。事实上，它提出了一个更广泛的问题，即如何调和自然主义一元论的论题（只存在物理的事实和事物）与无法通过物理学来还原或完全说明所有非物理事实。不仅心理学的事实不能被还原为物理学的事实。任何特殊科学所描述的重要事实，即社会科学和行为科学或生命科学所描述的重要事实，都不能被还原为物理定律。除非自然主义能够说明这一事实，并与它对物理学作为基础科学的承诺相一致，否则它将不得不放弃所有这些科学。一种受科学启发的、不能认真对待除物理学之外的任何科学的科学哲学，很难被称为自然主义，更不会得到认真支持。

　　回想一下第 8 章中的逻辑实证主义论题，即科学的进步和科学学科的等级的典型特征是，较旧的狭窄理论可以还原为或推导出较新的、更为广泛和准确的理论，而生物学、心理学、社会学、经济学等的定律和理论又应该从先前的更基本的生物学定律中推导出来，而生物学的定律和理论则应该从物理学的定律中推导出来。于是我们注意到，这个论题的问题在于，它要求自然类（代表宇宙真实分类的那些基本要素）不能用更基本、更低层次的理论来定义。物理学的少数成功（温度等于平均动能）是例外。甚至连孟德尔基因也不能用 DNA 双螺旋来定义。更不可能用神经科学来定义经济学甚至心理学的独特术语。因此，自然主义者面临一个难以对付的问题，即如何认真对待科学，而不抛弃它的大部分内容。

　　自然主义者提出的处理这一问题的具有哲学创造性的解决方案，大大增强了自然主义在科学哲学和更广泛的哲学中的吸引力。此外，由于他们的解决方案利用了特定的科学理论，它似乎证实了自然主义对科学的依赖，并且进一步增强了它的吸引力。

　　首先我们需要区分事物、状态和过程的功能类型与结构类型。这并不是一个严格区分，很容易理解。比如铅笔顶部的东西的名称，它可以去除铅笔芯（石墨）造成的痕迹。在美式英语中，这个东西被称为 eraser（擦除器）；在英式英语中，它被称为 rubber（橡皮）。第一个名称根据其功能来确认所讨论的对象，第二个名称则根据其材料组成，或更广泛地说根据其结构来确认所讨论的对象。大多数语言中的大多数名词都是根据功能来确认对象（如"椅子"）。相比之下，物理科学常常根据结构来确认对象（"氧"是一种元素，其原子有 8 个电子和 8 个质子，除同位素外，原子量为 16）。

　　下一步是考虑一个似乎愚蠢的问题：我们能否将类型、种类、概念、"椅子"还原为纯粹的物理概念，即根据所有椅子共有的物理结构来定义它？但椅子并不共有许多甚至可能是任何物理结构：它们并不需要三到四条腿，甚至不需要任何腿（比如一个坚固的宝座）。它们不需要给定尺寸或形状的靠背、侧面甚至座椅。椅子可以由塑料、金属、木材、冰、钚等制成。椅子不必支撑任何特定的重量或尺寸（比如玩偶屋中的椅子）。身为一把椅子，不能归结为关于椅子结构的任何事实。然而，没有人会否认椅子是完全物理的东西。没有人会这样认为，仅仅因为我们不能用物理科学中的术语来定义"椅子"，椅子是"非物理的"。没有人赞成关于椅子的二元论，尽管我们不能彻底地把椅子性的概念分解成更基本的物理性质。

对于椅子与其物理成分之间的关系，有几个技术术语会很方便："随附性"（supervenience）与"多重可实现性"（multiple realizability）。大多数自然主义者认为，更高层次的东西，比如椅子，"仅仅是"物理对象，尽管椅子的概念不能完全通过诉诸物理学中的概念或术语来定义。在此特定意义上，高层的东西"随附于"低层的东西：（1）给定任何特定的更高层次的东西，例如某一特定的椅子，或某一特定的心灵，它将具有特定的物理成分（比如以某种方式排列的一定数量的腿和手臂，一个座位和靠背），或者在心灵的情况下，它将是一个特定的大脑，其神经元之间有某一组特定的连接；（2）任何其他具有完全相同的材料、物理成分的东西，也必须分别是一把具有完全相同功能的椅子或一个具有完全相同思想、感受和感觉的心灵。自然主义者致力于把更高层次的现象随附于更低层次的现象。但他们并不致力于把特殊科学所处理的更高层次的现象导出性地还原为物理学所描述的现象。简而言之，随附性并不意味着还原论，但为什么不呢？

随附于更低层次的组分或成分的更高层次的事物往往是"多重实现"的。一把椅子可以由木头、塑料、钢、稻草、冰或任何不确定数量的不同物质所制成；它可以没有腿，也可以有两条腿、三条腿、四条腿或六条腿，等等；它可以是油漆的，也可以是不油漆的；它可以有一个垫子、扶手或……这张清单可以永远继续下去。物理结构特性可以有无数种不同组合，而它仍然可以是一把椅子。这同样适用于任何类型、种类、概念，我们可以根据其结构和功能来定义、描述、"刻画"。如果它是一种被多重实现的类型或种类，则它将不可能还原为结构组分的任何有限列表，即使它的实例仅仅由更简单的物理组分所组成，但为什么假定这种多重可实现性在自然界中非常普遍呢？

科学就是从这里进入了自然主义者的说明，即为什么不能把较高层次的类型还原为较低层次的类型，即使物理主义是正确的（也就是说，即使一切事物都是物理的）。科学所研究的各个组织层次上的事物的种类和类型与构成它们的事物的关系，就是"椅子"与构成椅子的事物的"多重实现"关系。这个事实本身几乎总是源于科学所发现的自然过程：达尔文的自然选择。

生物功能就是进化生物学家所说的适应。正如我们在第9章看到的，它们是达尔文盲目变异和自然选择（环境过滤）过程的结果。事实上，许多哲学家已经根据达尔文的变异和选择原因论来定义生物学功能。这样的过程将会选择碰巧满足相同功能的任何结构。如果所选择的功能是伪装或模仿，那么可以选择肤色、形状或保持静止的能力，或者解决这个"设计问题"的十余种其他方法中的任何一种。如果所选择的功能是将氧气从肺部输送到毛细血管，那么十余种不同的血红蛋白分子中的任何一种都可以做同样的事情。简而言之，功能选择对结构是盲目的：在自然之中会选择实现相同或大致相似功能的任意两个或更多个结构。

结果，随着越来越复杂的组织层次通过持续不断的达尔文式自然选择过程出现，在每一个层次上都会有各种类型的事物具有多重实现的结构。由于多重可实现性，这些类型不会被还原为较低级别的类型。但这一事实将与认为只存在物理事物的物理主义完全一致。或者至少，如果在每一门科学中发现的事件、过程和事物的类型都是源于达尔文过程，那么更高层次事物的不可还原性将与物理主义相一致，因为这些过程不可避免会产生多重可实现性。这在所有特殊科学中都必须如此的一个提示是，所有这些学科的"词汇"，典型的如种类和类型，都是功能性的。社会科学和行为科学不关心行为，除非它看起来是有目的的、目标导向的，并且显示我们与理性主体联系在一起的目的 / 手段经济。正如自然主义者所认为的，如果目的出现的唯一来源是达尔文所发现的过程，那么不可还原性问题的这一解决方案正是自然主义者所需要的。

达尔文的自然选择很可能是所有非物理过程（包括心理过程）似乎不可还原为纯物理过程的原因，而对作为一种更广的方法论和哲学论题的物理主义（和自然主义）没有任何不幸的形而上学后果。

达尔文理论作为解决哲学问题的科学指南的重要性在于，它解释了盲目的机械论过程如何在一个盲目变异和自然选择的世界中给我们带来目的和设计的外表。回想一下在第 1 章和第 6 章讨论的目的论的或以目标为导向的过程及其因果说明的问题。物理科学没有为目的因留出概念余地，因为后者意味着未来的结果会引发过去的原因。物理科学更没有为一个产生事物以满足其欲望的无所不能的设计者留出概念余地。这就是为什么自然主义世界观会认为达尔文的理论如此吸引人的原因，因为它提供了一种因果机制——碰巧可遗传的性状（通过突变和重组）永久发生变异。如果我们能用随机的可遗传变化和环境选择的机制来说明其他看似有目的的非物理过程，特别是人类事务，我们将至少在原则上使这些过程适应一种在科学上融贯的世界观，一种自然主义哲学。

哲学家们利用达尔文主义，试图为科学变革提供一种自然主义解释，在某些方面类似于库恩把科学进步解释成局部适应。然而，注意到使科学思想改进的环境即物理实在并没有改变生物环境随时间变化的方式，一些哲学家试图为科学实在论构建一种达尔文式的动机，而不像库恩那样只把进步解释为局部的。继劳丹之后，另一些人提请人们注意，悲观归纳会给以下观点泼冷水，即科学理论的盲目变化和自然选择会确保连续接近真理。这当然是范·弗拉森的论证思路。他援引达尔文的理论来说明，为什么理论的经验恰当性即预测能力会随着时间的推移而提高：这些理论是被一种重视技术应用的、由智人创造的环境选择出来这样做的。相比之下，20世纪末的至少另一位有影响的自然主义者菲利普·基切尔则认为，科学之所以显示出接近真理的累积进步，至少在很大程度上是因为它是我们人类的产物，人类的认知工具被选择出来发现有关其环境的重要真理。事实上，自然选择赋予人类认知以巨大的力量，以至于我们不需要非常严肃地看待证据对科学的亚决定性。我们被选中只是为了持有那些值得考虑的替代理论。

　　另一些哲学家诉诸自然选择来处理自笛卡尔时代以来一直困扰哲学和心理学的人类认知问题。笛卡尔之后的二元论者认为，心理过程，特别是我们意识到的那些过程，不可能是大脑中的物理过程。显然，这一观点不可能与自然主义相调和，因此它是自然主义哲学家特别是蒯因追随者的天然靶子。由于自然主义哲学家和心理学家处理像人的思想这样似乎明显有目的的过程的唯一资源就是表明，它与某个达尔文主义过程的操作实际上是相同的，所以自然选择理论在心理学哲学中起了很大作用。

　　最后，自然主义者指望达尔文的理论来帮助支持和说明人类伦理规范的本性及其理由。自然主义者不能诉诸任何超越科学的东西来为信念辩护。作为为信念辩护的唯一来源，科学是自然主义的核心承诺。这当然意味着，在涉及为道德主张和理论辩护时，自然主义者致力于找到一种方式，由生物学情况导出关于人的行为和社会制度应该是什么情况的规范陈述。

　　这就解释清楚了为什么生物学哲学在过去 10 年成为科学哲学的一个增长领域。大多数人的行为似乎是有目的的和目标导向的，这似乎表明以手段达到目的的经济模式继续使日常思想和常识变得彻底目的论。因此，常识与在 17 世纪牛顿革命之前刻画科学的亚里士多德主义世界观有更多的共同点。物理科学的所有后续发展都否认有未来的因果关系和过去的目的来指导自然界。这就是为什么达尔文的理论对于牛顿世界观不可或缺的原因。由于哲学家和社会科学家中的当代自然主义者寻求一种满足禁止目的的关于人类事务的非目的论理论，所以它别无选择，只能采用一种达尔文的进路来处理人类现象。

　　就这样，蒯因的自然主义将生物学哲学的问题推到了科学哲学议程的前列。在第 9 章对自然选择理论及其以模型为中心的发展的讨论中，我们已经熟悉某些问题。长期以来，生物学哲学家一直对"适合性"这个进化理论中的关键术语的定义感到困惑。我们还记得，问题在于通过繁殖来定义这个概念，而没有使由此产生的理论凭借定义为真或者没有经验内容。蒯因式地否认我们可以区分凭借定义为真的陈述和凭借世界事实为真的陈述，显然不能使生物学哲学家不再需要解决这个问题。这不仅是因为神创论者和其他反对达尔文理论的人试图运用波普尔的要求，即真正的科学理论是可证伪的，以攻击进化论仅仅是形而上学而不是真正的科学。由此产生的争论使第 9 章至第 12 章讨论的许多议题进入了公开辩论（在美国也进入了裁决政教分离的宪法议题的法庭）。

　　由于 20 世纪下半叶生物学的发展，达尔文理论开始被用于各种社会科学，以说明由于盲目变异和自然选择过程而产生的各种制度、实践、规范和态度。从起源上说，达尔文理论是一种关于在遗传上固定性状的遗传传递的理论。因此，一些反对者和支持者认为该理论的应用表明，重要的人类性状在遗传上是固定的，不受环境改变的影响。在许多人看来，这种观点在道德上是危险的。它似乎使社会不必采取措施改善人的状况，理由是这些状况是被基因和"自然"固定的性状的结果。它还暗示，长命的社会制度是有益的，因为它们一定是因为有助于适应性而被选中。这是政治、社会和经济上的保守政策的另一个理由。达尔文理论在关于这些问题的争论中所起的作用，使哲学家更有动力用一种自然主义承诺来理解这种理论。

自然主义的辩护问题

自然主义使一个重大问题悬而未决。回想一下辩护与因果关系的区分。辩护为信念的真提供了依据，而因果关系则没有，或至少看起来如此。在经验论者那里，辩护是证据（感觉经验）与结论之间的一种逻辑关系（运用演绎逻辑或归纳逻辑），而逻辑是意义问题。自然主义者，或至少是蒯因主义者，无法用这种方式来区分因果关系和辩护，但他们必须做出这种区分。自然主义没有诉诸"第一哲学"——一些先验的真理甚至定义，它只能诉诸科学本身来理解推理规则、推理方法、探究的方法论和认识论原则，从而区分受证据辩护的结论和未受证据辩护的结论。

现在，假设我们问一个逻辑或方法论的原则，这种方法或规则本身是不是合理的或有充分根据的。经验论者对这个问题的回答是：规则或方法是必然为真的，它的必然性取决于我们决定如何使用语言。我们可能会对这个论证提出异议，自然主义者会这样做，因为它利用了经验论者与自然主义者的争论中的一些概念，比如"必然性"和"意义"。但在被要求建立自己的辩护规则和方法时，自然主义者能说些什么呢？呼吁"第一哲学"即一种先于且比科学更可靠的认识论是不可能的。自然主义不可能诉诸科学或它的成功来建立科学的规则而不循环论证。诉诸"第一哲学"将是循环的，而将科学的规则基于科学的技术成功，则是将自然主义让于一种第一哲学，在这里是所谓的"实用主义"。自然主义为它所推荐的认识论、逻辑和方法论辩护，因为这三种理论和规则产生于成功的科学，即提供关于世界如何运作的知识的研究纲领。但如果被问到为什么他们声称成功的科学提供了这些合理的结论，自然主义者就不能继续引用这样一个事实：成功的科学是由证明其结论是合理的规则和方法进行的，因为这些规则和方法本身是由科学的成功所证明的。自然主义将是一种循环推理。这个问题对蒯因来说尤其尖锐，因为他反对经验论通过诉诸逻辑必然性和意义的概念来回答这些问题的许多论证，都指控这些回答是循环推理。

诉诸科学在实际、技术和应用上的成功也许会解决自然主义者的辩护问题。但结果将不再是自然主义。事实上，科学确实在技术应用方面有着出色的记录，并取得了实际、实用的成功。但为什么这会为科学声称构成了知识或将其方法视为认识论提供辩护呢？只有在我们按照明确采取这一观点的 20 世纪初期美国哲学家——威廉·詹姆士（William James）、皮尔士（S. Peirce）和约翰·杜威——的看法建立一种先验的第一哲学即所谓的实用主义时，它才会如此。这种哲学也许有很多值得推荐的地方，但它并不是自然主义，因为它始于一种先于科学的哲学承诺，可能不得不放弃与之不相容的那些科学部分。

因此，自然主义留下了一种尚未履行的义务。它旨在支持科学的客观性，以及科学作为不断改进的关于事物本性的知识的地位。它还旨在反映科学在其科学哲学中的实际特征，而不赋予哲学或历史在科学的基础或对其关于世界的主张的理解中的特权作用。然而，它需要以符合其自身原则的方式来回答其自身辩护的问题。

小　结

在哲学家当中，蒯因比库恩在更大程度上揭开了逻辑实证主义科学理论的面纱。

蒯因先是破坏了两个区分：逻辑上为真的陈述与内容上为真或经验上可观察的事实上为真的陈述之间的区分。这也许令人惊讶，但一旦这种（自康德以来为哲学所熟知的）区分被放弃，认识论中的一切和科学哲学中的许多东西就会被解开。对这一区分的否认产生了关于理论如何面对经验的整体论，以及似乎支持库恩的科学本性进路的亚决定性。但它也使一些哲学家对科学的承诺比哲学更强烈，或至少产生了这样一种观念，即我们必须以当代科学为向导，而不是寻求科学在哲学中的基础。哲学家，主要是采取这种观点的蒯因追随者，自称"自然主义者"，而另一些人，特别是采取不相容观点的社会学家，不幸也采用了这个术语。

当然，蒯因等哲学家都不愿承认库恩关于科学的明显的主观主义是从他们对经验论的攻击中得出的正确结论。这就提出了一个新的问题，即超越休谟的归纳问题，为作为符合库恩论证的客观知识的科学找到一个基础。最近关于这个问题的研究的变迁是下一章的主题。

研究问题

1. 蒯因自称是经验论者。他有权用这个标签来表达他的观点吗?

2. 休谟和康德这两位观点迥异的哲学家都接受了分析与综合的区分, 他们会如何回应蒯因的论证呢?

3. 蒯因曾说:"哲学不过就是科学哲学。"请对这一主张做出诠释, 以反映蒯因关于科学与哲学关系的主张。

4. 自然主义是循环论证吗? 也就是说, 把科学发现凌驾于哲学理论之上, 是否仅仅基于这样一个断言, 即科学是我们认识实在本性的最佳指导?

5. 数学真理似乎是先验的。这给自然主义带来了什么问题? 自然主义者可以是柏拉图主义的实在论者吗?

阅读建议

蒯因对经验论的攻击见于《从逻辑的观点看》(*From a Logical Point of View*) 一书, 其中包括了他极具影响力的文章《经验论的两个教条》("Two Dogmas of Empiricism")。这也是任何对科学哲学感兴趣的人的必读书。它重印于 Curd and Cover 的选集。Quine, *Word and Object* 这部后来的著作深化了对经验论的攻击, 并且发展了对库恩等人影响极大的亚决定性学说。Balashov and Rosenberg 的选集也包括了《经验论的两个教条》。Scott Soames, *Philosophical Analysis in the Twentieth Century*, 特别是第一卷, 阐述和评价了蒯因的工作和影响。

P. Kitcher, *The Advancement of Science* 对科学哲学中的自然主义进行了阐述和辩护。Daniel Dennett, *Darwin's Dangerous Idea* 是对进化论及其哲学影响的权威介绍。Fred Dretske, *Explaining Behavior* 从这个角度探讨了心—物问题，这是一本重要而容易理解的作品。更难但更重要的是 Jaegwon Kim, *Physicalism or Something Near Enough*。

Jerry Fodor, "Special Sciences: Or the Disunity of Science as a Working Hypothesis" 中介绍了还原的多重可实现性问题，重印于 Lange 的选集。

第14章

科学的争议性

概　述

　　库恩的学说通常被解释为产生了相对主义，这种理论认为不存在真理，或至少没有任何东西可以独立于某种观点被断言为真，而且观点之间的分歧是不可调和的。当然，其结果是剥夺了科学的实力地位，从这一地位出发，可以证明科学的发现比伪科学的发现更合理。它还动摇了这样的主张：物理学和化学等所谓的"硬科学"在其发现、方法、论证和说明标准以及对理论构建的限制方面，要比"软科学"和人文科学具有更大的权威性。后现代主义者和解构主义者从对库恩学说的激进诠释和其他时尚哲学中获得了对他们所拥护的相对主义的巨大支持。

　　特别是在科学社会学家中，出现了一种"强纲领"，认为说明科学成功的因素也必须能够说明科学的失败，这剥夺了观察和实验结果中所报道的关于世界的事实在说明科学成功方面的决定性作用。

　　这些学说对此前通过模仿"科学方法"寻求接受但已不

再觉得有必要这样做的那些社会科学和行为科学以及其他学科产生了解放作用。从社会学甚至政治上关注科学，揭示了科学与中产阶级、资本主义的传统联系，以及科学对妇女利益和少数族裔的漠视。科学哲学家，特别是其中的女性主义者，对这些关于科学的过去和现在的事实越来越敏感，这导致了关于今后应当如何从事科学的见解。

方法论的无政府主义

蒯因启发的自然主义和库恩提供的科学史解读相互作用，共同对科学哲学产生了深刻的令人不安的影响。它动摇了数个世纪以来哲学对于理解科学的信心。对于科学是什么，它是否进步，它是如何发展的，以及它对客观性的主张的来源，我们突然失去了信心，留下了一个思想真空。许多社会学家、心理学家、政治理论家、历史学家和其他社会科学家都被拖到了这个真空中。由此出现的引人注目的激烈争论的一个后果是，很明显，要想解决科学哲学中的问题，需要重新考察哲学其他部门中最基本的问题，包括认识论、形而上学、语言哲学，甚至道德哲学和政治哲学的一部分。

库恩认为范式是不可公度的。这意味着它们不能相互翻译，至少不能完全翻译，或者根本就不可翻译；不可公度性也意味着说明上的得与失，没有共同的衡量系统来判断得何时大于失。范式之间的不可公度性可以延伸到它们的观察词汇，并且使我们无法从一个中立地位来评估竞争范式。由此导致的科学图景既不是对更为广泛和深入的现象做出一系列越来越完整的说明，甚至也不是持续扩展对同一些现象进行预测的能力和准确性。毋宁说，科学史更像是时尚或政权的历史，它们之间的更替并非因为它们的认知价值，而是因为政治权力和社会影响力的变化。这种科学史观是对认识论相对主义的一种邀请。

伦理相对主义主张的是，决定哪些行为在道德上是正确的，因文化而异，而且不存在客观正确这种东西。伦理相对主义被其支持者视为一种开放的、容忍和理解民族差异的多元文化态度。伦理相对主义不可避免会导致对是否真的存在绝对道德正确这种东西的怀疑。类似地，认知相对主义使知识（因此真理）对于一种概念图式、观点或视角是相对的。它否认存在着一种独立于范式的关于世界存在方式的客观真理，因此也否认有任何方式来比较范式的真理性、客观性或认识的可靠性。库恩对于是否承认范式之间认识相对主义的指控持矛盾态度。

但情况可能比库恩想象的更令人担忧，因为有些哲学家急于将库恩关于常规科学长达百年的最广泛范式的主张转变为常规科学范围内个别科学理论的不可公度性。蒯因的基本哲学论证给了他们这样做的资源。这些哲学家中最有影响力的是保罗·费耶阿本德。费耶阿本德接受了库恩关于不可能将亚里士多德的力学还原为牛顿理论，以及不可能将牛顿力学还原为爱因斯坦的理论的见解，认为不可能将动力的关键概念翻译成惯性，或者将绝对质量翻译成相对质量，反映了在所有理论之间进行还原的障碍。原因在于蒯因的洞察力催生了关于意义的整体论。一个理论术语的意义并不是通过它与观察的直接或间接的联系给出的，因为理论并非逐字逐句地满足观察，而是作为整体满足观察。因此，意义是理论上的。一个理论术语的意义是由它在理论结构中的位置决定的。改变一个理论的一个或多个部分，结果不是对同一理论的改进，而是一个全新的不同的理论。为什么？因为新理论与旧理论的主题不同，因为它的语词有不同的意义。"电子"，虽然它可能出现于玻尔的理论、汤姆逊的理论、海森伯的理论和薛定谔的理论，但在每一个理论中，它的意义并不相同。

否认这一关于意义的整体论主张需要一种完整的意义理论，或至少是合理地反驳蒯因对意义的攻击。如果加上对一种可以构造材料陈述的观察语言的否认，可能使我们能够在理论之间做出选择，结果就是费耶阿本德所颂扬的"方法论的无政府状态"。他之所以这么说，是因为结果是，在理论之间做出选择没有认知基础。特别是，早期的"充分确立的"理论并不要求我们坚持后来的未充分确立的理论。费耶阿本德之所以赞扬这一结果，是因为他认为这种无政府状态会激发科学的独创性和创造性。毕竟，如果要求牛顿提出一种可以把亚里士多德的理论视为特例的理论，或者要求爱因斯坦对牛顿理论这样做，仅仅是因为亚里士多德理论或牛顿理论在说明和预测上的成功，那么牛顿和爱因斯坦都不会产生以他们的名字命名的伟大科学革命。正如道德相对主义者认为自己的洞见是解放的和启蒙的，费耶阿本德也认为他的认识论相对主义是个好东西。

费耶阿本德等相对主义者会从这个角度来批判自然主义。就像库恩和所有自然主义者一样，相对主义者会同意认识论和方法论是范式的一部分，或者实际上是理论的组成部分，尽管这些组成部分在语法上可能是用命令式而不是直陈式来表达的。因此，认识论和方法论并没有提供一种独立的立场来判断科学的进展，甚至是一门学科的"科学"地位。这些相对主义者会抓住自然主义所面临的循环论证的问题，以证实他们的主张，即任何特定的理论、范式或学科只是众多"认识方式"中的一种，不存在其中一种正确、另一种错误这回事。就相对主义者而言，"怎样都行"
（anything goes）。这实际上是费耶阿本德最有力地论证这一观点
的一本书的标题。费耶阿本德在该书护封上没有放作者简历，而
是提供了他的占星图。他的意思是说，占星术提供了与他的教育、
职业和以前的著作等个人事实同样丰富的作者信息。

科学知识社会学的"强纲领"

　　如果一个人从哲学的角度认为"怎样都行"，那么问题就来
了，为什么随着时间的推移，科学会走这条特定的道路？（以及
为什么科学如此成功？）对于相对主义者来说，答案不可能是：科
学史是"追求真理"的探究史。根据相对主义者的说法，世界独
立于科学的存在方式不可能决定任何特定科学或一般科学的形态。
这是因为，世界不可能独立于科学在特定时间对它的看法而存在，
也没有客观的方法来认识世界。正如我们将要看到的，我们可以从
字面上或象征性地看待这个主张。如果科学史不能由客观无私利
的科学家对世界的冷静研究来说明，那么它就必定像所有其他社
会制度的历史一样，是社会、政治、心理、经济和其他"非认知"
因素的结果。因此，相对主义者认为，要想理解科学、特定的科
学以及科学变革的本性，我们必须做社会科学。例如，为了了解
为什么达尔文的进化论会获胜，我们不需要理解化石记录，更不
用说理解变异和环境过滤的来源。它要求我们理解影响 19 世纪理
论建构和接受的社会政治力量。一旦我们理解了 19 世纪自由放任
资本主义为无情的竞争辩护的意识形态需求，在这种竞争中，不
适合者被埋没，而进步是市场竞争的问题，达尔文范式的出现就

不足为奇了。科学史应当被每一个相继的范式重写，这一点现在是可以理解的，不仅因为常规科学需要意识形态的规训，而且因为政治统治也需要它。

否认追求真理在说明科学变革中具有特殊作用（追求真理在文学或时尚的变革方面是缺乏的），导致了 20 世纪 80 年代科学社会学研究的一场重要的新运动，以及与之伴随的一个主张，即社会学必须取代哲学作为我们理解科学的来源。科学社会学中所谓的"强纲领"开始在这一基础上说明科学的成功和失败。将那些被视为进步的科学发展和那些（事后看来）被斥为错误的科学发展区分开来的东西，不可能是前者反映了世界的运作方式而后者不反映，两者必须以同样的方式加以说明。试图将科学的失败说明为使之在追求真理时偏离轨道的社会、政治和其他非认知力量的功能，这种"弱纲领"必须被代之以试图说明所有科学理论（不管是失败的还是成功的）的"强纲领"。社会学家大卫·布鲁尔（David Bloor）将其描述为"对称论题"：它没有给关于科学理论之所以成功是因为它比不成功的理论更理性的任何论证留出余地。

这些社会学家和另一些社会科学家试图研究科学工作的细节，并得出结论说，与其他社会产物一样，科学上的一致是通过各方之间的"协商"而"构建"出来的，各方的兴趣并不完全是甚至并不主要是为了描述世界的运作方式。相反，他们的兴趣是个人的进展、认可、物质回报、社会地位，以及与宣称的、公开表述的、宣传的科学目标即对真理的无私利追求无关的其他利益。在一些激进的科学学者那里，科学发现是构造的这一论题变成了这样一种主张，即科学理论之外的世界，实在论者视之为独立的实在并认为它使科学主张真或假，其本身是一种构造，这种构造的存在性并不独立于对世界的描述意见一致的科学家。按照这种"观念论"，存在不过是被想到，这在科学哲学中可以追溯到 18 世纪的哲学家乔治·贝克莱，当然至少得到了托马斯·库恩的一些或许不够谨慎的评论的明确支持，这些评论表明不同范式的支持者生活在不同的世界。

布鲁诺·拉图尔（Bruno Latour）和斯蒂芬·伍尔加（Stephen Woolgar）的《实验室生活》（*Laboratory Life*）是这些社会学家中最著名的作品之一，其中作者将自己沉浸于一座分子生物学实验室，就像文化人类学家可能试图在一个完全陌生的民族中"入乡随俗"，沉浸在与人类学家自己的社会截然不同的文化中一样。拉图尔和伍尔加是 20 世纪法国知识生活传统如何接近科学研究的例子。在他们的工作之前，由于庞加莱（Poincaré）、迪昂、巴什拉（Bachelard）、卡瓦耶斯（Cavaillès）和格朗热（Granger）等人的贡献，存在着一个关于科学史上令人印象深刻的成就的悠久传统。（远在库恩之前）以最严肃的态度看待科学史的哲学家，将英语世界科学哲学家的注意力转移到科学史的重要性上，而不必挑战逻辑或理性理解的首要地位。然而，在人类学和社会学中，法国社会科学中出现了一种自称"结构主义"的独立潮流。它仿照克劳德·列维-施特劳斯（Claude Lévi-Strauss），将在英语世界和法国文化人类学中司空见惯的对"原住民"生活的详细描述与以下主张结合起来，即社会事实独立于且不可还原为关于个人及其心理状态的事实，社会事实控制着这些状态和从中产生的行为。拉图尔和伍尔加将详细描述与结构的决定性之结合应用于研究实验室。他们试图表明两点：首先，实验室实验的结果并不能自己表达自己，而是通过讨论、争论和妥协创造出来的，这些讨论、争论和妥协受制于这种结构及其所支配的角色。知识不是发现的，而是按照社会规范构建的。其次，密切相关的是，这种协商的赢家不是拥有最佳证据、论证、方法或逻辑的人，而是在独立于任何人存在的社会结构中占据最高地位并塑造其行为的人。"真理""证据""事实""实在"等概念都是个人用来赢得辩论的修辞工具。和强纲领的支持者一样，实验室生活的这些人类学家驳斥了以下观点，即哲学家认真对待的概念真实触及了驱动科学结果的任何非社会的、未诠释的、独立固定的实在或自然。

英语世界的科学社会史家从未像20世纪的大陆科学学者那样同情理论上层建筑，但他们同样认同哲学家关于实在和理性如何共同创造科学成就的共同假设。其中最有影响力的是斯蒂芬·夏平（Stephen Shapin）和西蒙·谢弗（Simon Schaffer）。在《利维坦与空气泵：霍布斯、波义耳和实验生活》（*Leviathan and the Air-Pump: Hobbes, Boyle, and the Experimental Life*）中，他们得出的结论有些类似于拉图尔和伍尔加关于科学家如何构造事实的结论。他们会否认任何有支配一切的理论框架在支配他们的科学发现。但另一些人，尤其是社会科学哲学家，即使不是认同法国结构主义，至少也认为社会事实和力量具有维持社会和平和解决冲突的功能，这些功能虽然个人认识不到，但仍然支配着他们的行为。

正如夏平和谢弗提醒我们的那样，在17世纪末，英国正从一场社会动荡中恢复过来，这场动荡导致了20年的纷争、宗教正统的根本变革、推翻议会特权、处决国王以及建立军事独裁。重建稳定的社会秩序依赖于一种手段的出现，凭借这种手段，看似抽象的争端，例如宗教分歧或宪法分歧，可以在不使用武力或暴力的情况下得到解决。否则，在王政复辟之后的时期，它们甚至不会被提出、讨论或解决。17世纪的科学仍然与哲学不可分割，哲学与宗教不可分割，围绕科学问题的争论仍然是潜在的危险，无论其实际应用多么微不足道。

　　夏平和谢弗认为，在这种情况下，独立于理论和神学争议问题的实验和实验方法的出现，为科学进展提供了一条不会威胁社会秩序的途径。因此，它很快就获得了科学权威和政治宽容。我们所推崇的确立了实验方法的科学家可能认为，他们正在发现一种提供客观知识的方式。他们的继承者和我们自己可能会认为，他们的名声和对其确立方法的坚持乃是基于这种方法确证和证明自然真理的能力，但这是错误的。事实上，实验方法之所以被坚持，是因为它填补了科学的一项重要社会功能。它确保了科学不会破坏社会秩序，从而可以安全地生存和繁荣。夏平和谢弗对 17 世纪伦敦皇家学会早期历史的研究，不仅试图表明社会事实、力量和功能如何说明了科学革命的出现和实验、经验方法的霸权，而且分析了在科学家没有认识到的情况下，这些过程如何重新塑造了构成事实和发现的基本概念，它们对于理论和说明的科学权威。这种方式使他们、他们的继承者甚至今天的我们误认为，科学发现（而不是构建）的是一个独立于我们而存在的实在，因为这种幻觉在维持它及其赞助人的力量方面特别有效。

　　请注意，科学知识社会学和人类学的这些方法不能声称提供了关于科学的真实本性的知识，而不承认和接受确实存在知识这种东西。因此，它们需要最低限度地解释信念如何可以是真的和合理的，因为那毕竟就是知识，可以用有意义的陈述来表达的关于事物的得到辩护的真信念。例如，它们必须承担责任，检验他们明确或暗中相信的社会制度的结构和功能理论。在这样做时，它们必定已经接受了传统科学哲学已经确认并试图阐明的最低限度的共同点。到目前为止，本章所讨论的科学社会学者强烈反对哲学家当中关于科学的传统主张，但接受了构成世界知识或科学的任何主张所需的认识论和逻辑约束。对于本章后面将要讨论的一些观点，情况可能并非如此。

　　科学社会研究的参与者们提出的一些结论鼓励了社会科学的某些哲学以及对人文学科知识本性的某些解释。因此，一些从事定性研究的社会科学家开始为他们的方法和结果辩护，以抵御经验的、从事定量研究的社会科学家的攻击。他们声称，这些方法和结果是一种独立的、不可公度的范式的状况，在这种范式中，不同的社会力量根据不同的制度规则运作，以产生与自然科学的结果同样"客观"的结果、理论、发现和说明。定性社会科学的这些捍卫者进行了反击，认为经验的、定量的、实验的范式无法处理人的意义和诠释；这些是理解人的行为、情感和价值的基本维度；自然科学范式甚至无法容纳语义意义的概念，更不用说人的意义了；许多社会科学的贫乏和挫折都源于盲目地试图实施一个来自自然科学的不恰当的范式。面对导致对常规科学进行质疑的那种反常，无法放弃定量范式反映了自然科学作为人类知识所有部门之模型的社会文化力量。然而，这些学者认为，这是错误的模型。事实上，一些人用"科学主义"一词来标记定量社会科学家对自然科学的过度尊重，以及自然科学的一个特定正统图景即经验论对自然科学的刻板处理。

　　根据这些评论家和其他社会评论家的说法，除了自然科学所采用的方法外，还有其他认识方式。这些批评者认为，那些被其他人污蔑为伪科学的学科在认知上是值得尊重的，比如占星学、超心理学、支持医学中另类"整体"疗法的理论（如顺势疗法），以及非标准的培养实践，比如给自家植物放音乐。在他们看来，否认这些范式的认识论地位就是从牛顿范式的盲目的、循环论证的角度进行论证，而牛顿范式现在已经被我们还没有可接受的哲学诠释的宇宙学和量子物理学的科学进展所取代。谁能说，当在这些领域尘埃落定时，其他非牛顿的认识方式是否会得到证实？

从库恩衍生出来的科学社会研究的可见性破坏了传统自然科学的权威性，使公众对科学的支持在科学社会学的"强纲领"最为明显、在思想上影响最大的某些国家更具争议性，特别是在 20 世纪 80 年代的英国。

后现代主义与科学大战

除了科学史家、科学社会学家和"新时代"通俗图书的作者，还有一些人批评科学主义。即使是人文学科的学者，英语、法语等学科的教授，也试图将科学"去中心化"，并将其成果视为"文本"，就像这些学者对待狄更斯的《远大前程》或福楼拜的《包法利夫人》一样。他们对于科学作品和文学作品，包括被其作者贴上"小说"标签的那些作品，给予同等对待的原因当然是，说到底，声称描述世界的作品和有其他目的的作品之间的区别纯粹是一种社会建构。这些学者常常自称"后现代"，这是一个与"现代主义"形成对比的名称，后者是从 17 世纪科学革命中产生的一种传统的现已过时的、不可信的垂死挣扎，这一传统在 18 世纪的启蒙运动和 19 世纪的浪漫主义和民族主义中得以延续，并且导致 20 世纪的恐怖和幻灭。其中许多后现代主义者都将他们的工作方法称为"解构"，这反映了他们的双重目标：首先，声称基于现实并反映现实的主张实际上是社会建构；其次，这些主张应该受到怀疑，因为它们方便地支持和加强了其倡导者的社会、政治、经济、种族、性别或其他利益。

后现代主义者所配备的工具主要是 20 世纪最后四分之一在巴

黎时髦的东西，与德里达（Derrida）、阿尔都塞（Althusser）、利奥塔（Lyotard）和福柯（Foucault）等名字联系在一起。阐述这些理论超出了本书作者的能力，但往往可以看出，它们的意义是费耶阿本德工作主题的延伸，甚至可以理解为蒯因和库恩的研究所暗示的结论。当然，蒯因和库恩都不会承认这些结论可以从他们的学说中有效地推断出来，但两者都已经失效。

　　库恩削弱了观察知识的客观基础的可能性，蒯因拒绝接受确定性的任何其他来源，尤其是由固定的语言意义提供的确定性。法国后现代主义者及其盟友将这些学说（尤其是语言学说）推得更远。根据他们的说法，观察对理论的亚决定性从物理学延伸到了日常生活，当然也延伸到我们语言的意义。任何人说的任何话都是被亚决定的，尤其是被说话人自己的意思亚决定，因为不存在意义这种东西，无论是头脑中的思想，还是人们思想之外被社会固定的意义。事实上，不存在关于某种东西的意义的事实。因此，不可能明确地确认库恩不可公度范式的组成部分，这不仅因为不存在范式中立的位置来这样做，而且因为在任何范式中也没有关于其意义的权威。当然，关于一个范式的意义，事实上是关于任何信念的意义，存在着相互竞争的主张。但没有一个是正确的，其中哪个确保了地方"霸权"，这是一个社会、政治、经济或其他权力的问题。

　　后现代主义者常常喜欢"叙事"概念甚于范式概念，因为它的意义在学术话语中显然是固定的，表明一般定律、理论、方法论、哲学以及所有其他以推论方式表达的思想对象，实际上最终是我们讲述的"故事"，目的是在构成每个学科的"对话"中说服或娱乐彼此。

　　当然，传统的科学观倾向于一种"总体"叙事，即要么最终给出关于实在的全部真相，要么构建预测我们未来经验的完整工具箱。这两个版本的总体叙事都试图通过使用诸如"普遍性""客观性""本性""统一性"，以及"真理"和"实在"等语词来涵盖所有故事（"总体"叙事）。当然，这些表达仅仅是一些工具，用来打击那些反对科学家（及其哲学同行）正统的人。一旦我们意识到这些文字和噪声（"真理，全部真理，除了真理什么都没有"）并无固定的意义，声称科学运用它们就会令人怀疑。只有通过从关于科学的全面叙事中夺取权力来影响读者，它才能被其他叙事取代，这将解放利益未被科学满足或至少是未被迄今为止实践的科学满足的那些社会群体。

后现代主义的分析当然不限于科学，它的工具也同样适用于未能反映人与人之间的根本差异和不可公度的不连续性的其他（正式的和非正式的）社会制度。并不需要将这些差异调和得逻辑上一致：没有超验的逻辑为一致性奠基，在任何情况下，一致性仅仅是我们需要服从的总体科学叙事的一部分！矛盾是可以预期的，自相矛盾至多是娱乐和讽刺的一个无意的或完全有意的来源。然而，后现代主义非常一致地坚称，因总体叙事而变得不可见的被排斥的社会群体在能够提出自己的叙事时，会立即将其他群体边缘化。关键是要记住，关于相互竞争的叙事、它们的诠释或它们的意义，不存在事实。

关于这种对科学的"看法"，我们能做出的最慷慨的评价是什么？

考虑一下分析科学哲学为自己提出的关于科学理论的真理性、科学方法的可靠性、科学的形而上学基础等持久和根本的问题。所有这些都会破坏对于任何特定科学成就的简单而无条件的信心。科学的可错性是无法消除的。冒着犯错的风险是科学能够提高我们理解力的关键。有些人可能认为，这些困难会使科学面临一定程度的"去神话化"，如果不是被揭穿的话。

此外，不可否认的是，与任何其他人类制度一样，科学实践反映了个体和群体利益的影响。这必然导致由于人的错误和唯利是图以及更广泛的文化、宗教、经济和政治力量的强加而引发的不完美和失败，科学体制无法保护自己不受这些力量的影响。就科学家试图将他们的实践与倾向于使之偏离其"客观性"承诺的力量隔离开来而言，确认这些力量非常重要。由于"强纲领"本身采用了科学所特有的受控探究方法，所以有可能准确确认这些力量。因此，也许可以在一定程度上对科学体制进行改造，以减轻其影响。但目前尚不清楚，"强纲领"能否一致地认为自己关于科学的发现是真的或可靠的，从而成为应用的基础。

至于对后现代解构的更为模糊和极端的评价，我们还不清楚它们的任何"结果"是否应当得到认真对待。因为它们似乎是纯粹的物理忌妒（physics-envy）或科学忌妒（science-envy）与一种妙语的结合，是欧洲文人为了自娱自乐而玩的一种游戏。让我们看看为什么这个诊断似乎是正确的。

索卡尔骗局证明了什么吗？

如果经验科学家仍在阅读这方面的内容，那么他们认真对待当代人文学科的科学进路很可能会被原谅。事实上，如果他们对后现代主义与实际科学相遇的社会史有很多了解，他们就有充分的理由将后现代主义对现代科学的解构视为一场空洞的游戏。物理学家艾伦·索卡尔（Alan Sokal）给了他们这些理由。和其他人一样，索卡尔认识到，后现代主义的立场与安徒生《皇帝的新装》中皇帝的立场不无相似。在那个故事中，皇帝光着身子四处走动，没有人注意到这个事实，因为不去注意符合他们的利益。后现代主义当然站在现代思想生活中"路障"的正确一边，反对各种不平等，包括种族主义、社会阶层剥削、性别歧视、恐同，削弱模式化观念，扩展人们可以想象的艺术、行为、社会和政治可能性的范围。由于科学中的牛顿传统、达尔文传统或其他一些传统在一定程度上被用来助长这种不平等，使这些观点变得模糊，并且降低其文化贡献的重要性，人文主义者寻求工具进行反击。他们很好地放弃了他们专有的文论和美学理论，以及由于其对非西方文化的霸权、种族主义的麻木而产生的正典，他们特别容易受到一种时尚的法国学说的影响，这种学说可以使他们"诋毁"科学。当然，这一理论潜在的不可理解性并不是障碍，因为它的技术设备、新词、行话和特殊符号可以保护它不受门外汉的攻击，就像数学对自然科学的功能一样。

　　20 世纪 90 年代，记者和社会评论家对这类工作的日益关注产生了"科学大战"（the science wars）。这是一场过度戏剧化的争论，在这场争论中，一方（人文主义者）提出了离谱的主张，而另一方（科学家）则几乎忽视了这些主张。少数认为有必然捍卫科学的客观性和完整性的人急于表明，对科学的攻击是出于"政治动机"，是对科学惊人的无知，这种攻击不过是一些诙谐的妙语，是人文主义者玩的一种思想游戏，因为他们在人文学科中没有什么可供批评的东西。

　　让我们回到艾伦·索卡尔。1993 年，自称后现代的学术期刊《社会文本》（Social Text）声明将出版一期科学专号。为了检验一个假说，即对科学的后现代攻击是由在思想上不严肃的科学文盲发起的，索卡尔对这一声明做出了回应，准备并提交了一篇伪造的论文，对解构主义者写的那种学术论文故意做了夸张的讽刺性描述，题为"超越界限：走向量子引力的超形式的解释学"，对物理实在提出了许多离谱的主张。该文有意无效和不可靠的论证引用了重要后现代主义理论家的著作，并得出结论说，当代量子引力（最困难和最不确定的物理学领域之一）理论的特征证实了一套与后现代主义相适应的美学、伦理和政治价值观。

这篇论文被《社会文本》接受并发表，之后索卡尔承认了自己的欺骗。怎么会这样？事实证明，《社会文本》并没有对提交的论文进行评审。编辑们为这种不寻常的做法辩护，认为这是一种培养创造力的做法，并且抱怨说，他们仔细阅读了这篇论文，并要求进行修订，但作者拒绝了。编辑们说，他们决定在不做修订的情况下发表这篇论文，以鼓励作者。他们抱怨说，《社会文本》是一个"骗局"的受害者，索卡尔的欺骗违反了学术诚实的准则。在此后若干年里，社会学家和其他科学学者一直在书籍中和会议上对这个骗局进行检审和讨论。

第 11 章揭示了与假说的"正面实例"概念相关的问题。这些问题使我们更难声称，索卡尔骗局提供了一个正面实例，在某种程度上确证了后现代科学批评家怀有政治偏见和缺乏严肃性这一假说。但显而易见的是，它至少对几位最著名的科学社会学家产生了重大影响，尤其是"强纲领"的支持者。20 世纪 90 年代末以来，这一运动的几位领军人物不再对科学进行社会建构论的批判。一些人甚至开始担心，他们的主张会有利于试图减少科学在社会政策制定中的影响的政府（尤其是在英国）以及试图以受宗教激励的虚假信息取代科学信息的政治宗教势力（尤其是在美国）。结果，到了 20 世纪末 21 世纪初，科学大战达成了一个友好的结论，科学哲学家以及研究科学机构和活动的大多数社会科学家都同意它对认识可靠性的主张。

回想第 1 章中的主张：当涉及理解和评估关于科学知识的主张以及确保科学知识的方法的可靠性问题时，科学哲学优先于其他学术学科。这里考察的科学社会学家的工作反映了这一主张的理由。如果说他们声称可以取代科学家或哲学家对科学是什么的诠释，那是因为他们用来理解科学的科学理论可以被证明是可靠的，但这预设了对科学哲学家提出和回答的关于科学的问题的答案。

这就留下两个重要的问题要处理。第一个问题可以与解构主义的口头禅相分离，即科学如何、在哪里以及在多大程度上被意图谋求自身霸权的强大利益所扭曲；第二个问题考察的是后实证主义时期出了什么差错，使得聪明和善意的人认真对待关于科学客观性的严重怀疑。下一节讨论第一个问题。第二个问题则是科学哲学没有能力解决的问题。

科学主义、性别歧视和重要真理

不需要是后现代主义者也会注意到，科学和科学发现长期以来以两种方式被误用。首先，科学作为一种制度一直在提供更为有效的方式来危害人类、其他有机体和环境。其次，之所以如此，部分原因在于，科学为造成这种危害的政策提供了无根据的合理化。即使是科学之"友"，甚至是那些深受科学主义之害的人，也必定会承认这些趋势。这种趋势要求科学家和其他可能影响科学未来的人，有义务在未来尽可能地减少这些不幸后果。

致力于将科学作为一种社会制度加以改进的最有影响力的科

学学者中包含女性主义科学哲学家。这些哲学家中的一些人从一种有时被称为"立场理论"的认识论洞见出发，开始考察科学。该理论从一个没有争议的论题开始，即存在着与科学理论的评估有关的某些事实，只有从某些观点或立场才能发现它们。有时，所讨论的观点或立场涉及某种设备的使用；有时，这些哲学家认为，它需要是一个女性，或一个社会阶层的成员，或少数族裔，或具有某种性取向。有趣的是，需要赋予该论题以强大的、潜在的有争议内容。它需要被理解为不仅在声称，如果一个男性、高加索人、企业高管或异性恋者，与女性、少数群体或相关社会阶层具有相同的认识地位，那么男性就不会发现同一事实；毋宁说，它必须声称，他们不能出于他们不能是女性的相同理由而发现这样一个事实。显然，这个事实必须是一个相对复杂的，也许历史的、理论上的事实，而不仅仅对具备五种感官的人开放。然而女性主义立场的理论家并不愿意承认这些事实。

　　通常，它们是难以量化的事实，甚至用日常词汇或科学词汇难以完全描述。例子包括关于压迫、服从、歧视、陈规的长期影响的事实。这些都是确凿的、不可否认的事实，尽管描述它们可能有很多困难，但它们可以声称是仅仅通过描述或简短的和/或模拟的个人接触无法获得的事实。我们必须站在该立场上才能真正发现相关的事实。很明显，这些主张在社会科学中尤其相关。很少有立场理论家会声称，由于未能从女性的或其他边缘化的立场去关注发现而错过了物理事实或化学事实，尽管有例子表明这种失败会发生在生物学中。例如，可以说，社会生物学家最初关注非人类的进化中最佳的雄性交配策略（使受精雌性的数量最大化，使后代的能量消耗最小化），而没有注意到雌性策略（允许具有最佳基因的雄性接近，并证明愿意为后代提供资源），是由于男性生物学家无法将自己定位于相关立场。

　　这个例子当然反映了立场理论家面临的哲学困难。反对这一理论的人会认为，女性社会生物学家只需把男性同行的注意力吸引到事实上，整个学科就可以修改理论以适应事实。立场理论家需要做的事情非常困难：他们既需要以一种迫使其他立场的人承认事实存在的方式确认无法从其他立场获得的事实，同时又需要指出，从这些其他立场无法以同样的方式最准确或最完全地把握这些事实。这一认识论主张能否得到证实还有待观察。

　　立场理论并没有穷尽女性主义科学哲学，事实上，它最严厉的批评者包括女性主义科学哲学家，她们尊重立场理论的愿望，并试图从其他前提实现它们，特别是与当代非女性主义科学哲学的经验论和 / 或自然主义观点相一致的那些前提。所讨论的立场理论的愿望包括解放的愿望，不仅是解放妇女，而且是解放所有那些遭受"客观性"和"无私利性"失败的人，科学从官方上可能会称赞"客观性"和"无私利性"，但科学家实际上并没有做到。

　　许多女性主义科学哲学家深受蒯因和库恩（对库恩的自然主义诠释）的影响。因此，她们认为男性科学家所忽略的事实并不是像立场理论家所声称的那样原则上无法获得，而是仍然可以在很大程度上被男性获得。但自然主义女性主义者认识到，这些事实需要实质性的理论来认识，而在一个性别歧视的世界中培养出来的科学家的非科学的兴趣、价值观甚至品味可能阻碍了他们看到这些事实。在这些女性主义者看来，理论、研究纲领、范式并非不可公度，但它们往往不受任何以政治上有效的方式运用的有力反驳的影响。

　　也许是因为女性主义哲学家更加关注社会科学的发展，她们强调研究的社会特征、科学劳动的分工及其研究议程的形成。传统科学哲学则将科学视为个人的事业，如开普勒、伽利略、牛顿、拉瓦锡、达尔文、爱因斯坦等人。在这一点上，他们可能受到笛卡尔主义认识论传统的过度影响，这一传统始于笛卡尔唯我论的怀疑主义，因此试图从他自己的私人经验中构建所有知识。现代科学当然是由团队和群体、共同体和社会、机构和政府共同完成的事业。女性主义者已经注意到这个关于现代科学的事实的优点和缺点。一方面，科学共同体经常以有效和融贯的方式分配研究任务，支持和审查个人提出的发现和理论，并提供奖励（和惩罚）结构，激励科学家推进研究前沿。另一方面，科学共同体可以是偏见的来源，使个人对经验事实视而不见，以这种无知为共谋提供反常的激励，并且使科学家对重要的人类需求和价值视而不见，而这些需求和价值本应在推动纯粹研究和应用研究的方向上发挥作用。我们需要考虑科学探究的社会特征及其性别变形。女性主义哲学家认为，这样做会对科学探究的未来和我们对它的哲学评估产生影响。

经验论者通常将事实与价值区分开来，认识到科学长期以来的典型特征是致力于"价值无涉"。它表面上致力于不允许品味、偏好、愿望、希望、喜欢、厌恶、恐惧、偏见、仇恨等科学家的价值观，支配被认为是客观知识的东西。要想完全有效地做到这一点，需要我们能够区分事实判断和价值判断，直到满足觍因为哲学中的实际区分设定的标准：特别是在做出事实/价值区分时的非循环性。一些哲学家，既包括女性主义者也包括非女性主义者，认为这是不可能的。我们将会看到，另一些哲学家则声称，在任何情况下，在科学中做出价值判断都是不可避免的，因此试图消除科学的这种主张是错误的。

但是，用价值判断来固定事实主张难道不是客观、无私利的科学应该避免或消除的那种东西吗？尽管这可能很困难。当然，科学并不总是成功地履行这一承诺，但科学据说是自我纠正的：科学的方法，特别是通过观察控制理论，被认为减轻和尽量减少了这些失败，在女性主义经验论哲学家看来这是正确的。然而，这至多是科学方法的一个负面优点。它充其量确保了从长远来看，科学不会在认识论上出错。但是首先，从长远来看，我们都会死。女性主义者和其他科学哲学家与科学家一道致力于看到，科学不会在短期和中期以及长期内出错。其次，在他们看来，仅仅避免错误是不够的。避免错误并不是说明科学迄今为止实际发展方向的动机，也不是说明科学今后应当如何发展的动机。为了至少在一定程度上说明实际的方向，我们需要确认科学家即驱动这一方向的群体和个人的价值观。如果我们试图改变科学的方向，我们可能需要扩大科学共同体所代表的兴趣范围。

　　和其他哲学家一样，女性主义科学哲学家也认识到，理论被观察亚决定了：随着时间的推移，科学理论化的方向并不仅仅由实验和观察所驱动。所有或大多数科学信念都被科学家所相信的其他陈述、假设和辅助假说的网络隔离开来，不会受到直接观察的挑战。蒯因认为，辅助假说是事实主张。但是按照林恩·尼尔森（Lynn Nelson）的《谁知道：从蒯因到女性主义经验论》（*Who Knows: From Quine to a Feminist Empiricism*），一些女性主义哲学家指出，与其他事实假设一样，辅助假说包括价值判断，这些判断也在固定否则就被证据亚决定的信念方面发挥了作用。如果我们不能区分事实主张和价值判断，这一主张将几乎不需要辩护。即使我们能做到，对于价值与科学密不可分这一主张，似乎也有一个吸引人的论证。

　　和所有有意识的人类活动一样，科学活动不仅取决于我们相信什么，也取决于我们想要什么。除非你想保持干燥，否则即使相信正在下雨，你也不会带着雨伞出去。现在，科学家不仅仅是寻求真理，甚至不仅仅是寻求复数意义上的真理。后者有无限的供应。因此，我们永远不会减少未知真理的数量。科学寻求重要的真理。然而，是什么使一个陈述成为重要的，因此值得进行科学研究，或者不重要，因此不值得进行科学研究呢？女性主义科学哲学家指出，科学史上充满了对于因为主导科学的男性的价值观、兴趣和目标而被认为重要的陈述的研究；同样，由于这些相同的价值观，科学史上缺失了许多研究线索。根据研究问题的重要与否，很容易给出持续片面性的具体例子。回顾一下研究进化生物学中交配策略的历史。虽然生物学家忽视了女性的生殖策略，但在避孕方面，药物干预的重点是女性。然而，在治疗抑郁症（一种在女性中更为常见的疾病）时，由于假设男性和女性的生理差异并不显著，药物仅在男性样本上进行试验。在关于如何推进科学的这些决定的认知背景中的某个地方，有些价值判断忽视了女性的利益。

女性主义科学哲学家坚持认为，科学中存在着巨大的盲点和空白，这些盲点和空白是由于 2 500 年来男性在确认哪些问题重要、哪些问题不重要方面占统治地位。科学现在需要做的，或者更确切地说，女性一直需要科学做的，是处理对女性来说重要的研究问题。这同样适用于在确认重要和不重要的研究问题时被舍弃的任何其他群体、阶层、种族。

这个论证中的关键点并不是科学应该放弃对重要性的判断。它不能这样做。在科学寻求真理的过程中，有太多的研究问题可供选择。鉴于资源稀缺、人的需求以及对问题的重视，我们别无选择，只能根据问题对我们的重要性进行排序。女性主义科学哲学家只是坚持认为，我们根据对我们所有人的重要性对研究进行排序。

　　确认价值判断在科学中扮演的角色并不是科学哲学中女性主义议程的终点，而可能更接近它的起点。女性主义者进一步指出，科学主义之罪是误认为科学探究的男性风格适用于所有科学探究。例如，他们认为，要求科学理论和说明中的统一性往往是仓促的，对科学进步起相反作用，甚至在成熟的学科中也是不合理的。女性主义科学哲学提倡"多元主义"。与传统的男性主导的科学相比，女性和她们所追求的科学更愿意容忍多种相互竞争的、互补的、部分的说明，而不是期待短期地加大重要性、置于（父权的）原因等级结构中，或者统一于单一的完整理论之下。这种容忍的能力和鼓励对同一科学问题采取各种进路的意愿，反映了对于多元价值观（对重要性的多重判断）在推动科学研究方面的作用更加敏感。由于科学本身的实验态度似乎显然会鼓励对重要性的多重评估，因此，所有人都应当平等地接受女性主义对多元主义的承诺，而显然要牺牲更传统科学的总体的还原论倾向。同样，对女性主义关于价值观（包括恶的和善的）在决定重要性方面的作用的发现的敏感性，也影响了应当如何理解科学的客观性。

　　客观性毕竟不能是完全的漠不关心，或价值中立，或科学家脱离研究对象。因为如果是这样，在判断重要性时就没有动机开始探究。

　　类似地，一些女性主义科学哲学家拒绝预测特别是控制对于科学事业的核心性。暗示科学最好应当以这种方式进行，这反映了她们所认为的男性偏见，后者也反映在妇女和其他边缘化群体的从属地位上。预测和控制的方法论无法获得可能从与科学研究对象更加合作的关系中获得的知识。对科学方法最古老的解释包含弗朗西斯·培根在 17 世纪的观点，即科学家为了让大自然母亲吐露秘密，不惜对她施以某种拷问。这即使是一个隐喻，可能也不是无辜的隐喻。在科学说明中还有其他隐喻在起作用，它们反映了男性的偏见，既不利于科学的真正目标，也不利于女性，而这与她们在科学理解方面的所谓回报无关。

　　总的来说，在科学哲学中影响最大的女性主义哲学家基本上是经验论者和自然主义者，这并不奇怪。她们认为，她们关于科学如何发展和应当如何发展的结论与刻画了当代许多非女性主义科学哲学的经验论和自然主义完全相容。与后现代主义者和其他对科学主义持敌对立场的人不同，这些经验论女性主义者并不质疑科学提供客观知识这一目标，而是试图拓宽我们对客观性以及如何更接近地达到客观知识的目标的理解。因此，这些哲学家和那些认同其议程的人仍然需要对付那些接受了更激进的认识论相对主义的人的论证，而认识论相对主义正是后库恩时代科学研究的典型特征。

小　结

　　社会学家和其他急于减少（特别是与牛顿科学相关的）盲目的、狭隘的、父权的、资本主义的甚至可能是种族主义的范式的有害影响的人，采用了库恩的科学观，认为科学是认识论相对主义的一个版本。

　　和伦理学中的相对主义一样，认识论中的相对主义允许不同的冲突观点的可能性，而不必判断什么是客观正确的：从某种认识论的观点来看，没有一个观点是正确的，或者更确切地说，每一个观点都是正确的，所有观点都具有同等的地位。就对库恩最强烈的社会学诠释而言，科学是由社会力量而不是由认识论的考虑推动的。和其他任何制度一样，科学是一种社会制度；如果我们想理解科学，就应该这样对待它。

如果经验论者批评这个论证不融贯，那么相对主义者是漠不关心的。相对主义者所需要的只是一个能让相对主义者信服的论证，而不是一个能让经验论者理解、更不用说接受的论证。但这是所有争论的结束，近年来，许多最激进的科学社会学家已经放弃了这种程度的相对主义。

当然，许多科学哲学家，尤其是其中的女性主义者，都试图从一些对科学的社会研究中更好地理解科学如何发展，以及科学如何更有效地确保其目标，同时避免相对主义者的结论。

研究问题

1. "诗歌不可译，而科学可译。因此，不可公度性是错误的。"请为此观点提供一个粗略的论证。

2. "科学必须思想开放。它应当欢迎方法论上的无政府主义。"这个观点是对还是错？

3. 辩护或批评："科学哲学是真正理解什么是科学这个问题的一部分，而不是解决方案的一部分。"

4. 人文主义者会对科学家实施一场"索卡尔骗局"吗？

5. 女性主义对男性主导的科学的批判真的能与它主张的无私利性和客观性相调和吗？

6. 我们能否将科学解释为对重要真理的寻求，确保科学不受偏见、偏袒和特殊利益的扭曲效应的影响？

阅读建议

比库恩在科学社会学中的影响更早的经典文本是 R. K. Merton, *The Sociology of Science*。Steven Shapin, *The Scientific Revolution* 是对 17 世纪关键时期历史的出色介绍。另见第 13 章结尾的阅读建议。索卡尔在 A. Sokal and J. Bricmont, *Intellectual Impostures* 中报道了他的骗局及其引起的争议。

上一章提到的讨论库恩著作的许多作品，特别是论文集，在这里都有很大的相关性。1970 年之后，最激进的相对主义科学社会学家的作品包括 B. Latour and S. Woolgar, *Laboratory Life*，和 A. Pickering, *Constructing Quarks*，和 Shapin and Schaffer, *Leviathan and the Air Pump*，和 B. Barnes, *Scientific Knowledge and Social Theory*；以及 D. Bloor, *Knowledge and Social Imagery*。20 年后，Bloor 和 Barnes 在 B. Barnes, D. Bloor and J. Henry, *Scientific Knowledge: A Sociological Analysis* 中大大限定了他们的观点。

对关于科学的相对主义学说及其影响的无情解释包括 N. Koertge (ed.), *A House Built on Sand*，和 Gross and Levitt, *Higher Superstition*。读者可以参阅这两本书，以确认谁在支持这些作者攻击的观点。

女性主义科学哲学的重要著作之一是 S. Harding, *The Science Question in Feminism*。Harding and O'Barr, *Sex and Scientific Inquiry* 选编了女性主义科学哲学家的重要论文。*Hypatia*, vol. 10, 1995 包含了经验论传统中女性主义者的几篇论文。其中一篇论文 E. Anderson's "Feminist Epistemology: An Interpretation and Defense" 重印于 Balashov and Rosenberg 的

选集。这一传统的另一部著作是 L. Nelson, *Who Knows: From Quine to a Feminist Epistemology*。H. Longino, *Science as Social Knowledge: Values and Objectivity in Scientific Inquiry* 是一部既认同社会学进路、又认同对客观性的辩护的重要科学哲学著作。*Scrutinizing Feminist Epistemology*, edited by Pinnick, Koertge, and Almeder 是最近的一部文集，其中一些论文并不认同女性主义认识论。哈丁编辑的 *The Feminist Standpoint Reader* 包括了更多关于女性主义认识论的支持性文章。该领域的许多优秀作品都收录于 L. Anthony and C. Witt, *A Mind of One's Own*。

Longino, "Values and Objectivity" 和 Kathleen Okrulik, "Gender and Science" 重印于 Curd and Cover 的选集。

第 15 章

科学、相对主义和客观性

概　述

　　纵观历史，科学哲学一直在努力寻找一种方法来为科学的特殊认识地位辩护。许多质疑已经被思考和解决，但其中影响最深远的也许是相对主义者对科学作为一个独特的知识体的质疑，它比其他方法获得了更高的客观性和可靠性标准。负责任地处理这个概念要求我们回到认识论、语言哲学和形而上学中的基本问题，以看到哲学可能在哪里出了问题，以及是什么导致库恩的激进追随者得出了这种明显荒谬的结论。它也可能要求我们关注认知心理学和知觉心理学等相关科学的发现，以发现在我们的心理构成中是否存在与理论无涉的数据来源和假说形成来源。

相对主义与概念图式

　　尽管库恩对科学史有着深刻的见解，但大多数科学哲学家认为，在他的工作之后发展出的科学社会研究出现了严重的问题。试图理解自然科学的动机，在很大程度上源于对其预测能力和说明深度的（也许是性别歧视的）欣赏。一个相关的动机源于确认其方法论工具的（可以说"总体的"）渴望，以便能以相同的理论洞见和技术成果将它们应用于其他地方（特别是应用于社会科学和行为科学中）。当一项有如此动机的研究得出结论说，科学只是另一种宗教，只是观察世界的各种方式中的一种，没有一种方式可以比其他方式更客观时，那么我们在某时某地走错了路。

但在哪里走错了呢？仅仅抛弃库恩的洞见是不够的，抛弃反对科学自负的论证也是不够的。许多科学哲学家断言，库恩对科学变革的历史解释被"过度诠释"，他并没有打算将《科学革命的结构》当作对科学客观性的猛烈攻击。在这方面，他们得到了库恩的支持，至少在他活着的时候是这样的。库恩曾多次表示，他并不旨在抛弃科学声称的客观性，而是为了加强我们对科学作为人类事业的理解。同样，蒯因及其哲学追随者也不能赞同将其亚决定性学说误用，来支持这样一个结论，即当前的科学结论并不是我们所能得出的关于世界的最为合理和得到良好支持的结论。但库恩和蒯因的意图，并不能决定他们的论证实际上已经确立或暗示了什么。

科学的客观性或至少是其可能性的捍卫者必须做的是削弱对不可公度性的主张。要想做到这一点，必须要么攻击观察对理论的同化，要么以一种非循环论证的方式将它与通过观察来检验理论的可能性相调和。为了显示科学如何在积累知识的理论变革上取得进步，我们必须表明理论之间的翻译是如何实现的。

科学客观性的捍卫者尝试调和观察对理论的同化与它在检验中的持续作用的一个方法是，区分我们对特定事物（对象、过程、事件、现象、数据）进行分类时所采用的类别和特定的分类行为本身。不同的甚至不可公度的分类图式可以与关于实际发现的一致意见相调和，从而使数据记录的客观性成为可能。这种区别就像部门办公室的鸽笼信箱与分发给它们的特定信件之间的区别。为鸽笼信箱采用一套特殊的标签并不能预先判断会收到什么信件。观察就像信件一样。它们的描述是我们对观察进行分类的标签。假说是这样一种主张，即一个类别的成员也将适合另一个类别，或者总是与另一个类别的成员在一起。即使假说是以一个理论所控制的类别来表达的，而该理论本身并不被落入其中的内容所检验，也可能就落入任一类别的内容达成一致意见，从而是一种检验假说的方式。甚至可以证明，不同的分类图式本质上会重叠，从而允许甚至在不同的分类图式之间就数据达成一致。例如，在爱因斯坦狭义相对论的分类图式中被归类为"有质量"的东西，也会被牛顿理论如此分类，尽管事实上这两种理论中"有质量"的含义完全不同。当然，当分类系统不再能正常工作时，也就是说，当我们很难用它们来唯一地归档东西，或者太复杂而无法确定它们属于哪个盒子时，我们可以放弃分类系统。因此，观察可以控制理论，即使它最基本的描述反映了预先建立的理论，甚至是我们不认为是理论的理论，比如体现在常识和日常语言中的那些理论。

　　但是，当我们思考分类图式的概念和按照它进行分类的实例时，断言理论控制观察在这里有一席之地纯粹是循环论证。第一，物品上没有与类别标签相匹配的标签：黄金样本上没有印上"黄金"一词。最简单的分类行为需要关于其他类别的假说。将某物归类为黄金需要我们援引黄金只溶解于王水这一假说。该假说预设了另一组假说，使我们能够说出王水是什么，如此等等，以至无穷。正如历史经验论者所认为的，"以至无穷"是由于不存在直接由经验定义的词的基本层次。

第二，我们如何说出分类中关于物品之间关联的假说（比如"黄金是一种导体"）和我们需要进行分类的关于黄金和王水的假说之间的区别呢？若是认为一组假说可以进行客观检验，而另一组假说仅仅因其分类作用而不能，我们需要能够说出这些假说之间的区别。我们不能说，分类陈述凭借定义为真（黄金等于任何只溶于王水的东西），而"黄金是一种导体"这一假说则是关于世界的主张。如果不首先确立一种方法，从经验上说出定义与事实主张之间的区别，我们就根本无法做到这一点，而且这样做还需要另一个反对蒯因的论据。

第三，分类图式实际上是关于世界的假说，因此整个区分是失败的。比如科学所确立的最成功的分类图式：门捷列夫的元素周期表。它是一个成功的分类图式，因为它声称"在关节处划分自然"。原子论给出了元素之间的差异。在门捷列夫提出其分类系统之后的一个世纪里，特别是关于核结构和电子壳层填充的发现说明了门捷列夫元素周期表的行与列之间的关系，并且表明它不仅仅是一个方便的填充系统，而是一组关于（已知的和未知的）元素之间相似性和差异性的假说，需要进一步做出更深入的说明。

第四，也是最后一点，非常清楚的是，特别是在基本理论或范式的情况下，任何分歧都不是关于个别实例和应将它们填入哪些类别，而是关于类别的定义，使这些关于分类的一致意见成为不可能且无法折中：比较亚里士多德和牛顿关于什么是"静止"的看法。分类上的差别反映了妨碍理论比较的不可公度性。

同意观察对理论的同化，区分类别与其实例，并不能保持科学的客观性。毋宁说，科学客观性的捍卫者必须从科学史中寻找反面证据，以及更好的心理学理论和数据，以反驳否认观察与理论之间的区分所基于的心理学主张。这些证据也许表明，所有人都有某种由进化形成的共同的遗传感觉分类图式，以适应科学或科学可以利用的其他事业的成功。这当然是一种已经被采用的进路，特别是被自然主义者采用。当然，它受到了循环论证的反驳：诉诸心理学的发现和理论本身就是采用一种非观察的因而是非客观的基础来批评对客观性的反对。但是，这与库恩及其追随者最初用来破坏观察–理论区分的证据是同一类。

客观性的这些反对者不能二者兼得。事实上，甚至可以指责他们具有最深层次的不融贯，因为他们声称提供了反对科学客观性的论证。我们为什么要相信这些论证？它们是否构成了支持其结论的客观基础？当其对手的论证总是循环论证时，是什么使他们的论证和证据具有证明性？这些问句并不能把争论推进得很远。这主要是因为，科学客观性的反对者无意于说服他人相信他们的观点是正确的。他们的辩证立场在很大程度上是防御性的，旨在保护思想生活领域不受自然科学的霸权。为此，他们只需质疑科学将排他性作为一种"认识方式"自居。科学客观性的这些反对者不能也不必为一个比认知相对主义更强的论题辩护。

因此，科学客观性的反对者的最强有力的论据是意义的不可公度性，它将范式和理论与互译隔离开来。不可公度性意味着，从另一种理论的角度对任何理论的批评都是不可理解的。此外，把这一学说称为自我反驳是不够的，因为为了将它传达给事先没有达成一致的人，这一学说必定为假。对于科学客观性的反对者来说，这种归谬论证是无所谓的，他们没有兴趣说服别人，而是捍卫自己的观点是不可战胜的。

处理不可公度性

对于归谬论证来说，一个明显有吸引力的选项始于注意到语言哲学中意义与指称之间的基本区分。所有人都会承认，意义对于哲学、心理学和语言学来说都是一个巨大的困难，但一个词的指称、涵义或外延似乎没有那么大的问题。一个词所命名和指称的是世界上存在的东西，这与它的意义形成了对比，后者可能存在于说话者和／或听者的头脑中，或者是社会规则或惯例，或者是使用方面的问题，或如蒯因及其追随者可能认为的，什么也不是。由于一个词的指称存在于世界，而不是存在于头脑，说话者也许会就一个词命名的东西达成一致，而不会就这个词的意义达成一致。对于命名属性而不是命名事物的词来说，如"红的"或"响亮的"，我们可以就承载这些属性的事物和事件的实例达成一致。"红"、"甜"或"硬"的事物实例是"红"、"甜"或"硬"等词的"外延"的成员。我们可以通过检查来确定事物是否在"红"的外延范围内，即使我们无法进入另一个人的头脑，以查明在你看来是红的东西是否在我看来也是红的。我们可以同意，"超人"和"克拉克·肯特"命名相同的东西，但不同意这两个表述具有相同的意义（事实上，像"克拉克·肯特"这样的专名没有意义）。可以认为，对语言来说，指称和外延比意义更基本，更不可或缺。此外，我们很容易以 18 世纪的经验论者的方式指出，除非语言始于只有指称、外延或类似的东西的词，否则则无法学习语言。因为如果每个词都有意义（由其他词给出），一个孩子就不可能顺利进入有意义的词的圈子。要想进入语言，有些词必须纯粹通过学习它们的指称，或至少是通过学习激励别人使用它们的事件来让我们理解。

最终，有充分的论据表明，对于科学和数学真正不可或缺的东西是，术语的指称是固定的，而不是术语的意义是给定的。如果两位科学家能够就术语的指称达成一致，或者就一个科学术语适用的一组事物达成一致，例如具有质量的一组事物，无论是爱因斯坦式的还是牛顿式的，那么他们就不必对术语的意义，或者是否可以从术语的一种意义翻译成另一种意义达成一致。就指称达成一致是否足以确保科学假说、理论或范式之间的可公度性呢？客观性的一些捍卫者效仿伊斯雷尔·谢弗勒（Israel Scheffler）是这样认为的。

假定研究者可以就一组术语 F 和 G 的指称或外延达成一致，甚至不去讨论它们的意义。进一步假定，这种一致意见使他们就这些术语的外延何时重叠或相同达成一致。在后一种情况下，他们会同意所有 F 都是 G，甚至不知道 F 或 G 的意义。这种与意义无涉的意见一致可以作为比较不同理论的基础，即使这些理论是不可公度的。一组关于由类别（科学家就其指称达成一致）命名的对象之间关联性的假说，将会提供那种与理论无涉的最终权威法庭，使我们能够比较相互竞争和不可公度的理论。科学家在其纯指称解释下同意的每一个假说都会被另一种不可公度的理论赋予不同的意义。但如此诠释的假说是否可以由所要比较的理论推导出来，这将是一个数学事实或逻辑事实的客观问题。演绎地蕴涵就其术语的外延达成一致意见的那些假说的理论会得到最好的支持。

不需要太多的思考就可以认识到，唯一有资格作为纯粹指称的假说是关于这样一些对象的假说，在这些对象上，可以非语言地确立指称的一致性，即通过指称或以其他方式挑出没有词的事物和属性。但这些假说的唯一候选者将是那些用日常观察词汇表达的假说！换句话说，诉诸指称仅仅是一种隐蔽的方式，可以让引起我们问题的观察词汇与理论词汇之间的区分重新发挥作用。要想看到这一点，可以考虑我们如何确立术语的指称。假定你想让一个不会说英语的人注意你桌上的一个物体，比如苹果。你可以说 apple，但对于一个不会说英语的人来说，这个词不会把苹果与你桌上的任何东西区别开来。假定你说"那个"或"这个"，同时指着或触摸苹果，那可能会奏效，但这是因为你的对话者知道什么是苹果，并有一个词来表示它。现在，假定你希望把对话者的注意力吸引到苹果的茎上，或者茎下的褐斑，或者从褐斑中钻出的蠕虫，或者茎下的凹陷。你会怎么做呢？你现在所做的仅仅是你第一次所做的：指称并说出词。这显示了单单使用指称的问题。当你说"这个"并且指称时，你没有办法说出你指称的是什么。它可以是苹果、斑点、斑点最暗的部分、茎、苹果所占据的空间，或者你食指附近的其他东西。当然，当我们有其他描述词来个体化我们实际上所指的特定事物时，这不是问题。但这之所以管用，当然是因为这些词有意义，我们知道它们的意思是什么！简而言之，如果没有已经达成一致的意义背景，指称就不起作用。纯粹的指称是接触不到的东西，而指称的向导实际上是意义。在任何语言中，唯一纯粹的指称术语是指示代词"这个""那个"，这些指示代词并不能确保唯一的指称。在语言的其他地方，指称与意义之间的关系同我们需要的正好相反。确保指称依赖于意义。这在科学词汇中尤其明显，科学词汇被用来指称不可观察的事物、过程和事件及其仅仅间接可发现的特性。

如果意义是我们指称的唯一向导，理论中每一个术语的意义都由术语在理论中所起的作用给出，那么关于意义的理论整体论将使指称成为科学客观性捍卫者的问题的一部分，而不是解决方案的一部分。如果理论或范式拥有对特定对象进行分类的分类系统，那么两种不同范式或理论的支持者将无法就如何对特定事物进行分类达成一致，除非通过他们各自的整体理论。这使每一种理论都难以接受任何可能使之被否证的实验证据。因为在对事件、事物或过程进行分类时，会涉及整个理论，而对该理论反例的描述纯粹是自相矛盾。想象一下，根据亚里士多德物理学中"静止"一词的意义，一个物体可以以恒定的非零速度沿直线运动，而且没有力作用其上。对亚里士多德来说，运动本身并不是静止，它需要持续的作用力。任何运动的东西都不可能不受力的影响。同样，无论一个爱因斯坦主义者认为什么东西可以否证牛顿的质量守恒原理，一个牛顿主义者都不可能认为它有质量。

但假定有一种方式可以恰当区分观察和理论化，至少可以在原则上帮助我们确立跨科学理论和范式翻译的可能性。这样做将使我们能够认真对待亚决定性问题。因为数据对理论的亚决定实际上预设了观察与理论的区分以及竞争理论的可比较性。蒯因主张亚决定性的普遍性当然不是为了削弱科学的客观性，而仅仅是为了削弱我们对科学客观性的自满。但历史学家、社会学家和库恩理论的激进诠释者肯定声称，亚决定性意味着在科学中，理论选择要么是非理性的，要么仅仅相对于社会、心理、政治或其他某个观点才是理性的。

科学客观性的捍卫者需要表明，科学变革实际上是理性的，而不仅仅是相对于某个观点。他们需要显示，新数据所引发的理论变革并非任意，接受新范式不仅仅是一种皈依体验，而是可以借助于被取代的范式而被证明合理。为此，科学哲学家必须成为科学史家。哲学家必须至少以库恩的细心去审视历史记录，以表明在库恩及其后的历史学家所归类的"疯狂"表象之下，存在着"方法"的现实。也就是说，哲学家需要从历史记录中提取范式转换和理论变革的参与者实际采用的推理和论证原则，然后考虑是否可以表明这些原则会保持客观性。这是自然主义哲学家特别为自己设定的任务。他们已经开始与投身大大小小科学革命的科学家的档案、实验笔记、书信和论文角力，同时也关注科学特别是认知科学告诉我们的人类特有的推理过程，以及推理对于我们生存和繁荣能力的适应性意义。然而，正如前面所指出的，自然主义者必须同时认真对待一项关于循环论证的指控：面对着意义的整体论，以及缺乏观察与理论之间的清晰区分，试图保持客观性。

对于科学客观性和进步的反对者的主张来说，这项关于循环论证的指控至关重要。他们认为，支持传统科学主张的尝试不仅受到范式的限制，而且可能会被客观性的捍卫者所接受的哲学论证标准和实质性的哲学学说破坏。如果正确，那么这种状况就对那些既要理解科学的本性又要维护科学传统主张的人提出了重大挑战。这项挑战不亚于哲学作为一个整体所面临的挑战：阐明并捍卫一种恰当的认识论和语言哲学。于是，任务就在于表明科学史上的事件支持了这些关于知识的解释，以及如何保证让对世界有着深刻不同信念的科学家指称世界上相同的物体。如果说科学哲学从托马斯·库恩那里吸取了一个教训，那就是不能完全由那些持相对主义或怀疑论态度的人来分析科学中实际发生的事情。

一些科学家和"科学主义"的支持者会对这些议题置之不理。他们很可能会认为，如果那些不能或不愿意努力理解科学的人希望佯称科学并非对世界真理的最佳近似，那么这是他们的问题。如果有人希望，存在一种宗教的、精神的、整体论的或形而上学的现实超越了科学所能知道的任何东西，导致他们认为科学在解释真理时是盲目的和偏袒的，那么，我们科学家又有谁能把他们从教条主义的迷梦中唤醒呢？但是，仅仅是对待那些否认科学客观性的人，就像对待那些声称地球是平的人一样，对于科学和文明来说风险太大了。

结语：概念图式的几个概念

通过考察尝试恢复一种经验论的知识理论和形而上学的命运以及一种经验论的语言解释的明显动作，可以明显看出，并无简单的解决方案。要想充分理解科学的本性，哲学还有许多工作要做。我们的计划必须包括从哲学和心理上来理解分类和观察。我们必须澄清意义与指称之间的关系。我们需要一种能够恰当处理亚决定性问题的认识论。科学哲学必须更全面地掌握科学史。这些都是自然主义哲学的任务。

但也许我们可以从蒯因最重要和最有影响力的学生之一唐纳德·戴维森（Donald Davidson）提出的一般论证中得到某种安慰，即事情并不像理性的信徒受到相对主义的困扰那样令人绝望。在一篇著名的论文《论概念图式这一观念》（"On the Very Idea of a Conceptual Scheme"）中，戴维森强有力地反驳了整体的不可公度性。他旨在证明，只可能有一个概念图式，或至少我们无法将多个不可翻译的语言逻辑图式同世界可能赋予它们的内容区分开来。这种对形式-内容之区分的否认将作为蒯因的两个教条之一而为人熟知。但戴维森用它来表明，理论或范式之间的翻译必定总是可能的，因为实际上只存在一个现实的概念图式。

戴维森首先指出，任何类型的翻译或诠释都必须基于一些无可置疑的假设。如果某个人说的是一种语言，而不是仅仅制造噪声，我们就已经预设了这个人对无争议问题的大多数"常识"信念与我们自己的信念相同。如果我们对这个人产生的噪声和文字的翻译导致把"家具是液体"或"云被数字染成了红色"等荒谬信念归于说话者，我们就可以肯定我们的翻译手册是错误的。当然，一旦我们把翻译的句子与它们表现的行为相匹配，说话者的许多信念和愿望就必定和我们一样或相似。当说话者所说的话在我们的语言中被译成像"砒霜美味可口，增进食欲"这样的句子时，而说话者正忙着从儿童娱乐室中清除鼠药，我们就可以再次确信我们的翻译手册是错误的。一个人越是探索对恰当翻译的限制，就越会明显地看到，无论另一个人的语言的结构和语义有多么不同，只要他们说的是一种语言，我们就必须对其合理性，以及现实中基本类型的事物、事件和过程的"形而上学"或"本体论"，做出实质性的假设。换句话说，他们的概念图式与我们的概念图式之间不可公度性的程度至多是相当有限的。我们可以翻译另一个人所相信的许多东西，无论其中一些内容有多么奇怪，因为其中大多数内容都不会很奇怪。固定的、一致的、共同的概念基础将使我们能够确定分歧的范围和性质。

在这方面，我们不妨回顾一下数学家最初是在何种语境下引入"不可公度性"一词的。它是一个剩余部分，可以减少到我们认为可以忽略的任何程度。戴维森的论证所提供的保证给了我们信心，即使把数学家的概念隐喻性地扩展到理论、范式和世界观之间的关系，不可翻译的剩余部分也总是可以减少到可以忽略的程度。因此，即使我们还不能解决认识论和形而上学的所有突出问题，也可以把相对主义的威胁降至可以放心忽略的程度。

研究问题

1. 辩护或批评:"相对主义在认识论上并不比在伦理学上更容易或更难辩护。"
2. 我们是否需要为自己提供一种恰当的语言哲学来理解科学的本性?
3. 戴维森对替代的概念图式的反驳让人无法忍受吗?
4. 对于科学在技术上取得的成功,是否存在一种不依赖于科学客观性的说明?

阅读建议

I. Sheffler, *Science and Subjectivity* 对古典经验论的知识和语言理论以及科学的实在论形而上学做出了辩护。Nagel, *Teleology Revisited* 和 Achinstein, *Concepts of Science* 攻击了费耶阿本德版本的理论不可公度性。

戴维森的论证可见于他后来的文集 *Inquiries into Truth and Interpretation*。

H. Douglas, *Science, Policy, and the Value-Free Ideal* 和 P. Kitcher, *Science in a Democratic Society* 探讨了客观科学知识在民主决策背景下的重要性。

认识论者对于理解相对主义很感兴趣。

J. MacFarlane, *Assessment Sensitivity: Relative Truth and its Applications* 对这些议题做出了一种高级讨论。

参考文献

Achinstein, Peter, *Concepts of Science*, Baltimore, MD, Johns Hopkins University Press, 1967.

——, "Concepts of Evidence," *Mind* 87 (1978): 22–45.

——, *The Nature of Explanation*, Oxford, Oxford University Press, 1983.

——, "The Illocutionary Theory of Explanation," in Pitt, Joseph (ed.), *Theories of Explanation*, Oxford, Oxford University Press, 1988, 199–222.

Achinstein, Peter (ed.), *The Concept of Evidence*, New York, Oxford University Press, 1983.

Allen, C., Bekoff, M., and Lauder, G. (eds.), *Nature's Purposes: Analyses of Function and Design in Biology*, Cambridge, MA, MIT Press, 1998.

Anderson, E. "Feminist Epistemology: An Interpretation and Defense," *Hypatia* 10 (1995): 50–84.

Anthony, L., and Witt, C. (eds.), *A Mind of One's Own: Feminist Essays on Reason and Objectivity*, 2nd edition, Boulder, CO, Westview, 2001.

Ariew, A., Cummins, R., and Perlman, M. (eds.), *Functions: New Essays in the Philosophy of Psychology and Biology*, New York, Oxford University Press, 2002.

Ayer, A. J., "What Is a Law of Nature?" in *The Concept of a Person*, London, Macmillan, 1961. Reprinted in Curd, Martin, and Cover, Jan A. (eds.), *Philosophy of Science: The Central Issues*, New York, Norton, 1997, 808–825.

Balashov, Y., and Rosenberg, A. (eds.), *Philosophy of Science: Contemporary Readings*, London and New York, Routledge, 2002.

Barnes, Barry, *Scientific Knowledge and Social Theory*, London, Routledge, 1974.

Barnes, Barry, Bloor, David, and Henry, John, *Scientific Knowledge: A Sociological Analysis*, Chicago, University of Chicago Press, 1996.

Beauchamp, Tom L., and Rosenberg, Alex, *Hume and the Problem of Causation*, Oxford, Oxford University Press, 1981.

Bechtel, William, "Mechanism and Biological Explanation," *Philosophy of Science* 78(4) (2011): 533–557.

Becker, Adam, *What is Real? The Unfinished Quest for the Meaning of Quantum Physics*, New York, Basic Books, 2018.

Berkeley, George, *Principles of Human Knowledge*, first published 1710.

Bird, A., *Thomas Kuhn*, London, Acumen, 2000.

——, "The Dispositionalist Conception of Laws," *Foundations of Science* 10(4) (2005): 353–370.

Bloor, David, *Knowledge and Social Imagery*, London, Routledge, 1974.

Boyd, B., Gaspar, P., and Trout, J. D. (eds.), *The Philosophy of Science*, Cambridge, MA, MIT Press, 1991.

Braithwaite, Richard B., *Scientific Explanation*, Cambridge, Cambridge University Press, 1953.

Brandon, Robert, and McShea, Daniel, *Biology's First Law*, Chicago, University of Chicago Press, 2010.

Burtt, Edwin A., *The Metaphysical Foundations of Modern Science*, London, Routledge, 1926.

Butterfield, Herbert, *The Origins of Modern Science*, New York, Free Press, 1965.

Callender, C., and Cohen, J., "Better Best System Account of Lawhood in the Special Sciences," *Synthese* 28 (2008): 97–115.

Carnap, Rudolph, *The Continuum of Inductive Methods*, Chicago, University of Chicago Press, 1952.

Carroll, John (ed.), *Readings on Laws of Nature*, Pittsburgh, PA: Pittsburgh University Press, 2004.

Cartwright, Nancy, *How the Laws of Physics Lie*, Oxford, Oxford University Press, 1983.

Cartwright, Nancy, and Ward, Keith (eds.), *Rethinking Order: After the Laws of Nature*, London, Bloomsbury, 2016.

Chang, Hasok, *Is Water H_2O? Evidence, Realism, and Pluralism* (Boston Studies in the Philosophy and History of Science 293), New York, Springer, 2012.

Churchland, Paul, and Hooker, Clifford (eds.), *Images of Science: Essays on Realism and Empiricism*, Chicago, University of Chicago Press, 1985.

Cohen, I. Bernard, *The Birth of a New Physics*, New York, Norton, 1985.

Conant, James B. (gen. ed.), *Harvard Case Histories in the Experimental Sciences*, Cambridge, MA, Harvard University Press, 1957.

Craver, C., "Mechanisms and Natural Kinds," *Philosophical Psychology* 22(5) (2009): 575–594.

Craver, C., and Darden, D., *In Search of Mechanisms: Discoveries across the Life Sciences*, Chicago, University of Chicago Press, 2013.

Craver, C., and Kaplan, D. M., "The Explanatory Force of Dynamical and Mathematical Models in Neuroscience: A Mechanistic Perspective," *Philosophy of Science* 78(4) (2011): 601–627.

Curd, Martin, and Cover, Jan A. (eds.), *Philosophy of Science: The Central Issues*, New York, Norton, 1997.

Darwin, Charles, *On the Origin of Species*, New York, Avenel, 1979.

Davidson, D., *Inquiries into Meaning and Truth*, New York, Oxford University Press, 2001.

——, *Inquiries into Truth and Interpretation*, New York, Oxford University Press, 2001.

Dawkins, Richard, *The Blind Watchmaker*, New York, Norton, 1986.

Dennett, D., *Darwin's Dangerous Idea*, New York, Simon & Schuster, 1995.

Douglas, Helen, *Science, Policy, and the Value-Free Ideal*, Pittsburgh, PA, University of Pittsburgh Press, 2009.

Dretske, F., *Explaining Behavior: Reasons in a World of Causes*, Cambridge, MA, MIT Press, 1991.

Duhem, P., *The Aim and Structure of Physical Theory*, Princeton, NJ, Princeton University Press, 1991.

Earman, J., and Robert, J., "There Is No Problem of Provisos," *Erkenntnis* 57(3) (2002): 281–301.

Ellis, B., *Scientific Essentialism*, Cambridge, Cambridge University Press, 2007.

Epstein, Brian, *The Ant Trap: Rebuilding the Foundations of the Social Sciences*, Oxford, Oxford University Press, 2015.

Feyerabend, Paul, *Against Method*, London, Verso, 1975.

Feynman, Richard, *The Character of Physical Law*, Cambridge, MA, MIT Press, 1965.

——, *QED: The Strange Story of Light and Matter*, Princeton, NJ, Princeton University Press, 1984.

Fine, Arthur, "The Natural Ontological Attitude," in *The Shaky Game: Einstein, Realism, and Quantum Theory*, Chicago, University of Chicago Press, 1986, ch. 7.

Fodor, Jerry, "Special Sciences: Or the Disunity of Science as a Working Hypothesis," *Synthese* 28 (1974): 97–115.

——, *The Language of Thought*, New York: Thomas Crowell, 1975.

——, "Special Sciences: Still Autonomous After All These Years," in Tomberlin, J. E. (ed.), *Philosophical Perspectives*, New York, Blackwell, 1997, 149–164.

Frigg, R., "Models and Fiction," *Synthese* 172 (2010): 251–268.

Garson, Justin, "The Functional Sense of Mechanism," *Philosophy of Science* 80 (2013): 317–333.

Giere, R., *Explaining Science*, Chicago, University of Chicago Press, 1988.

——, *Science without Laws*, Chicago, University of Chicago Press, 1999.

Glymour, Clark, *Theory and Evidence*, Princeton, NJ, Princeton University Press, 1980.

Glymour, C., Spirtes, P., and Scheines, R., *Causation, Prediction, and Search*, 2nd edition,Cambridge, MA, MIT Press, 2001.

Godfrey-Smith, Peter, *Theory and Reality: An Introduction to the Philosophy of Science*, Chicago, University of Chicago Press, 2003.

——, "The Strategy of Model-Based Science," *Biology and Philosophy* 21 (2006): 725–740.

——, "Models and Fictions in Science," *Philosophical Studies* 143 (2009):101–116.

Goodman, Nelson, *Fact, Fiction and Forecast*, 3rd edition, Indianapolis, Bobbs-Merrill, 1973, first published 1948.

Greene, Brian, *The Elegant Universe*, New York, Vintage Books, 2000.

Gross, P., and Levitt, N., *Higher Superstition: The Academic Left and Its Quarrels with Science*, Baltimore, MD, Johns Hopkins University Press, 1994.

Gutting, Gary, *Paradigms and Revolutions*, Notre Dame, IN, University of Notre Dame Press, 1980.

Hacking, Ian, *An Introduction to Probability and Inductive Logic*, Cambridge, Cambridge University Press, 2001.

Harding, S., *The Science Question in Feminism*, Ithaca, NY, Cornell University Press, 1986.

Harding, S. (ed.), *The Feminist Standpoint Reader*, London, Routledge, 2003.

Harding, S., and O'Barr, J. F. (eds.), *Sex and Scientific Inquiry*, Chicago, University of

Chicago Press, 1987.

Heilbron, J. L., *The History of Physics: A Very Short Introduction*, Oxford, Oxford University Press, 2018.

Hempel, Carl G., *Aspects of Scientific Explanation*, New York, Free Press, 1965.

——, "Empiricist Criteria of Significance: Problems and Changes," in *Aspects of Scientific Explanation*, New York, Free Press, 1965, 101–119.

——, "The Theoretician's Dilemma," in *Aspects of Scientific Explanation*, New York, Free Press, 1965, 173–228.

——, *Philosophy of Natural Science*, Englewood Cliffs, NJ, Prentice-Hall, 1966.

——, "Provisos," in Grunbaum, A., and Salmon, W. (eds.), *The Limitations of Deductivism*, Berkeley, University of California Press, 1988, 19–36.

Hoefer, C., and Rosenberg, A., "Empirical Equivalence, Underdetermination and Systems of the World," *Philosophy of Science* 61 (1994): 592–607.

Hofstadter, Douglas, *Gödel, Escher, Bach*, New York, Basic Books, 1999.

Horwich, Paul, *Probability and Evidence*, Cambridge, Cambridge University Press, 1982.

——, *World Changes: Thomas Kuhn and the Nature of Science*, Cambridge, MA, MIT Press, 1993.

Hull, David, *Science as a Process: An Evolutionary Account of the Social and Conceptual Development of Science*, Chicago, University of Chicago Press, 1988.

Hume, D., *A Treatise of Human Nature*, Oxford, Oxford University Press, 1888.

——, *Enquiry Concerning Human Understanding*, Indianapolis, Hackett Publishing Co., 1974.

Hypatia, Special Issue: "Analytic Feminism," 10(3) (1995): 1–182.

Janiak, A., *Newton as Philosopher*, Cambridge, Cambridge University Press, 2008.

Janiak, A. (ed.), *Newton: Philosophical Writings*, Cambridge, Cambridge University Press, 2014.

Jeffrey, Richard, *The Logic of Decision*, Chicago, University of Chicago Press, 1983.

Johnson, Gregory, *Argument and Inference: An Introduction to Inductive Logic*, Cambridge, MA, MIT Press, 2017.

Kant, Immanuel, *The Critique of Pure Reason*, London, Macmillan, 1961.

Kellert, S., Longino, H., and Waters, C. K., *Scientific Pluralism* (Minnesota Studies in the Philosophy of Science 19), Minneapolis, University of Minnesota Press, 2006.

Khalifa, Kareem, *Understanding, Explanation, and Scientific Knowledge*, Cambridge,

Cambridge University Press, 2017.

Kim, J., *Physicalism or Something Near Enough*, Princeton, NJ, Princeton University Press, 2005.

Kitcher, Philip, *The Advancement of Science*, Oxford, Oxford University Press, 1995.

——, *Science in a Democratic Society*, Amherst, NY, Prometheus Books, 2011.

Kneale, William, *Probability and Induction*, Oxford, Oxford University Press, 1950.

Koertge, N. (ed.), *A House Built on Sand: Exposing Postmodernist Myths about Science*, New York, Oxford University Press, 1998.

Kuhn, Thomas, *The Copernican Revolution*, Cambridge, MA, Harvard University Press, 1957.

——, *The Essential Tension*, Chicago, University of Chicago Press, 1977.

——, *Black-Body Theory and the Quantum Discontinuity*, Chicago, University of Chicago Press, 1987.

——, *The Structure of Scientific Revolutions*, Chicago, University of Chicago Press, 3rd edition, 1996.

——, *The Road since Structure*, edited by J. Conant and J. Haugeland, Chicago, University of Chicago Press, 2002.

Ladyman, J., and Ross, D., *Everything Must Go: Metaphysics Naturalized*, New York, Oxford University Press, 2009.

Lakatos, I., and Musgrave, A., *Criticism and the Growth of Knowledge*, Cambridge, Cambridge University Press, 1971.

Lange, M., *Natural Laws in Scientific Practice*, New York, Oxford University Press, 2000.

——, *Laws and Lawmakers*, Oxford, Oxford University Press, 2010.

——, *Because without Cause: Noncausal Explanations in Science and Mathematics*, Oxford, Oxford University Press, 2016.

Lange, M. (ed.), *Philosophy of Science: An Anthology*, Malden, MA, Blackwell, 2007.

Latour, Bruno, and Woolgar, Steven, *Laboratory Life: The Construction of Scientific Life*, London, Routledge, 1979.

Laudan, Larry, *Progress and Its Problems*, Berkeley, University of California Press, 1977.

Leibniz, G. W., *New Essays on Human Understanding*, Cambridge, Cambridge University Press, 1981.

Leplin, Jarrett, *A Novel Argument for Scientific Realism*, Oxford, Oxford University Press, 1998.

Leplin, Jarrett (ed.), *Scientific Realism*, Berkeley, University of California Press, 1984.

Leplin, J., and Laudan, L., "Empirical Equivalence and Underdetermination," *Journal of Philosophy* 88 (1991): 449–472.

Levins, R., and Lewontin, R., *The Dialectical Biologist*, Cambridge, MA, Harvard University Press, 1985.

Lewis, David, *Counterfactuals*, Oxford, Blackwell, 1974.

——, "Causation," in *Philosophical Papers*, vol. 2, Oxford, Oxford University Press, 1986, 159–214.

Lloyd, Elizabeth, *The Structure of Evolutionary Theory*, Princeton, NJ, Princeton University Press, 1987.

Locke, John, *Essay on Human Understanding*, first published 1690.

Loewer, B., "Why Is There Anything Except Physics?" *Synthese* 170 (2009): 217–233.

Longino, Helen, *Science as Social Knowledge: Values and Objectivity in Scientific Inquiry*, Princeton, NJ, Princeton University Press, 1990.

——, *The Fate of Knowledge*, Princeton, NJ, Princeton University Press, 2002.

Lycan, William, *The Philosophy of Language*, 2nd edition, London, Routledge, 2008.

MacFarlane, J., *Assessment Sensitivity: Relative Truth and its Applications*, Oxford, Oxford University Press, 2014.

Mach, Ernst, *The Analysis of Sensation*, first published 1886.

Machamer, P., Darden, L., and Craver, C. F., "Thinking about Mechanisms," *Philosophy of Science* 67 (2000): 1–25,

Mackie, John L., *Truth, Probability, and Paradox: Studies in Philosophical Logic*, Oxford, Oxford University Press, 1973.

——, *The Cement of the Universe*, Oxford, Oxford University Press, 1974.

Maudlin, Tim, *The Metaphysics within Physics*, Oxford, Clarendon Press, 2007.

Mayo, Deborah, *Error and the Growth of Experimental Knowledge*, Chicago, University of Chicago Press, 1996.

McIntyre, Lee, *The Scientific Attitude: Defending Science from Denial, Fraud, and Pseudoscience*, Cambridge, MA, MIT Press, 2019.

McIntyre, L., and Rosenberg, A. (eds.), *The Routledge Companion to Philosophy of Social Science*, New York, Routledge, 2016.

McShea, D., and Rosenberg, A., *Philosophy of Biology: A Contemporary Approach*, London and New York, Routledge, 2007.

Merton, Robert K., *The Sociology of Science*, Chicago, University of Chicago Press,

1973.

Mill, John S., *A System of Logic*, first published 1843.

Miller, Richard, *Fact and Method: Explanation, Confirmation and Reality in the Natural Sciences*, Princeton, NJ, Princeton University Press, 1987.

Morgan, Mary S., and Morrison, Margaret (eds.), *Models as Mediators: Perspectives on Natural and Social Science*, Cambridge, Cambridge University Press, 1999.

Nagel, Ernest, *Teleology Revisited*, New York, Columbia University Press, 1977.

———, *The Structure of Science*, 2nd edition, Indianapolis, Hackett, 1979.

Nagel, Ernest, and Newman, James R., *Gödel's Proof*, New York, New York University Press, 1954.

———, *Gödel's Proof*, new edition, New York, New York University Press, 2008.

Nelson, L., *Who Knows: From Quine to a Feminist Empiricism*, Philadelphia, PA, Temple University Press, 1992.

Newton-Smith, William, *The Rationality of Science*, London, Routledge, 1981.

Nickles, Thomas, *Thomas Kuhn*, Cambridge, Cambridge University Press, 2002.

Okasha, Samir, *Philosophy of Science: A Very Short Introduction*, Oxford, Oxford University Press, 2002.

Park, K., and Daston, L. (eds.), *The Cambridge History of Science*, vol. 3: *Early Modern Science*, Cambridge, Cambridge University Press, 2006.

Paul, L., and Hall, N., *Causation: A User's Guide*, Oxford, Oxford University Press, 2013.

Pearl, Judea, *Causality: Models, Reasoning, and Inference*, 2nd edition, Cambridge, Cambridge University Press, 2009.

Pearl, Judea, and Mackenzie, Dana, *The Book of Why: The New Science of Cause and Effect*, New York, Basic Books, 2018.

Piccinini, G., and Craver, C., "Integrating Psychology and Neuroscience: Functional Analysis as Mechanism Sketches," *Synthese* 183 (2011): 283–311.

Pickering, Andrew, *Constructing Quarks*, Chicago, University of Chicago Press, 1984.

Pigliucci, M., and Boudry, M. (eds.), *Philosophy of Pseudoscience: Reconsidering the Demarcation Problem*, Chicago, University of Chicago Press, 2013.

Pinnick, C., Koertge, N., and Almeder, R. (eds.), *Scrutinizing Feminist Epistemology: An Examination of Gender in Science*, New Brunswick, NJ, Rutgers University Press, 2003.

Pitt, Joseph (ed.), *Theories of Explanation*, Oxford, Oxford University Press, 1988.

Popper, Karl R., *The Logic of Scientific Discovery*, London, Hutchinson, 1959, first published in German in 1935.

——, *Objective Knowledge*, New York, Harper and Row, 1984.

Porter, Roy (ed.), *The Cambridge History of Science*, vol. 4: *The Eighteenth Century*, Cambridge, Cambridge University Press, 2003.

Quine, Willard V. O., *From a Logical Point of View*, Cambridge, MA, Harvard University Press, 1951.

——, *Word and Object*, Cambridge, MA, MIT Press, 1961.

Railton, Peter, "A Deductive-Nomological Model of Probabilistic Explanation," in Pitt, Joseph (ed.), *Theories of Explanation*, Oxford, Oxford University Press, 1988, 199–222.

Ramsey, Frank, "The Foundations of Mathematics," in *The Foundations of Mathematical Logic and Other Logical Essays*, London, Routledge & Kegan Paul, 1925, 1–61.

Reichenbach, Hans, *Experience and Prediction*, Chicago, University of Chicago Press, 1938.

——, *The Rise of Scientific Philosophy*, Berkeley, University of California Press, 1951.

Rosenberg, Alex, *The Structure of Biological Science*, Cambridge, Cambridge University Press, 1985.

——, *Philosophy of Social Science*, Boulder, CO, Westview, 1992.

Ruse, Michael, *But is it Science? The Philosophical Question in the Creation/Evolution Controversy*, Amherst, NY, Prometheus Books, 1988.

Salmon, Wesley C., *Foundations of Scientific Inference*, Pittsburgh, PA, University of Pittsburgh Press, 1966.

——, *Scientific Explanation and the Causal Structure of the World*, Princeton, NJ, Princeton University Press, 1984.

——, "Statistical Explanation and Causality," in Pitt, Joseph (ed.), *Theories of Explanation*, Oxford, Oxford University Press, 1988, 75–119.

——, "Four Decades of Scientific Explanation," in Salmon, Wesley, and Kitcher, Philip (eds.), *Scientific Explanation* (Minnesota Studies in the Philosophy of Science 13), Minneapolis, University of Minnesota Press, 1989.

Salmon, Wesley, and Kitcher, Philip (eds.), *Scientific Explanation* (Minnesota Studies in the Philosophy of Science 13), Minneapolis, University of Minnesota Press, 1989.

Savage, Leonard, *Foundations of Statistics*, New York, Dover, 1972.

Scerri, Eric, *A Tale of Seven Elements and a New Philosophy of Science*, Oxford, Oxford University Press, 2016.

Schilpp, P. A., *Albert Einstein: Philosopher-Scientist*, Evanston, IL, Open Court, 1949.

Shapere, Dudley, "Review of *The Structure of Scientific Revolutions*," *Philosophical Review* 73 (1964): 383–394.

Shapin, Steven, *The Scientific Revolution*, Chicago, University of Chicago Press, 1998.

Shapin S., and Schaffer, S., *Leviathan and the Air Pump: Hobbes, Boyle, and the Experimental Life*, Princeton, NJ, Princeton University Press, 2011.

Sheffler, Israel, *Science and Subjectivity*, Indianapolis, Bobbs-Merrill, 1976.

Skyrms, B., *From Zeno to Arbitrage: Essays on Quantity, Coherence, and Induction*, New York, Oxford University Press, 2013.

Smart, J. J. C., *Between Science and Philosophy*, London, Routledge, 1968.

Soames, S., *Philosophical Analysis in the Twentieth Century*, 2 vols., Princeton, NJ, Princeton University Press, 2005.

Sober, E., *The Nature of Selection*, Cambridge, MA, MIT Press, 1984.

——, *Philosophy of Biology*, 2nd edition, Boulder, CO, Westview Press, 1999.

Sokal, A., and Bricmont, J., *Intellectual Impostures*, London, Profile, 1998.

Spector, Marshall, *Concepts of Reduction in Physical Science*, Philadelphia, PA, Temple University Press, 1968.

Stanford, P. K., *Exceeding Our Grasp: Science, History, and the Problem of Unconceived Alternatives*, New York, Oxford University Press, 2010.

Sterelny, K., and Griffiths, P., *Sex and Death*, Chicago, University of Chicago Press, 1997.

Stove, David C., *Hume, Probability, and Induction*, Oxford, Oxford University Press, 1967.

Strevens, Michael, *Depth: An Account of Scientific Explanation*, Cambridge, MA, Harvard University Press, 2008.

Suppe, Fredrick, *The Structure of Scientific Theories*, Urbana, University of Illinois Press, 1977.

Swinburne, R., *Bayes' Theorem*, Oxford, Oxford University Press, 2005.

Swoyer, C., "The Nature of Natural Laws," *Australasian Journal of Philosophy* 60(3) (1982): 203–223.

Thompson, Paul, *The Structure of Biological Theories*, Albany, NY, SUNY Press, 1989.

Tooley, Richard M., *Causation: A Realist Approach*, Oxford, Oxford University Press,

1987.

van Fraassen, Bas, *The Scientific Image*, Oxford, Oxford University Press, 1980.

———, "The Pragmatic Theory of Explanation," in Pitt, Joseph (ed.), *Theories of Explanation*, Oxford, Oxford University Press, 1988, 136–155.

Weinberg, S., *Dreams of a Final Theory*, New York, Random House, 1993.

Weisberg, M., and Matthewson, J., "The Structure of Tradeoffs in Model Building," *Synthese* 170 (2009): 169–190.

Weiskopf, D., "Models and Mechanisms in Psychological Explanation," *Synthese* 183 (2011): 313–338.

Westfall, Richard, *The Construction of Modern Science*, Cambridge, Cambridge University Press, 1977.

———, *Never at Rest*, Cambridge, Cambridge University Press, 1983. Whitehead, A. N., *Science and the Modern World*, New York, Free Press, 1997.

Wilson, E. O., *Consilience: The Unity of Knowledge*, New York, Knopf, 1998.

Woodward, J., "What is a Mechanism? A Counterfactual Account," *Philosophy of Science* 69(S3) (2002): S366–S377.

———, *Making Things Happen*, Oxford, Oxford University Press, 2003.

Wray, K. Brad, *Kuhn's Evolutionary Social Epistemology*, Cambridge, Cambridge University Press, 2014.

Wright, Larry, *Teleological Explanation*, Berkeley, University of California Press, 1976.